Naturalistes oubliés, savants méconnus

Acteurs de la Science

collection dirigée par

Richard Moreau, professeur émérite à l'Université de Paris XII,

Claude Brezinski, professeur émérite à l'Université de Lille I,

La collection Acteurs de la Science comprend des études sur les acteurs de l'épopée scientifique humaine, des inédits et des réimpressions de textes écrits par les savants qui firent la Science, des débats et des évaluations sur les découvertes les plus marquantes et sur la pratique de la Science.

Derniers titres parus

Roger Teyssou, *Paul Sollier contre Sigmund Freud, l'hystérie démasquée*, 2013.
Gérard Braganti, *L'invention de l'exploration cardiaque moderne*, 2013.
Jean Louis, *Mémoires d'un enfant de Colbert*, 2013.
Elie Volf, *Michel-Eugène Chevreul (1786-1889)*. Préface de Jean-Marie Lehn, Prix Nobel de Chimie. Réflexions sur la chimie et l'art par Hervé This, 2013.
Roger Teyssou, *Gabriel Andral, pionnier de l'hématologie*, 2012.
Yvon Michel-Briand, *Aspects de la résistance bactérienne aux antibiotiques*, 2012.
Roger Teyssou, *Charcot, Freud et l'hystérie*, 2012.
Djillali Hadjouis, *Camille Arambourg, un paléontologue de l'Algérie à l'Afrique profonde*. Préface d'Yves Coppens, 2012.
Jacques Marc, *Comment l'homme quitta la terre*, 2012.
Georges Mathieu, *La Sorbonne en guerre (1940-1944)*, suivi de *Journal de la libération de Versailles*. Préface de Jean-Marie Mathieu, 2011.
Norbert Gualde, *L'épidémie et la démorésilience*, 2011.
Rana ben Azzouna et Ridha Hamdane, *Histoire de la pharmacie en Tunisie (VIIIe siècle – 1976)*, 2011.
Jean-Pierre Aymard, *Karl Landsteiner, l'homme des groupes sanguins*, 2011.
Pierre Pageot, *La santé des Limousins et des Périgourdins au XIXe siècle*, 2011.
Yves Delange, *Jean-Henri Fabre et Louis Pasteur, conversation au bord de la Sorgue.* Préface de Richard Moreau, 2011.
André Audoynaud, *Chroniques d'un médecin colonial.* Préface de Richard Moreau, 2011.
Roger Teyssou, *L'aigle et le caducée. Médecins et chirurgiens de la Révolution et de l'Empire*, 2011.
Daniel Dufour, *Sur les traces de Georges Lommel*, 2011.
Jacky Thouin, *Une autre façon de concevoir la maladie*, 2011.
Henri Delorna, *Les tribulations d'Henri en Pologne occupée (1941-1945)*, 2010.
Jean Boulaine, Richard Moreau et Pierre Zert, *Eléments d'histoire agricole et forestière*, 2010.
Jean Céa, *Une vie de mathématicien. Mes émerveillements*, 2010.
Anne-Claire Déré, *La science pour le meilleur et contre le pire. Maurice Javillier, 1875-1855*. Note de l'édition, par Richard Moreau. - Préface de Philippe Kourilsky, 2010.

Richard MOREAU (sous la direction de),
Yves DELANGE et Paul OZENDA

Naturalistes oubliés, savants méconnus

L'Harmattan

Les auteurs remercient Gilles-Marie Moreau qui a mené à bien la mise en page et la réalisation de ce livre.

5-7, rue de l'École-Polytechnique, 75005 Paris

www. harmattan.com
diffusion.harmattan@wanadoo.fr
harmattan1@wanadoo.fr

ISBN : 978-2-343-02287-1
EAN : 9782343022871

Aux naturalistes inconnus

Introduction[1]

Le Panthéon des Savants retient des grands noms dont, à tort ou à raison, on considère qu'ils ont fait la Science. On leur attribue des rues ou des places. Les politiques les offrent comme modèles à l'admiration des enfants des écoles à condition que les éléments de leur biographie en fassent des gens présentables, pas tellement pour leur valeur scientifique qu'à cause de l'exemplarité de leurs vertus républicaines, celles qui conviennent aux maîtres de l'heure en fonction de l'air du temps. Les mânes d'Alexis Carrel (1873-1944, prix Nobel de Physiologie ou Médecine 1912) en savent quelque chose. A côté de Louis Pasteur (1822-1895) génie incontestable et l'une des gloires nationales qui ont le plus servi depuis le XIXème siècle, d'autres, grands ou petits, connus (rares) ou inconnus (les plus nombreux) ont fait aussi la Science, dont l'histoire, écrivait Jean Rostand[2], *nous révèle la dignité du plus humble effort, car il n'est point d'éclatante découverte qui n'ait été précédée et préparée par d'obscures tentatives*. Dans son apologue sur la *hêtraie sans hêtre*[3], le professeur Henri Gaussen semblait aller en sens inverse : *L'arbre a une dignité particulière et on n'a pas à le*

---

[1] Par Richard Moreau, professeur émérite de Microbiologie à l'Université de Paris XII.

[2] J. Rostand (1970) *Le courrier d'un biologiste*. Gallimard, Paris. « Sur l'histoire des sciences », p. 217.

[3] H. Gaussen (1953) « La Hêtraie sans Hêtre ». *Rev. for. franç.*, n° 10, pp. 650-652. - Considérant que certaines plantes herbacées, notamment l'Aspérule odorante (*Asperula odorata* L.) étaient caractéristiques des hêtraies, l'école phytosociologique donna le nom de *fagetum* (hêtraie) à des associations botaniques où ces plantes étaient représentées, mais pas forcément le Hêtre, voulant signifier par là que les conditions écologiques pouvaient permettre à cet arbre de vivre dans ce biotope puisque ses plantes dites compagnes y étaient. C'était oublier l'importance fondamentale de l'arbre sur son milieu. La Lysimaque et le Pain de Coucou, herbacées, ne font pas partie de l'entourage habituel du Hêtre, mais Henri Gaussen (notice 10), homme plein d'humour, ne résista pas à utiliser ces noms poétiques, drôle pour le second, pour mieux marquer sa pensée.

traiter comme une Lysimache ou un Pain de Coucou (...) L'arbre crée le milieu. L'inégalité est une loi de la nature. Malgré nos idées démocratiques, si les divers hommes ont la même dignité, ils n'ont pas la même importance. Ces deux textes se complètent en fait. Dans la nature, des rapports biotiques, positifs ou négatifs, interviennent entre les composants des écosystèmes, des plus grands aux plus petits, avec pour résultat l'organisation harmonieuse des biocénoses. Il en va de même pour la Science : la compétition y existe aussi comme partout, au point que des sociologues ont vu une *« guerre »* dans la discussion sur les générations dites spontanées au XIXème siècle. Mais ils ont oublié (ont-ils su ?) que, lors des controverses de Pasteur avec Félix-Archimède Pouchet ou avec le médecin anglais Charlton Bastian[4], il y eut des discussions animées, certes, mais, à terme, la synthèse consacra l'importance relative de chacun : le Hêtre et le Pain de coucou. *On ne veut pas dire que les adversaires n'aient pas joué, eux aussi, un rôle positif dans l'aventure*, observait Jean Rostand[5]. *En contraignant, par leur entêtement, par leur obstination, les antispontanistes* (Pasteur et ses collaborateurs) *à mieux clarifier et définir les conditions de leurs expériences, en les poussant dans leurs retranchements, en les forçant à resserrer toujours davantage les mailles de leur filet,* (les spontanistes, partisans de la génération spontanée des organismes vivants) *ont sûrement concouru, pour leur part, au progrès du savoir.* Même si les

---

[4] Félix-Archimède Pouchet (1800-1872) fut un bon naturaliste qui dirigea le Muséum d'Histoire Naturelle de Rouen qu'il avait créé en 1828. Ses travaux de Botanique et de Zoologie en firent un correspondant de l'Académie des Sciences (1849). Alors que rien ne le prédisposait à cela, en 1858, il présenta à l'Académie ses expériences sur les générations spontanées, et, en 1859, il publia *Hétérogénie ou Traité de la Génération Spontanée*, où il soutenait l'existence de l'apparition spontanée de la vie dans la nature actuelle. Il s'ensuivit une controverse avec Pasteur qui eut l'avantage car son expérimentation était la plus rigoureuse. Cf. R. Moreau (1992) Les expériences de Pasteur sur les générations spontanées. Le point de vue d'un microbiologiste. Première partie : la fin d'un mythe. *La Vie des Sciences. Comptes Rendus de l'Académie des Sciences*, série générale, **9**, n° 3, pp. 231-260. Deuxième partie : les conséquences. *Ibid.*, **9**, n° 4, pp. 287-321. - Ch. Bastian (1837-1915) était professeur de Clinique médicale à l'University College de Londres.

[5] J. Rostand, *Le courrier d'un biologiste*..., « Histoire des idées sur l'origine de la vie », p. 189.

erreurs de Bastian furent patentes, écrit Emile Duclaux[6], *toute notre technique actuelle est fille de* (ses) *objections au travail de Pasteur sur les générations spontanées* (…) *parce que les deux adversaires, sans être d'égale force, avaient le même culte et la même foi* (…) *Bastian a fouetté la science du mauvais côté, mais il l'a contrainte à avancer*[7]. Retenons *culte et foi* sous la plume de l'agnostique Duclaux : la Science, affaire de vocation, est un sacerdoce avant d'être un gagne-pain. Chacun y a sa place pourvu qu'il ne soit pas dogmatique. A défaut, elle ressort d'un univers stalinien à la Lyssenko[8], qui mène à tous les délires et elle n'est plus la Science.

---

[6] E. Duclaux (1896) *Pasteur, Histoire d'un esprit.* Imprimerie Charaire, Sceaux. Citation : pp. 146-152. - Emile Duclaux (1840-1904) Agrégé-préparateur de Pasteur à l'Ecole normale supérieure, professeur de Chimie à la Faculté des Sciences de Clermont-Ferrand, de Physique à celle de Lyon et enfin professeur de Chimie Biologique à la Sorbonne et professeur à l'Institut national agronomique (en Météorologie !), titulaire du service de Microbie générale à l'Institut Pasteur (1888), dont il prit la direction à la mort de son fondateur. Académie des Sciences : 1888 ; Académie d'Agriculture : 1890 ; Académie de Médecine : 1890.

[7] De cette discussion datent en effet l'emploi de l'autoclave pour chauffer les liquides au-delà de l'ébullition et la pratique de la stérilisation par flambage des objets solides, essentielles en Microbiologie. Quant à Pouchet, il construisit le premier appareil qui permit d'obtenir des spécimens fidèles des poussières de l'air.

[8] Trofym Denissovitch Lyssenko (1898-1976), technicien agricole caucasien, trouva la *vernalisation*, découverte importante dont découla une méthode qui consiste à traiter les graines de céréales d'hiver par le froid, ce qui autorise des semailles au printemps. Elle a fourni d'incontestables améliorations de productivité. Ayant reçu l'appui public de Staline, Lyssenko ne se sentant pas de limites, voulut redéfinir toute la Biologie, opposant à celle reconnue sa conception personnelle, dite *« mitchourinienne »*, de l'hérédité, du nom d'Ivan Vladimirovitch Mitchourine (1855-1935), arboriculteur renommé, dont le gouvernement soviétique avait encouragé les recherches sur l'hérédité et dont Lyssenko s'annexa le prestige. Organisée autour d'une idée assez obscure de relations entre les organismes et leur environnement, Lyssenko opposa sa *« vision »* à la génétique classique. Autoritaire, ignorant le doute et bénéficiant de l'appui du dictateur, il élabora à partir de 1937 des théories aberrantes, produisit des résultats douteux, émit des considérations philosophiques confuses et dirigea une répression féroce contre les vrais généticiens accusés de représenter la *« science bourgeoise »*. L'enseignement de la génétique fut interdit, les généticiens incarcérés, tel Nicolay Ivanovitch Vavilov (1887-1943), internationalement connu, qui mourut au goulag. Perdant toute mesure, Lyssenko s'affirma capable de changer le Blé en Seigle, l'Orge en Avoine, le Pin en Sapin. Il nia la concurrence intraspécifique, idée malthusienne selon lui, etc. Malgré des

Lorsque Philippe Van Tieghem évoquait Pierre Duchartre (notice 2), il était proche de ce que Jean Rostand écrivit plus tard sur le rôle des *« petits »* dans l'avancement de la connaissance : *S'il n'a pas marqué son empreinte dans la Science par quelque géniale et retentissante découverte, s'il n'a pas allumé une nouvelle lumière, ce qui est donné à bien peu, il a su, du moins, entretenir celle qu'il avait reçue de ses prédécesseurs, en augmenter l'éclat et la transmettre ainsi accrue à nous, ses successeurs*[9]. Transmettre une petite flamme est l'ambition de tout savant qui souhaite laisser sa trace, même minime et pour un temps au moins, dans l'immense *corpus*, qui s'accroît sans cesse, de la connaissance humaine, les naturalistes procédant le plus souvent par sauts de puce dans la progression du savoir.

Le mot naturaliste remonte au XVIème siècle. Amateurs ou professionnels, les naturalistes s'intéressent aux *« sciences naturelles »*, botanique, zoologie, géologie, la botanique de terrain ne pouvant se priver de la troisième et celle-ci des deux autres pour l'étude des fossiles. Les dénominations ont changé après l'arrivée de la biologie moléculaire : en 1964, les mots Botanique, Zoologie, Géologie, jugés sans doute trop vieillots, ont été rayés des intitulés de troisième cycle au profit de nouvelles dénominations choisies pour donner l'illusion du mouvement. A ce sujet, comment ne pas mentionner la *« Biologie intégrative »*, inventée par une grande

---

échecs patents, ses conceptions tournèrent au délire et débordèrent les frontières de l'URSS. En 1948, malgré l'opposition de biologistes comme Jacques Monod (1910-1976, prix Nobel de Physiologie et Médecine 1965), les intellectuels communistes français soutinrent ce monument d'inepties. Il fallut attendre 1964 et la disparition de Staline, pour voir la fin de la stalino-dictature lyssenkiste, *« folle doctrine »*, disait Jean Rostand, dont il (fallait) *garder le souvenir comme d'un déplorable exemple de l'ingérence du préjugé politique dans le domaine de la science* (*Le courrier d'un biologiste*, « L'évolution de la génétique », p. 155). Et du dirigisme en matière de recherche scientifique. Cette *« doctrine »* paralysa la Biologie soviétique durant trente ans et ruina la vie de nombreux savants russes.

[9] Ph. Van Tieghem (1908) *Notice sur la vie et les travaux de Pierre Duchartre*. Séance publique de l'Académie des Sciences du 7 décembre 1908, Gauthier-Villars, Paris, pp. XXV-XXVI. - Ancien élève de l'Ecole normale supérieure, Van Tieghem (1839-1914) entra au laboratoire de Pasteur. Il mit au point une cellule permettant d'observer au microscope le développement de spores de Champignons filamenteux. Professeur au Muséum national d'Histoire naturelle et à l'Institut national agronomique. Académie des Sciences (Botanique) en 1877, président : 1899, secrétaire perpétuel : 1908.

institution nationale et qui semble recouvrir nos sciences naturelles d'autrefois. On ne voit pas ce que la Science a gagné à ce terme moliéresque incompréhensible pour le béotien et qui aurait étonné Linné (1707-1778), le fondateur de la systématique moderne[10], Gaston Bonnier et d'autres plus près de nous !

Les naturalistes étaient (en reste-t-il beaucoup ?) d'abord des généralistes qui, en se spécialisant, partageaient avec les autres un langage commun[11]. Ainsi, le professeur Henri Humbert (1887-1967), qui fut mon cher premier *« patron »*, professeur au Muséum national d'Histoire naturelle, membre de l'Académie des Sciences (1951), en son temps maître incontesté de la systématique végétale, tropicale notamment, faisait des récoltes d'insectes, en toute connaissance de cause, pour des entomologistes du Muséum, ou pouvait disserter sur le premier caillou venu. Il en était de même de Théodore Monod (1902-2000), également professeur au Muséum national d'Histoire naturelle, membre de l'Académie des Sciences (correspondant, 1946, membre titulaire, 1963), directeur de l'Institut français d'Afrique noire, à Dakar, dont j'ai eu également le privilège d'être l'ami. Son savoir était tout aussi encyclopédique et c'était une merveille de discuter science avec eux.

Avant d'être *« réformé »* à partir de 1970, le système universitaire français visait à offrir une vaste culture scientifique que tous partageaient. L'étudiant était tenu à un travail personnel qui dépassait de loin le nombre d'heures de cours. Dans mon introduction au beau livre d'Yves Delange[12], j'ai cité le certificat de Zoologie et Physiologie animale du professeur Antoine Jullien,

---

[10] Sur Linné, voir l'excellent dossier de *Pour la science*, n° 26, mai 2006, Les génies de la Science : « Linné. Classer la nature », pp. 32-120.

[11] Pendant la première partie du XIXème siècle au moins, les Facultés des Sciences ne délivraient qu'une licence de Sciences physiques et naturelles. Pasteur l'obtint en 1845 (ses cahiers de cours en témoignent) et l'agrégation sous la même dénomination l'année suivante. En revanche, sa thèse de doctorat ès Sciences était de Physique et de Chimie (1847). Ce furent ses études supérieures et surtout le fait que les *« animalcules »*, objet de ses travaux, étaient rattachés aux végétaux, qui le poussèrent à postuler en 1861 pour un fauteuil de Botanique à l'Académie des Sciences. On y reviendra à propos de Pierre Duchartre, botaniste reconnu (notice 2).

[12] Y. Delange (2009) *Plaidoyer pour les sciences naturelles. Dès l'enfance, faire aimer la nature*. Introduction : *Pro natura*, par R. Moreau, L'Harmattan, Paris, pp. 5-26.

en 1954, à la Faculté des Sciences de Besançon. Le cours de Zoologie portait sur les Procordés et celui de Physiologie sur celle du cœur de l'escargot, mais, pour être reçu, il fallait connaître la Zoologie et la Physiologie animale (le *« non-traité »*) en totalité. Aux variantes près, il en allait de même des autres certificats. L'étude des collections zoologiques et le terrain en Botanique et en Géologie étaient essentiels. Ainsi devenait-on naturaliste. Après 1970, on a saucissonné les disciplines et organisé un stakhanovisme de la recherche. Succédant à un enseignement fragmenté, devenu hybride avec des disciplines diverses et intégrant des thèmes littéraires ou autres[13] (le mariage de la carpe et du lapin, ce qui se traduit forcément par une baisse de niveau dans les disciplines scientifiques), la micronisation des sujets des thèses nouvelles à réaliser en trois ans (durée des bourses), a fait des *« doctorants »* des techniciens travaillant sur des sujets propres aux laboratoires d'accueil ou suggérés par des bailleurs de fonds extérieurs. Ces *« travailleurs »*, comme les nommait Van Tieghem[14], sont des pions dans un système que la plupart sont incapables de dominer. On ne leur demande d'ailleurs pas. A comparer avec les thèses de doctorat d'Etat de naguère dont j'ai connu un exemple, exceptionnel et excessif, c'est vrai (j'étais à son jury à Rennes vers 1980), dont la préparation avait duré presque une vie !

Microbiologiste, mais naturaliste et botaniste de cœur, c'est en pensant à nos maîtres, qui nous ont appris à faire des thèses longues et réfléchies et qui nous ont inculqué la *« joie de connaître »*[15], que j'ai commencé à rédiger des notices de naturalistes dont l'aventure a jalonné l'histoire des Sciences naturelles au XIXème siècle. Puis l'idée m'est venue de les compléter et d'en faire un volume. Yves Delange, du Muséum

---

[13] Nathalie Brafman (2012) « Polémique sur la licence accusée d'être bradée ». *Le Monde*, 18 avril 2012, p. 12.

[14] Ph. Van Tieghem, *Notice sur la vie et les travaux de Pierre Duchartre*, pp. XVII.

[15] Pierre Termier (1929) *La joie de connaître. Souvenirs d'un géologue*. Desclée De Brouwer, Paris. Livre tonique, à lire... quand on le trouve encore ! Pierre Termier (1859-1930) fut professeur de Géologie à l'Ecole des Mines, inspecteur général des Mines de Paris et directeur du service de la Carte géologique de France. Académie des Sciences : 1909.

national d'Histoire naturelle, et le professeur Paul Ozenda, de la Faculté des Sciences de Grenoble, membre de l'Académie des Sciences (correspondant, 1972, membre titulaire, 1982), ont bien voulu m'apporter leur contribution. Il ne s'agit pas ici d'une histoire de la biologie française, mais d'un choix d'histoires de naturalistes majoritairement botanistes, dont les noms sont rarement restés dans la mémoire collective, y compris celle des scientifiques, sauf peut-être Jean-Henri Fabre, l'un des fondateurs de l'Ecologie et de l'Ethologie, plus célèbre au Japon qu'en France d'ailleurs, ou Gaston Bonnier pour ses flores toujours rééditées. Tous sont nés au XIXème siècle, sauf Charles Nodier (fin du XVIIIème), la date limite de naissance étant 1900. Dans ce volume volontairement éclectique, nous rencontrerons deux entomologistes : Charles Nodier, plus connu comme écrivain et qui fut aussi botaniste (voir sa *Promenade de Dieppe aux montagnes d'Écosse*, dont une gravure en couleurs orne la première page de couverture de ce livre), de même que Jean-Henri Fabre d'ailleurs. Quoique muni d'un doctorat, celui-ci privilégia son terrain d'observation (son laboratoire, en somme) et il enseigna *« par la plume »*, loin de toute contrainte. Jules Marcou, *« géologue des Amériques »*, l'ami de Pasteur, représente la Géologie. Les autres notices sont consacrées à Pierre Duchartre, excellent botaniste d'abord pyrénéen, dont la carrière illustre les difficultés rencontrées à l'époque (et peut-être encore maintenant ?) par un *« botaniste de vocation »* pour faire une carrière universitaire sans sortir de l'Ecole normale supérieure, qui battit Pasteur à l'Académie des Sciences et qui fut l'un des intermédiaires entre les Facultés des Sciences napoléoniennes et celles modernes ; au docteur Antoine Magnin, floriste et biogéographe lyonnais et jurassien ; à Gaston Bonnier et à sa *Flore de France*. J'ai donné une place à un amateur, Joseph-Jean Therry, car les amateurs aussi ont fait la Science. Therry, qui tenait à Lyon un magasin de confection pour dames, fut un mycologue reconnu (micromycètes). La génération suivante fut fauchée ou très perturbée par la Grande Guerre de 1914-1918. Joseph Virieux, jeune savant prometteur tué en 1915, représente la génération des scientifiques qui ont manqué à la France, pendant inconnu, comme tant d'autres, de Charles Péguy (1873-1914), poète inoubliable, mais pour combien de temps encore ? La notice consacrée à Lucien Plantefol montre ensuite comment la guerre, qui le marqua dans sa chair, modifia son trajet scientifique ; il devint un maître au prix d'une remarquable reconversion. Henri Gaussen enfin, mobilisé en 1914 dès sa licence ès Sciences naturelles obtenue, fut blessé et resta prisonnier en Allemagne pendant trois années. Partant de son expérience pyrénéenne acquise très jeune, il médita au cours de sa captivité sur la représentation cartographique de la végétation. Au retour, il fut un biogéographe de grande qualité.

On lira ces notices comme des *« histoires »* sur une époque révolue. Par leur variété (elles nous feront croiser beaucoup d'autres naturalistes), elles renseignent sur la progression des Sciences naturelles en France, la Botanique tout spécialement, durant le XIXème siècle et au début du suivant. En même temps, elles éclairent l'évolution difficile des Facultés des Sciences dans la même période, la plupart des politiques faisant des Facultés des *« variables d'ajustement »* ou les tenant pour rien, mais cela a-t-il vraiment beaucoup changé ? Ce sera l'objet de la *Postface*.

1

Charles Nodier
(1780-1844),
conteur et naturaliste[1]

Avec Charles Nodier, auteur des *Tristes*, de *Trilby*, de la *Fée aux Miettes* et de beaucoup d'autres contes et nouvelles, nous commençons par un naturaliste inattendu. Si certains savent encore qui fut *ce riche, aimable et presque insaisissable polygraphe*, comme disait Sainte-Beuve de cet écrivain connu pour ces *Contes* et pour avoir été le bibliothécaire de l'Arsenal à Paris, plus personne ne se souvient depuis longtemps qu'il fut un naturaliste passionné, formé à la fin du Siècle des Lumières et au début de la Révolution de 1789, en ce temps où Jean-Jacques Rousseau s'enthousiasmait pour la « *science aimable* » (*scientia amabilis* de Linné) dans son refuge suisse de l'île Saint-Pierre, au milieu du lac de Bienne. On peut même dire que Charles Nodier fut un savant des Lumières. Son seul biographe de ce point de vue a été le docteur Antoine Magnin[2], professeur de Botanique et doyen de la Faculté des Sciences de Besançon à la fin du XIXème siècle et au début du XXème. C'est d'autant plus étonnant que Charles Nodier fut surtout un entomologiste, tandis que le médecin Magnin était hygiéniste, botaniste et bon géologue. Il est vrai que Nodier, à l'instar de beaucoup en son temps, fut botaniste, zoologiste,

---

[1] Par Richard Moreau, professeur émérite de Microbiologie à l'Université de Paris XII.

[2] Dr. A. Magnin (1911) *Charles Nodier naturaliste. Ses œuvres d'histoire naturelle, oubliées et inédites.* Hermann, Paris. - Je rends hommage à M. Courvoisier, camarade de jeunesse de mon père et dessinateur scientifique à la Faculté des Sciences de Besançon, qui, vers 1955, m'a fait lire ce livre oublié de tous. J'en ai tiré une conférence à l'*Académie des Sciences, Belles-Lettres et Arts de Besançon* en 1998 (*P.V. et Mém.*, **193**, *années 1998-1999*, pp. 215-237). Elle est reprise ici, revue et complétée.

minéralogiste et même géologue...! Je m'inspire ici, pour l'essentiel, du livre de Magnin, livre aussi complet que complexe. Ecrit de manière très analytique, il couvre avec beaucoup de détails, toute la « *carrière* » scientifique de l'écrivain. Pour alléger, je n'y ferai pas de renvois particuliers. Le livre de Léonce Pingaud, très détaillé aussi, s'intéresse à la jeunesse et à la personnalité de Charles Nodier[3]. Je citerai Sainte-Beuve et Francis Wey d'après le docteur Magnin. Enfin, dans son *Discours de réception à l'Académie Française*, où il succéda à Charles Nodier, Prosper Mérimée a évoqué la passion du bibliothécaire de l'Arsenal pour l'Entomologie[4]. Je me suis inspiré aussi de l'introduction et des notes de Pierre-Georges Castex[5] aux *Contes*, de certains textes des *Contes et Nouvelles*, repris des citations de Magnin, du *Voyage en Ecosse*[6] et du dossier de police de Nodier enfin[7]. Je signale pour finir la biographie romancée de l'écrivain par Marguerite Henry-Rosier[8] et, sur le plan de l'histoire littéraire, le livre de Jean Larat[9].

L'éducation révolutionnaire de Charles Nodier

Charles Nodier, né à Besançon le 29 avril 1780, mort à Paris le 27 janvier 1844, était le fils naturel, légitimé par mariage en 1791, d'Antoine-Melchior Nodier (1738-1808) et de Suzanne Paris, une

---

[3] L. Pingaud (1919) *La jeunesse de Charles Nodier. Les Philadelphes*. Edouard Champion, Paris. - F. Wey (Notice en tête de la *Description raisonnée d'une jolie collection de livres*, 1844). - Sainte-Beuve (*Portraits littéraires*, mai 1840 et février 1844). Les deux dernières références sont reprises de l'ouvrage de Magnin.

[4] P. Mérimée (1874) *Portraits historiques et littéraires*. Michel Lévy, Paris, pp. 111-145.

[5] Ch. Nodier (éd. 1961) *Contes*, avec des textes et des documents inédits. Sommaire biographique, introduction, notices, notes, bibliographie, appendice critique par Pierre-Georges Castex. Garnier, Paris. - Ch. Nodier (éd. 1841) *Nouvelles. Souvenirs de jeunesse. Mademoiselle de Marsan. Inez de las Sierras. La neuvaine de la Chandeleur*. Charpentier, Paris.

[6] Ch. Nodier (1821) *Promenade de Dieppe aux Montagnes d'Ecosse*. Avec des gravures en couleurs de Bory de Saint-Vincent. Chez Barba, Palais Royal, Paris.

[7] AN F7 6457.

[8] Marguerite Henry-Rosier (1931) *La vie de Charles Nodier*. NRF, Paris.

[9] Jean Larat (1923) *La tradition et l'exotisme dans l'œuvre de Charles Nodier : 1780-1844. Etude sur les origines du romantisme français*. H. Champion, Paris.

polinoise de vingt ans sa cadette[10]. Melchior Nodier était un « *échappé de l'Eglise* » (Pingaut). En effet, il fit partie, comme *confrère ou auxiliaire laïc*, de la Congrégation des Oratoriens et il enseigna d'abord les humanités à Salins, puis à Lyon. En 1771, il

Charles Nodier (1780-1844)
Gravure extraite de l'ouvrage d'Antoine Magnin.

était avocat au barreau de Besançon, juge-châtelain d'une seigneurie des environs et « *orateur* » dans la loge maçonnique de la *Parfaite Union. Il comptait parmi les praticiens qui végétaient au second rang de leur corporation et passeront d'emblée au*

[10] L. Pingaut, *La jeunesse de Charles Nodier*, pp. 14-16.

premier, grâce à la Révolution[11]. Son fils, considéré par Pingaud comme un enfant prodige, eut de ce fait une jeunesse révolutionnaire dès onze ans, ce dont témoigne son dossier de police. Maire de Besançon, Melchior Nodier présidait le tribunal criminel du district et fut responsable de nombreuses exécutions capitales[12]. Sa femme n'était pas moins ardente. Le père entraîna même son fils au pied de l'échafaud par manière d'éducation. L'enfant en fut marqué pour la vie. Mais prenons Charles au lendemain du 9 Thermidor. Le 10, Besançon, qui ne savait encore rien des événements parisiens, célébrait la Fête de l'Enfance à l'ex-église Sainte- Madeleine (sur la rive droite du Doubs, au faubourg de Battant, où habitaient et travaillaient les ancêtres de Pasteur[13]) et commémorait la mémoire de Joseph Barra (1779-1793) et d'Agricol Viala (1780-1793), figures de l'imagerie républicaine. Charles Nodier fut l'orateur du club des *Amis de la Constitution* : juché dans la chaire, il lut une *Apothéose* de ces deux jeunes héros de la République. Si son imagination vive le porta à se prendre pour leur émule, il fut vite dégrisé : deux jours après en effet, arrivait la nouvelle de la chute de Robespierre. Melchior Nodier crut alors prudent de mettre son fils à l'abri dans un lieu plus propre au développement de son intelligence qu'un club révolutionnaire. C'était d'autant plus urgent que ceux qui avaient applaudi sa faconde enfantine à l'ex-église de la Madeleine, se hâtaient de condamner ses « *étourderies* ». Mais l'adolescent avait surtout besoin d'effacer de sa mémoire les violentes émotions récentes : les images de l'échafaud et du cimetière des suppliciés (lieu-dit « *des guillotinés* ») dont il aurait suivi les convois, émotions dont il faisait part à ses camarades. Le voyage que le père Nodier organisa en Alsace pour son fils en 1793, dans la compagnie de l'accusateur public bisontin Rambour et d'un fabricant de bas nommé Detray, qui allaient témoigner tous deux à Strasbourg en faveur de l'adjudant-général Perrin, accusé de trahison, fut une première diversion, pas du meilleur goût. A cette

[11] L. Pingaud, *La jeunesse de Charles Nodier*, p. 16. - Sur l'enfance révolutionnaire de l'écrivain-naturaliste, voir pp. 17-33.

[12] Sur cette période, voir Jules Sauzay, *Histoire de la persécution révolutionnaire dans le Doubs*, dix volumes parus entre 1867 et 1873.

[13] Voir R. Moreau (2010) *Pasteur et Besançon. Naissance d'un génie*. Préface de Jean Defrasne. L'Harmattan, Paris, pp. 37-96.

occasion, le jeune Nodier dîna avec le général Pichegru. Surtout, il fit un séjour de quelques semaines, à Witzenheim, près de Colmar, chez un ministre protestant correspondant de Girod-Chantrans. Dans *Séraphine*, Nodier a raconté[14] comment ce pasteur, *fort amateur de papillons*, l'aida *à soulever le voile le plus grossier de cette belle Isis, dont les secrets délicieux devaient mêler tant de charme, quelques années après, aux misères de mon exil. J'étais rentré dans mes montagnes, le filet de gaze à la main, la boite de fer-blanc doublée de liège dans la poche* ; *la loupe et la pelote en sautoir, riche et fier de quelques lambeaux d'une nomenclature hasardée qui m'initiait du moins au langage d'un autre univers, où je pourrais marcher le cœur libre, la tête haute et les coudées franches, avec plus d'indépendance que ne m'en promettait le monde factice des hommes*. Ce fut le premier contact de Charles Nodier avec l'Entomologie.

Le ci-devant citoyen Justin Girod-Chantrans

Pour éloigner son fils assez longtemps et pour *calmer son cerveau et son imagination en délire* (Francis Wey[15]) Melchior Nodier choisit le village de Novillars, proche de Besançon. Il l'envoya à Justin Girod-Chantrans (1750-1841) qui s'y était retiré dans une simple maisonnette, en vertu de la loi du 30 floréal an II (19 mai 1794) qui interdisait le séjour des nobles ou présumés tels dans les places de guerre. *Je ne connais pas d'homme plus vertueux que toi*, écrivit le père de Nodier à Girod-Chantrans. *Tu mériterais de n'être point gentilhomme* (sic) ; *mais obéis à la loi, emmène mon enfant, je te le confie, tu lui apprendras à connaître la nature et la vérité*. Girod-Chantrans, *petit, contrefait et d'une figure charmante était un homme du temps jadis, plein d'indulgence, de sérénité, voué à l'amour de la nature, à l'étude des sciences, aux recherches de la botanique et de l'entomologie* (Francis Wey). A la Révolution, ce disciple de Jean-Jacques

[14] Ch. Nodier, *Nouvelles...*, « Séraphine », pp. 8-9. - Souvenirs de jeunesse de Nodier à Novillars, pp. 9-22.

[15] Sur Girod-Chantrans (citations de Wey et des « Souvenirs » de Nodier), voir Magnin, *Charles Nodier, naturaliste*, pp. 17-31 et 22-33, p. 18 pour cette citation. Citation de la lettre de Melchior Nodier à Girod-Chantrans (en note), p. 23.

Rousseau offrit cent écus à la « *Société Populaire* » pour l'achat de subsistances destinées aux armées, moyen de désarmer les maîtres du jour. C'est ce qui le fit distinguer par Nodier père.

Né en 1750 à Besançon, il était le dixième enfant sur douze d'Antoine Girod, seigneur de Novillars et Naisey. Il était appelé de Chantrans à cause de biens qu'il possédait dans ce village du Premier Plateau, comme son frère aîné François Girod se faisait appeler de Novillars parce qu'il avait reçu en hoirie le château du pays. Emile Fourquet[16] avait raison de citer Girod-Chantrans et Girod-Novillars sans particule. Avant et après la Révolution en effet, on se l'octroyait facilement pour faire croire à quelque noblesse : ainsi, on se faisait appeler « du *Moulin* » si l'on possédait un moulin ! Antoine, Jean-Baptiste-Robert Auget de Montyon[17], créateur des prix de Vertu de l'Académie française et de prix à l'Académie des Sciences avant et après la Révolution, est un cas connu. Les Auget étaient une famille de robe qui avait dû son établissement et sa fortune au règne du roi Henri IV. Son père, Jean Auget, était magistrat. En 1709, il acheta la terre de Montyon-en-Brie, dont il devint seigneur, au sens de propriétaire des droits, ce qui n'anoblissait pas pour autant. Il prit le nom de sa terre et on lui donna du baron par courtoisie. Son fils naquit le 26 décembre 1733. Il fit carrière comme intendant et trafiqua sur les blés. Un autre exemple célèbre est celui de Nicolas-Louis François (1750-1824), dont le rôle fut essentiel dans la réédition du *Théâtre d'Agriculture* d'Olivier de Serres (1539-1619) en 1804-1805. D'origine modeste, ce Lorrain d'origine servit tous les régimes de Louis XVI à la Restauration. Nommé comte sous le Premier Empire, à son *patronyme* plébéien François, il ajouta « *de Neufchâteau* », chef-lieu d'arrondissement vosgien où il avait été conventionnel, devenant François de Neufchâteau, « *prénom* » et nom sous lesquels il est connu, un « *dit* » devant les précéder.

---

[16] Emile Fourquet (1929) *Les hommes célèbres et les personnalités marquantes de Franche-Comté du IVe siècle à nos jours*. Séquania, Besançon, pp. 220-221.

[17] Voir le portrait de ce richissime bourgeois agronome du siècle des Lumières : Auget de Montyon par R. Moreau, *in* Jean Boulaine, Richard Moreau, Pierre Zert (2010) *Eléments d'histoire agricole et forestière*, L'Harmattan, Paris, pp. 83-88.

Naturaliste, botaniste plutôt, Justin Girod-Chantrans le fut, de même que Lavoisier fut chimiste : leur fortune le leur permettait[18]. Bon mathématicien, il fit d'abord une petite carrière militaire dans le Génie, ce qui l'amena à servir durant deux ans (1775-1777) aux Antilles et à Saint-Domingue. Là, il confectionna un herbier de plantes exotiques et étudia les Insectes, dans le droit fil de la mode qui avait suivi la publication par Linné, du *Systema naturae*, du *Genera plantarum* et du *Species plantarum* (1754). Il s'intéressa aussi à la Minéralogie. C'était l'époque des naturalistes de la ligne de Jean-Jacques Rousseau. M. Florence[19], le régent botaniste des *Deux Frères, Les Rantzau,* d'Erckmann-Chatrian, en est un exemple romancé abouti. Le cœur battant, il achète au colporteur savoyard, un livre (cher pour lui) de Botanique de Jussieu. Puis, herborisant dans la montagne, il exprime les mêmes émotions que Jean-Jacques Rousseau parcourant l'île Saint-Pierre avec le *Systema naturae* de Linné et une loupe[20] : *Rien n'est plus singulier,* écrivait le philosophe, *que les ravissements, les extases que j'éprouvais à chaque observation que je faisais sur la structure et l'organisation végétale, et sur le jeu des parties sexuelles dans la fructification, dont le système était alors tout nouveau pour moi. La distinction des caractères génériques, dont je n'avais pas auparavant la moindre idée, m'enchantait en les vérifiant sur les espèces communes en attendant qu'il s'en offrit à moi de plus rares. La fourchure des deux longues étamines de la Brunelle, le*

---

[18] Antoine-Laurent de Lavoisier (1743-1794), fermier général, inspecteur général des poudres et salpêtres, fut le fondateur de la Chimie moderne. Propriétaire de 1.500 hectares de terres agricoles en Beauce et dans le Blésois, il y multiplia les expériences, augmentant le bétail, cultivant des Légumineuses et faisant restituer les fumiers aux sols. De 1785 et 1787, il fit partie du Comité d'Administration de l'Agriculture, qui fit de nombreuses propositions pour améliorer la situation agricole de la France. Il appartint à l'Académie des Sciences à des titres divers à partir de 1768. - Pour les références à l'Académie des Sciences et pour l'ensemble des notices concernant celle-ci, je renvoie une fois pour toutes à : *Index biographique de l'Académie des Sciences, 1666-1975.* Gauthier-Villars, Paris, 1979 et parfois en complément sur Wikipédia.

[19] Voir Erckmann-Chatrian (éd. 1963) *Les deux frères. Contes et romans nationaux et populaires,* **XI**, J.J. Pauvert, Paris, pp. 281-497. Sur les Jussieu, voir chapitre 2, note 29.

[20] Jean-Jacques Rousseau, *Œuvres complètes.* 1, *Les Confessions et autres textes autobiographiques. Les rêveries du promeneur solitaire.* Pléiade, Gallimard, Paris, édition de 1959, p. 1043.

ressort de celles de l'Ortie et de la Pariétaire, l'explosion des fruits de la Balsamine et de la capsule du Buis, mille petits jeux de la fructification que j'observais pour la première fois me comblaient de joie, et j'allais demandant si l'on avait vu les cornes de la Brunelle, comme La Fontaine demandait si l'on avait lu Habacuc. Saturés de nouveautés, nous ne nous figurons plus *l'émerveillement, le choc catalytique* des premiers contacts avec la Science, *l'illumination, la révélation au sens religieux du mot, celle qu'apporte le vert irradiant d'une cétoine ou les flammes mordorées d'une tanche glissant dans les eaux, ou la vibration ondulante du fouet d'un protiste sous l'objectif*[21].

Girod-Chantrans revint à Besançon avec une retraite de capitaine obtenue à quarante-trois ans pour raison de santé. Il commença avec Sylvestre-François Lacroix[22] des *Recherches chimiques et microscopiques sur le nouvel ordre des plantes cryptogames*, qu'il publia en 1802, avec 36 planches. On y trouve la première mention connue de zoospores chez les Algues d'eau douce. D'après Fourquet, Girod-Chantrans aurait soumis son texte à la Société Philomatique et ses cahiers et planches auraient été communiqués à un Genevois, nommé Vaucher, qui se serait approprié certaines de ses découvertes. Auguste-Pyramus de Candolle[23] dédia à Girod-Chantrans, le genre *Chantransia*

---

[21] Roger Heim (1955) *Un naturaliste autour du monde*. Albin Michel, Paris, p. 87. - R. Heim (1900-1979), mycologue, fut professeur et directeur du Muséum national d'Histoire naturelle. Académie des Sciences : 1946.

[22] Sylvestre-François Lacroix (1765-1843), mathématicien, professa à l'Ecole d'Artillerie de Besançon de 1788 à 1793 et fut nommé correspondant de Condorcet à l'Académie des Sciences en 1789. Après Besançon, il fut professeur au Collège de France, à la Faculté des Sciences de Paris et à l'Ecole Polytechnique. En 1799, il fut élu membre titulaire de l'Académie des Sciences, qu'il présida en 1832.

[23] Augustin-Pyrame de Candolle (1778-1841), né à Genève, un mois après la mort de Linné, précise Pierre Flourens (*Eloge historique de Pyramus de Candolle*, lu à la séance publique de l'Académie des Sciences le 19 décembre 1850), botaniste, était issu d'une famille calviniste provençale qui avait fui les persécutions religieuses du XVIème siècle et s'était réfugiée en Suisse. Il étudia la Médecine à Paris, puis il opta pour la Botanique et fut nommé professeur à l'Université de Montpellier. Il fut le fondateur de la Géographie botanique. A la Restauration, il fut obligé de quitter la France pour avoir accepté le poste de recteur de l'Université de Montpellier pendant les Cent Jours, et rentra à Genève où une chaire d'Histoire naturelle fut créée pour lui, avec le premier jardin botanique de

(Algues). En 1810, Girod-Chantrans fit paraître un *Essai sur la Géographie physique, le climat et l'histoire naturelle du département du Doubs*, en deux volumes, première tentative de statistique des productions naturelles (minéraux, plantes, animaux) du département.

L'Emile ou son double

Avec le « *Linné comtois* », comme Sainte-Beuve surnommait Girod, une médication naturaliste ou plutôt botanique et entomologiste fut appliquée à l'adolescent en 1794. Au début de *Séraphine,* Charles Nodier a donné un portrait de *M. de C..., qu'au temps d'où je parle, on appelait plus communément le citoyen Justin*, octogénaire dans le récit. Néanmoins, il n'y a aucun doute sur l'identité d'un homme qui fit connaître au jeune garçon Shakespeare et Bernardin de Saint-Pierre, l'Arioste, le Tasse et Don Quichotte, mais aussi les savants du moment, Lavoisier, Claude Berthollet[24] : *Comme on naissait avec l'instinct philosophique, Nodier rouvrit en même temps sans être distrait par les bruits de la rue* (les troubles révolutionnaires du début de l'adolescence du jeune homme), *le Montaigne qu'on lui laissait feuilleter depuis l'enfance, livre auquel il allait bientôt joindre le Voyage sentimental de Sterne, Werther et Faublas.* Après avoir évoqué dans *Séraphine* les trésors de bonté et le grand savoir de

---

la ville, dans le Parc des Bastions. Correspondant de l'Académie des Sciences en 1810, associé étranger en 1826. Membre de la Société d'Agriculture. Il publia de nombreux livres, dont le *Prodromus Systematis Naturalis Regni Vegetabilis*, qui fut continué après sa mort par son fils Alphonse Pyrame de Candolle (1806-1893, Académie des Sciences : 1851), puis par son petit-fils Casimir de Candolle (1836-1918), ouvrage où sont décrites près de soixante mille espèces de plantes. - L'auteur de sa notice, Pierre Flourens (1764-1867), physiologiste, était professeur au Muséum national d'Histoire naturelle, membre de la section d'Economie rurale en 1828, et secrétaire perpétuel de l'Académie des Sciences en 1833. Membre de l'Académie française, 1840 (élu contre Victor Hugo).

[24] L. Pingaud, *La jeunesse de Charles Nodier*, p. 35. - Claude Berthollet (1748-1822), chimiste, membre de l'Institut d'Egypte. Académie des Sciences depuis 1780 à divers titres. Membre de l'Académie de Médecine. Plus bas : Chrétien-Guillaume de Lamoignon de Malesherbes (1721-1794), agronome, Académie des Sciences : 1750.

son mentor, qu'il se refusait de comparer à Platon, Fénelon (1651-1715) ou Malesherbes, *car cela lui ferait du tort* (sic !), Nodier terminait son portrait ainsi : *Le vulgaire soupçonnait qu'il était fort versé dans la médecine, parce qu'on le voyait toujours le premier et le dernier au chevet des pauvres malades, et qu'il était à son aise parce qu'il fournissait les remèdes, mais on le croyait aussi un peu bizarre, parce qu'il était avec moi le seul au pays qui se promenait dans la campagne armé d'un filet de gaze et qui en fauchait légèrement la cîme des hautes herbes, sans les endommager, pour leur ravir quelques mouches aux écailles dorées, dont personne ne pouvait expliquer l'usage. Cette analogie de goûts rapprocha bientôt nos âges éloignés.* Cette phrase montre que le pasteur de Witzenheim avait certainement donné au jeune Charles le goût de l'étude des insectes. Un problème surgit, semble-t-il, entre le père de Charles et Girod. On n'en connaît pas la raison. Dans *Séraphine*, on trouve une phrase sibylline : *Le hasard voulut que* (Justin) *eût été l'ami de mon père dont le mien fut un moment jaloux* (curieuse tournure !) : *mais ils s'entendirent mieux pour mon bonheur que les deux mères du jugement de Salomon.* Durant les cinq mois de ce séjour enchanteur, Justin Girod-Chatrans fut le Jean-Jacques Rousseau de Charles Nodier et celui-ci son Emile. *Effrayé du débordement d'idées, du désordre d'imagination de ce cerveau toujours en délire, M. de Chantrans enseigna à l'enfant un peu de mathématiques par manière de potion réfrigérante* (sic) : *il y joignit la botanique et l'étude des insectes dans laquelle Charles, avec sa mémoire surprenante, ne tarda pas à exceller*, notait Francis Wey[25]. Sainte-Beuve précisa que *l'enfant ne mordit qu'à l'histoire naturelle*, mais qu'il y mordit si bien que toute son activité fébrile, toute son imagination désordonnée, furent détournées vers ces occupations d'une nature plus paisible que celles qu'il avait connues jusque-là. *Auprès des frêles créatures livrées à son microscope*, observe Pingaud[26], *il oublia vite les bêtes humaines avec lesquelles il avait si complaisamment hurlé.* Mais son subconscient n'oublia rien. Le cauchemar de Lucius, dans *Smarra* (Lucius se voit accusé en rêve du meurtre de son ami Polémon, car celui-ci était mort sur le

---

[25] A. Magnin, *Charles Nodier naturaliste...*, p. 20.
[26] L. Pingaut, *La jeunesse de Charles Nodier*, p. 35.

champ de bataille pour lui et à cause de lui), cauchemar que l'on retrouve d'une autre manière avec le Michel de *La Fée aux miettes*, montre qu'il fut partie intégrante de la vie intérieure de Charles Nodier. Pas plus que Lucius ou Michel, l'écrivain, trop jeune, n'avait cédé à la moindre tentation criminelle, mais le sang qu'il avait vu « *l'éclaboussait* ». L'échafaud revient souvent dans les *Contes* et la terrible *Histoire d'Hélène Gillet*[27], dans le *Cycle des Innocents*, fut peut-être la thérapie psychanalytique de choc par laquelle le narrateur chercha le plus à échapper à ses souvenirs. Les dernières lignes s'inscrivent dans la campagne de Nodier contre la peine de mort : *Il ne faut tuer personne. Il ne faut pas tuer ceux qui tuent. Il ne faut pas tuer le bourreau ! Les lois d'homicide, il faut les tuer !*

Dans *Séraphine* encore, Nodier décrit la maison de Girod-Chantrans et les sorties botaniques et entomologiques du mentor avec son élève. Le matin, Justin vaquait à ses affaires, à celles du village et à celles des gens, puisqu'il les soignait. Pendant ce temps, le jeune Charles se livrait à l'entomologie avec la passion du néophyte, courant à la recherche du *petit bouquet d'aunes ou de bouleaux qui balançait à ses feuilles tremblantes des eumolpes bleus comme le saphir et des chrysomèles vertes comme l'émeraude ; la jolie coudraie qu'affectionnaient ces élégants attélabes d'un rouge de laque, si semblables aux graines d'Amérique dont les sauvages font leurs colliers ; la plantation de jeunes saules où le grand capricorne musqué venait déployer les richesses de son armure d'aventurine, et répandre ses parfums d'ambre et de rose ; la flaque d'eau voilée de nénuphars aux larges tulipes et de petites renoncules aux boutons d'argent, où nageait le ditique aplati comme un bac, et du fond de laquelle l'hydrophile s'élevait sur son dos arrondi comme une carène...* Il trouva même des espèces assez rares comme le *Carabus auronitens*, dont il raconte qu'il lui apparut *dans l'ombre humide que portait le tronc humide d'un vieux chêne renversé, sous lequel il reposait éblouissant comme une escarboucle tombée de l'aigrette du Mogol*.

---

[27] Ch. Nodier, *Contes..., Cycle des Innocents (1830-1833) : Histoire d'Hélène Gillet*, pp. 330-348.

L'après-midi et les soirées étaient consacrées à la formation théorique et pratique : *Notre journée d'investigations commençait régulièrement à midi, après le repas du matin, et durait jusqu'à la nuit ; car nous étions d'intrépides marcheurs. Nous allions et revenions en courant, moi, questionnant sur tout ce qui se rencontrait ; lui, répondant toujours et à tout par des solutions claires, ingénieuses et faciles à retenir. Il n'y avait pas un fait naturel qui ne fournît matière à une leçon, pas une leçon qui ne fît sur moi l'effet d'un plaisir nouveau et inattendu. C'était un cours d'études encyclopédiques mis en action, et je suis sûr maintenant que tout autre que moi en aurait tiré grand profit ; mais mon imagination était trop mobile pour n'être pas oublieuse.* Cet aveu explique l'évolution de Nodier dans la vingtaine d'années suivantes. *Les jours de pluie et de neige, car en 1794 il y eut dans nos montagnes de la neige à la fin de mai,* n'étaient pas perdus : *Dans nos leçons comme dans nos promenades, chaque fait avait son instruction. Chaque heure avait aussi son emploi ; et rien n'est plus propre à enlever au travail sa physionomie sévère que la variété des études. Les mathématiques nous délassaient de la chimie, et les beaux-arts des sciences. Je m'entretenais avec facilité dans le souvenir tout récent de mes études latines par la lecture assidue et passionnée de nos méthodistes* (les systématiciens), *qui avait pris tant d'empire sur mes pensées que je n'en concevais pas une seule sans qu'elle vînt à se formuler subitement en phrases concises et descriptives, hérissées d'ablatifs, comme celle de Linné.*

Cette formation, qui dura moins d'un semestre, produisit chez Nodier un enchantement dont il conserva toute sa vie le souvenir enthousiaste. Dans « *Séraphine* », il décrivit le ravissement amoureux qui saisit le naturaliste découvrant l'échantillon rare : *J'en ai beaucoup cherché* (des joies) *depuis l'âge de vingt ans ; j'en ai goûté beaucoup qui faisaient envie aux plus fortunés. Pas une seule cependant que ma bouche n'accueillît d'un sourire amer, et qui ne pénétrât mon cœur d'une angoisse de désespoir. Que de larmes brûlantes j'ai versées dans les extases du bonheur, qui ont été comptées pour des larmes de ravissement, parce qu'elles n'étaient pas comprises ! Faites comprendre, si vous le pouvez, à une âme éperdue d'amour, qu'il est un moment de vos jours passés dont sa tendresse ne peut combler le vide éternel, et que cette minute, dont la rivalité impérieuse et triomphante éclipse tous vos plaisirs, est celle où vous avez trouvé le Carabus auronitens ! Il n'y a pourtant rien de plus vrai.* Cette « *extase* », cet oubli de soi et des autres devant la trouvaille sont la marque du savant.

Cette éducation rousseauiste apte à occuper l'esprit et le corps de l'adolescent, ne pouvait qu'enthousiasmer son esprit vif et, il l'a dit lui-même, ne pousser qu'à la Science un jeune homme aux mœurs qui furent très tôt passablement dissolues. Reste que, passée la fête, adieu le saint : *l'imagination trop mobile pour n'être pas oublieuse* de Nodier le fit passer à autre chose. Justin Girod-Chantrans n'est pas nommé dans la *Dissertation sur l'usage des antennes dans les insectes, et de l'organe de l'ouïe dans les mêmes animaux*, que Luczot (voir plus loin) et Nodier publièrent en 1798, et il apparaît deux fois dans la *Description d'insectes nouveaux,* texte inédit de 1797. D'après Jean Larat, il semble que Nodier se chargeait de la rédaction des mémoires.

En 1801, une lettre d'Antoine-Melchior Nodier nous apprend que Girod-Chantrans allait faire un rapport sur la *Bibliographie entomologique* que Charles avait publiée à Paris, pour l'organe de la *Société d'Agriculture du Doubs* qu'il avait fondée en 1799 et dont le jeune homme avait été nommé correspondant. Ensuite, on ne trouve plus aucun élément dans les œuvres de l'écrivain, qui vint rappeler le souvenir de Girod-Chantrans sinon, en 1807, le vers suivant d'une poésie datée de Dole, *L'ombre*, où Charles Nodier se souvient de *Chantrans qui réunit Aristote et Newton* (sic). Ce fut tout jusqu'en 1832 : dans les *Souvenirs de jeunesse* et dans *Séraphine*, l'écrivain rendit alors à son vieux maître l'hommage dont j'ai parlé, mais en partie peut-être pour les besoins de la littérature. En 1834, à sa demande, Francis Wey alla voir Girod- Chantrans, qui était devenu réellement octogénaire et qui lui parla avec émotion des collections de l'écrivain. Le 18 février 1832, il avait remercié Charles Nodier de l'envoi qu'il lui avait fait d'un exemplaire de ses *Souvenirs* : *Vos souvenirs d'un commencement d'adolescence, mon cher Charles,* lui écrivit-il, *qui embellissent tous les objets sur lesquels ils se rattachent, sont bien flatteurs pour votre ancien ami. Le précieux témoignage d'affection et d'estime dont vous l'honorez dans votre joli roman de Séraphine, le dédommage de ce qu'il est forcé de se reconnaître infiniment au-dessous du citoyen Justin...*[28].

Finalement, les rapports de Charles Nodier et de Girod-Chantrans furent caractéristiques de ce qui se passe souvent entre individus d'âges très différents : dès qu'un jeune homme vole de ses propres ailes, l'oubli de ceux qui l'ont aidé à ses débuts vient naturellement. Les rapports entre Nodier et Girod-Chantrans furent voisins de ceux qui existèrent entre le docteur Claude-Marie Germain, le médecin salinois qui initia Jules Marcou à la géologie (voir notice 4). Néanmoins, la différence fut importante : Marcou n'eut jamais d'autre projet que devenir géologue ; Nodier, débordant d'idées, évolua dans un autre monde que celui de Girod-Chantrans. Marcou continua d'écrire à Germain depuis les Etats-Unis, mais Nodier oublia son maître durant trente ans. Entre Marcou et Germain, l'éloignement fit se distendre les liens, mais l'affection restait. La même chose arriva entre Pasteur et son maître Jean-Baptiste Biot[29], à cette différence que la conduite du premier par rapport au second fut assez désinvolte à la fin de la vie de Biot, qui avait été son pygmalion, qui avait tout fait pour le faire élire très tôt à l'Académie des Sciences et à qui le jeune savant avait dû véritablement le lancement de sa carrière[30].

---

[28] Voir A. Magnin, *Charles Nodier, naturaliste*, pp. 32-33.

[29] 28. J. B. Biot (1774-1862), formé dans l'esprit des Lumières, engagé volontaire en 1792, fut de la première promotion de l'Ecole Polytechnique (1794). Professeur de Physique mathématique au Collège de France et d'Astronomie physique à la Faculté des Sciences de Paris ; membre du Bureau des Longitudes. Académie des Sciences : 1800. Académie des Inscriptions et Belles-Lettres : 1841, pour des livres d'astronomie égyptienne et chinoise. Académie française : 1856. Biot reconnut l'origine céleste des météorites (1803), termina la mesure du méridien terrestre commencée par Jean-Baptiste Delambre (1749-1822) et Pierre Méchain (1744-1804), fit les premières mesures précises de densité des gaz avec François Arago (1786-1853), détermina avec Félix Savart (1791-1841) la valeur du champ magnétique engendré par un courant rectiligne (loi de Biot et Savart) et définit les lois de la polarisation rotatoire, ce qui l'amena à diriger les premiers travaux de Pasteur (voir R. Moreau (1989) « Jean- Baptiste Biot, volontaire de la République ». *114e Congr. nat. Soc. sav.*, Paris, Scientifiques et Sociétés pendant la Révolution et l'Empire, pp. 117-144).

[30] Cf. R. Moreau (2010) *Pasteur et Besançon. Histoire d'un génie*. L'Harmattan, Paris, pp. 339-410.

Intermède botanique[31]

Charles Nodier rentra à Besançon à l'automne 1794. Un jeune ingénieur des Ponts et Chaussées, François-Marie-Julien Luczot, dit de la Thébaudais, était arrivé à Besançon en septembre. Il n'est connu que par sa collaboration avec Charles Nodier, indiquée par le docteur Magnin, et ne figure pas dans les *Souvenirs* de l'écrivain. Outre un âge plus proche que celui de Justin (Luczot avait onze ans de plus que Nodier), les deux jeunes gens partageaient une communauté de goûts pour les Sciences naturelles, l'Entomologie pour Luczot. Une bonne année plus tard, donc début 1796, Nodier s'inscrivit avec Luczot à l'Ecole centrale qui ouvrait ses portes. D'après Pingaut, leur liaison amicale daterait de là. Ils suivirent ensemble le cours de Jean-Antoine de Glo de Besses (ou Debesse), dit Chonel, qui enseigna à Besançon de 1796 à 1804. Né en Ardèche en 1751, il oscilla entre les carrières militaire jusqu'en 1780, ecclésiastique de 1780 à 1792, enseignante de 1792 à 1804, pour revenir dans les ordres en 1804 et mourir curé de Viroflay en 1825. Professeur d'Histoire naturelle, Debesse, qui avait une préférence marquée pour la Botanique, prépara une *Flore du Département du Doubs* d'après l'herbier de Girod-Chantrans, mais il ne la publia pas. Il organisa un jardin botanique et il emmenait ses élèves herboriser. Charles Nodier passa un brillant examen de fin d'année, au cours duquel il montra des opinions entomologiques si avancées, indique Droz dans ses notes sur le Collège de Besançon, que le jury les accueillit avec des réserves... En réalité, le maître était dépassé par l'élève, mais, précisait Droz, *il est juste d'ajouter que Nodier devait cette supériorité aux soins particuliers de Girod de Chantrans*[32], qui était devenu administrateur et examinateur à l'Ecole Centrale. Cela peut expliquer aussi, c'est du moins ce que pense Léonce Pingaud, que les relations nouvelles entre lui et Charles Nodier ne pouvaient plus être les mêmes. Le reste de la carrière de naturaliste de Nodier montre qu'il dut moins à Debesse qu'à Girod-Chantrans et à Luczot. Néanmoins, il profita des leçons de Botanique des deux

---

[31] Voir A. Magnin, *Charles Nodier, naturaliste*, « Nodier, zoologiste et botaniste », pp. 142-163.

[32] D'après Magnin, *Charles Nodier, naturaliste...*, p. 43.

premiers lors d'excursions dans les Vosges et le Jura, autour de Paris et lors de son voyage en Ecosse. Les notes et les planches botaniques de son livre de voyage témoignent des connaissances d'un amateur éclairé qui avait lu l'*Essai géologique sur l'Ecosse de Boué*, tout en disant qu'il entendait le moins la géologie, et la *Flora scotica* de William Hooker (1785-1865)[33], que l'écrivain manqua d'assez peu et avec qui il avait compté herboriser. Hooker lui prêta *son guide ordinaire, vieillard vif, agile, ingénieux, pénétrant, comme le sont généralement ces montagnards*.

Le chapitre XXII des *Promenades...* est consacré aux résultats d'excursions botaniques que Charles Nodier fit avec ce guide : (Il) *ne manquait nulle part de retrouver la plante curieuse qui avait excité dans le savant professeur* (Hooker) *un sentiment de simple plaisir, de surprise, d'enthousiasme ou de ravissement, et de figurer sa sensation par des exclamations ou par des gestes qui ne m'ont pas trompé une fois sur l'importance de ma découverte. Enfin, je me contentais de recueillir les espèces qui me frappaient le plus par la nouveauté de leur aspect* ; *heureux d'en ajouter quelques-unes au riche envoi dont M. Hooker m'avait chargé pour Bory de Saint-Vincent, et certain de trouver auprès de celui-ci des notions claires et brillantes qui prolongeraient longtemps le charme de mes explorations et le plaisir de mon voyage. C'est presque sous ses yeux que j'écris ces pages où rien ne m'est absolument propre que l'avantage d'avoir vu moi-même en courant, ce que je ne pouvais décrire que d'après les autres*.

Suit une discussion sur ses trouvailles, qui témoignent d'une culture certaine et d'un indéniable *« flair »* botanique et surtout cryptogamique, puisque ses deux planches en couleurs sont consacrées à des Fougères, à des Muscinées, des Sphaignes et des

---

[33] Charles Nodier, *Promenade de Dieppe aux Montagnes d'Ecosse*, chap. XXII, pp. 205-226. - Les planches sont de Jean-Baptiste-Georges-Marie Bory de Saint-Vincent (1780-1846), qui fut officier (colonel d'Etat-major) comme Girod-Chantrans, et naturaliste voyageur ; il explora les îles de France et de la Réunion. Académie des Sciences : correspondant en 1808, académicien libre en 1834. Notice académique (1916) par Alfred Lacroix (1863-1948), professeur de Minéralogie au Muséum national d'Histoire naturelle, Académie des Sciences, 1904. - L'*Essai géologique sur l'Ecosse*, d'Ami Boué (1794-1881) a été publié en 1820. - William-Jackson Hooker (1785-1865) était le père de Joseph-D. Hooker (1817-1911), botaniste systématicien renommé.

Lichens, ce qui n'était pas chercher la facilité. La botanique profita des dons poétiques de Nodier. Comme exemple de *« poésie botanique »,* on peut citer un fragment du *Bengali* (daté de Léopoldsruhe, 1811), où l'on trouve ce raccourci biogéographique curieux : *Qui me rendra l'aspect des plantes familières, / Mes antiques forêts aux coupoles altières, / Des bouquets du printemps mon parterre épaissi, / Le houx aux lances meurtrières, / L'ancolie au front obscurci, / Le jonc qui des étangs protège les lisières, / Et la pâle anémone et l'éclatant souci, / L'orme géant des bois que la foudre a noirci, / Le sapin, le mélèze, ombres hospitalières, / Erèbe que le jour n'a jamais éclairci, / Et de franges irrégulières / L'humble toit décoré par les bras des vieux lierres. / Les arbres que j'aimois ne croissent point ici.* A cette catégorie appartiennent aussi *Le Buisson, La Violette, Le Printemps,* mais ce furent surtout les insectes qui tentèrent l'âme poétique de Charles Nodier et qui occupèrent une partie importante dans sa vie jusqu'en 1820. Au-delà, ce fut tout. En effet, même si Charles Nodier démontra en Ecosse notamment, des compétences certaines en Botanique et en Cryptogamie, ce fut à l'Entomologie seule qu'il s'intéressa de manière quasiment professionnelle.

Initiation à l'Entomologie : *Luczot et Nodier*[34]

Entre Luczot et Nodier, ces deux passionnés d'Entomologie, selon Magnin, une véritable collaboration scientifique semble s'être établie, avec comme élément le plus caractéristique la publication de la *Dissertation sur le rôle des antennes,* où les auteurs entendaient démontrer que le sens de l'ouïe existait chez les Insectes et résidait à l'extrémité de ces organes. Ce fut l'origine d'une polémique avec Constant Duméril (1774-1860), zoologiste, professeur au Muséum national d'Histoire naturelle et à la Faculté de Médecine de Paris (Académie des Sciences : 1816). Cet « *ami de campagne* » de Biot, revendiqua la découverte, mais Nodier réclama contre lui en 1804 dans le journal *Le Citoyen français*. Les choses s'arrangèrent par la suite et les rivaux se lièrent d'amitié après une rencontre fortuite à Amiens en 1810. En 1835, ils

[34] Voir A. Magnin, *Charles Nodier, naturaliste*, « Nodier et Luczot... », pp. 34-49.

représentèrent ensemble l'Institut de France à Montbéliard, pour l'inauguration de la statue de Georges Cuvier[35], Charles Nodier pour l'Académie française, où il avait été élu deux ans plus tôt, et Duméril pour l'Académie des Sciences.

A la lecture du livre du docteur Magnin, on a l'impression que Luczot porta à Charles Nodier l'affection d'un grand frère à un cadet qui était en besoin de conseils. Ayant sans doute ressenti les inconvénients d'un tête-à-tête trop exclusif, il l'élargit en constituant, dans une période où toute association était suspecte, une « *philadelphie* » qui vit le jour avec quelques amis, parmi lesquels figurait Charles Weiss (1779-1866), futur bibliothécaire de la ville de Besançon et correspondant de l'Institut. Peu après (début 1798), Luczot, dit de la Thébaudais, fut affecté au poste d'ingénieur ordinaire des Ponts et Chaussées dans les Côtes-du-Nord. En 1803, il partit à Nantes diriger les travaux du port de commerce, puis, en 1804, en Ille-et-Vilaine, prendre en charge la jonction de la Vilaine et de la Rance. Enfin, en 1819, il fut nommé ingénieur en chef des Ponts et Chaussées du Morbihan. Il prit sa retraite à Vannes en 1829, puis, dans ses dernières années, à Paris où il mourut en 1844, quelques mois après Nodier. Les deux anciens amis ne se revirent sans doute pas entre Besançon, où Luczot ne retourna jamais, et ses dernières années parisiennes. Néanmoins, en 1809, Charles Nodier utilisa la maison familiale de Luczot à Hédé, à une vingtaine de kilomètres de Rennes, en attendant son hypothétique embarquement pour la Louisiane. Tous deux correspondirent fréquemment, mais à peu près exclusivement sur des sujets entomologiques, jusqu'au départ de Nodier en Illyrie en 1813. La correspondance avec Luczot était motivée par des activités communes. Lorsqu'elles disparurent, elle cessa : le « *papillon* » Nodier était allé butiner ailleurs, si je peux me permettre cette comparaison s'agissant d'entomologistes. L'année 1813 marque à peu près le milieu de la vie de Nodier. Au-delà, il

[35] Georges Cuvier (1769-1832), né à Montbéliard, zoologiste et paléontologiste, professeur d'Anatomie comparée au Muséum d'Histoire naturelle, et d'Histoire naturelle au Collège de France. Académie des Sciences : 1795 et Académies française, des Inscriptions et Belles-Lettres et de Médecine. Sur Cuvier, voir *Eloge historique de Georges Cuvier*, par Pierre Flourens, lu à la séance publique du 29 décembre 1834. *Eloge* d'André Marie Constant Duméril, *id.* le 28 décembre 1863.

fit un choix définitif et il oublia sa passion de jeunesse, dans la phase de travail effectif.

Pendant la période qui débuta en 1796, Luczot eut indéniablement sur Nodier un rôle inducteur, une influence scientifique au moins aussi grande, sinon plus, que Girod-Chantrans. Celui-ci intéressa son élève aux Sciences naturelles, mais ce fut Luczot qui le fit se spécialiser à un niveau inhabituel pour l'époque, avec l'enthousiasme de la jeunesse et une vivacité d'imagination qui leur fit établir un peu prématurément des théories physiologiques aussi délicates que celle du rôle des antennes des Insectes. Il faut dire à leur décharge qu'alors, les théories hasardeuses ne faisaient peur à personne. Des deux ouvrages produits par Nodier à la fin du dix-huitième siècle, la *Dissertation* résulte objectivement de sa collaboration avec Luczot. L'autre, la *Description d'insectes...* des environs de Paris et de Franche-Comté, rédigée en principe uniquement par un Nodier de dix-sept ans, pouvait être revendiquée par Luczot qui, plus âgé, s'était déjà beaucoup occupé d'entomologie ; les mentions du « *cabinet de M. Luczot* » montrent que le Rennais avait déjà une importante collection. Enfin, le titre de la *Description*, avec la mention « *des environs de Paris* », indique que l'œuvre ne pouvait pas être de Nodier seul. D'ailleurs, les deux amis s'étaient déjà partagé le travail en Franche-Comté : Charles Nodier s'était chargé des Coléoptères et des Hémiptères, Luczot des Papillons. Ce partage dut présider aussi à la préparation du *Museum entomologicum*, grande synthèse projetée par Nodier en 1812. De retour en Bretagne, Luczot pensa rédiger un « *Species* », une systématique plus complète que celles existantes. Le « *Museum* », plus vaste dut être la suite commune de ce projet. Même à cette époque, il fallait beaucoup de matière pour composer un tel ouvrage. Tandis que Luczot œuvrait en Bretagne, Nodier faisait en principe la même chose dans les Vosges, puis dans la région parisienne où il était venu chercher une situation et où il publia une *Bibliographie entomologique* (1801). Il annonça aussi son intention de rédiger une *Histoire des Insectes*, puis un *Nouveau système de classification*.

L'affaire de la Napoléone[36]

En fait, cette « *musique du futur* » cachait une autre réalité. A cette époque en effet, avait surgit l'affaire de La *Napoleone*, un pamphlet rédigé par Charles Nodier contre Bonaparte, peut-être écrit en 1802 et qui ressortit certainement en 1804. Cette affaire trouble, voire sordide, fut l'un des éléments de l'emprisonnement du jeune homme à Paris, puis de son renvoi *manu militari* à Besançon. Le dossier de police donne un éclairage réaliste sur les activités parisiennes d'un jeune homme plus attiré par les plaisirs de la grande ville et les lieux de débauche, que par l'étude des insectes. Le 30 frimaire an 12 (22 décembre 1803), lors de l'interrogatoire qui suivit son arrestation, à la question : *Mais enfin pourquoi aviez-vous composé cette pièce* ? Charles Nodier répondit : *Je serais bien embarrassé de le dire* ; *c'était dans un moment d'exaltation sans motif. Je sens que c'est une mauvaise action et que l'on ne doit jamais se permettre d'écrire contre le Gouvernement sous lequel on vit, lors même qu'on ne l'aimerait point*. Difficile de mieux s'aplatir, mais le jeune homme en était arrivé en si peu de temps à de telles extrémités après des bamboches qui paraissent avoir été effrénées, qu'il dut penser que sa seule planche de salut était de se faire arrêter. Dans une note du 1er nivôse au Grand Juge, c'est-à-dire au ministre de la Justice, le préfet de police précise en effet : *Le journal de sa vie* (de Charles Nodier), *depuis deux mois qu'il est à Paris, et que j'ai trouvé parmi ses écrits, prouve qu'il ne fréquentait ici que de mauvais lieux et qu'il est entièrement perdu de débauche. J'ai lieu de penser que le défaut de ressources en tous genres l'a porté à se dénoncer lui-même comme l'auteur de l'infâme écrit dont il est question*. Au cours de l'interrogatoire, Nodier avait prétendu qu'il s'était dénoncé pour éviter que soit inquiété *l'homme à qui il avait montré son texte par un mouvement de vanité, et de faiblesse*. Quelle grandeur d'âme ! Le préfet de police terminait en précisant qu'il avait *retenu en détention le dit Nodier et l'avait envoyé à* (la

---

[36] Cette partie est basée principalement sur le dossier de police de Charles Nodier aux Archives nationales (n° 7.813). - Voir aussi L. Pingaud, *La jeunesse de Charles Nodier...*, « L'empire, la vie errante », p. 86 et la suite, à lire pour les aspects désordonnés de la vie de Charles Nodier, dont je ne donne ici que des points très résumés.

prison de) *la Force pour y être traité des maladies vénériennes dont il était rongé*. Quant aux insectes, il n'en était pas question, sauf que l'interrogatoire mentionne des ouvrages annoncés par Charles Nodier : *Une dissertation sur les organes des insectes ; une bibliographie entomologique ; une traduction des pensées de Shakespeare ; un roman intitulé Le proscrit ; un autre intitulé le peintre de Salsbourg* (sic) ; *un autre intitulé le Dernier chapitre. Tous sont imprimés par Montandier, Maradan et Barba. J'ai une tragédie en cinq actes et en vers qui allait être mise à la lecture et qui porte pour titre Dina.* A la question : *La biographie* (sic)[37] *des insectes est-elle imprimée*, il répondit de manière peu claire : *Non, elle ne s'imprimera point, parce que j'ai changé d'opinion sur le fond et que je ne veux point avancer une chose qui n'est point suivant ma pensée.* C'était de la langue de bois, comme toute sa déposition. Sauf la *Bibliographie*, rien ne parut, mais ces projets purent se retrouver dans le projet de *Museum entomologicum* et celui d'une description de *Coléoptères des Alpes et du Jura* (*Description des Eleuthérates des Alpes et du Jura*). Aucune ne vit le jour non plus.

Les Bisontins ou plutôt « *l'amicale* » des anciens oratoriens tirèrent Charles Nodier de ce mauvais pas : au ministère de la Police, avait été introduit comme bibliothécaire par Fouché, lui-même ancien oratorien, son confrère Mathieu Oudet qui était resté en relation avec son autre ancien confrère, Antoine-Melchior Nodier. Oudet demanda au maire de Besançon, Daclin, des renseignements sur le jeune homme. Les réponses de Daclin et du préfet du Doubs sont reprises dans la décision qui fut mise à la signature du « *Grand Juge* ». On peut les résumer ainsi : Charles Emmanuel Nodier était le fils d'un homme public qui, depuis 1790, avait *constamment rempli des fonctions pour lesquelles il avait toujours fait preuve d'une grande probité et d'un parfait attachement à son devoir*, sans préciser que cela s'était fait en coupant des têtes[38]. Le préfet du moment notait cependant

[37] Il s'agissait sans doute du projet d'une *Histoire des Insectes*, puisque la Bibliographie fut publiée. Elle a été reprise en partie par Magnin (pp. 241-278).

[38] *In* Léonce Pingaud, p. 96. - A propos des amitiés oratoriennes du père de Nodier, il est intéressant de noter que celui qui avait été un magistrat sanguinaire sous la Révolution, écrivait à Mathieu Oudet, après avoir été destitué en mars

qu'Antoine-Melchior Nodier avait fait *la faute de conduire son fils dans les premières assemblées populaires à un âge où il ne devait songer qu'à son éducation*. Pour le préfet, les débordements du fils venaient de ce qu'il était *léger, inconséquent et d'un esprit exalté jusqu'à l'extravagance*, un peu fou pour dire vrai. Ce jeune homme n'avait-il pas *dans tous les temps donné des marques de folie, jusqu'à s'énivrer d'opium* ? Une dose trop forte avait même failli le faire périr ; il lui en restait de *fréquentes attaques de nerfs*. On le disait aussi atteint d'épilepsie et il confirmait qu'il était traité pour des maladies vénériennes. Sa *Napoléone*, écrite depuis plusieurs années, n'avait pas été connue en ville et on produisait une lettre de Charles à sa sœur où il *exprimait le plus vif enthousiasme et la plus grande admiration pour le Premier Consul*. En conclusion, le préfet estimait qu'il fallait *le renvoyer à son père qui pourra le faire soigner et surveiller*, ce qui fut fait.

Dans la lettre citée par le préfet, Nodier brossait un tableau assez étonnant de ses activités à Paris, théâtres (Opéra, Vaudeville et une longue description du « *théâtre des fantômes* »), de dîners de la « *parade* » dans la grande cour des Tuileries, « *côté du Carrousel* », des uniformes, des chevaux et des hommes du pouvoir[39], au premier rang desquels Cambacérès, *vu de fort près*, Lebrun et Bonaparte, dont Nodier brosse un portrait brillant et enthousiaste, qui se termine par : *Mais laissons-les ces petits hommes* (les ennemis de Bonaparte), *et revenons au grand homme par excellence. Je l'ai vu pendant une demi-heure et, si vous aviez été près de moi, si vous aviez pu partager mon enthousiasme et mon délire, cette demi-heure serait la plus belle et la plus importante de ma vie*. Etonnant venant d'un « *opposant* ». Quant aux insectes et aux sciences naturelles, il n'en est question nulle part.

1808, qu'il pensait avoir mérité, par sa conduite, la considération de tous les partis (*sic*), et qu'il avait été constamment sans ambition, *comme un vrai oratorien.*

[39] Les descriptions de Nodier sur sa vie à Paris ne sont pas sans préfigurer celles du jeune Pasteur (voir R. Moreau, 2010, *Pasteur et Besançon. naissance d'un génie*, « La vie parisienne du jeune Pasteur », pp. 328-332). Quant à la description du Carrousel, elle renvoie aux descriptions de Mme Marcou à son fils Jules (notice 4).

De Quintigny à l'Illyrie

A Besançon, Nodier continua à *« conspirer »*, du moins le pensait-il. Poursuivi ou croyant l'être, il s'enfuit et erra dans la campagne. En 1806, il publia *Les Tristes* jusqu'à ce qu'en juillet, avec, dit le docteur Magnin, l'appui du préfet Jean de Bry[40] qui se serait pris de sympathie pour lui parce qu'il était lui-même amateur de sciences naturelles et notamment de Botanique, il ouvrit à Dole, le 4 juillet, dans l'ancien couvent des Cordeliers, un cours de Philosophie, de Belles-Lettres et d'Histoire naturelle. Néanmoins, on peut douter de ce soutien à ce cours, à lire les rapports du préfet de Bry en 1808 : ce magistrat, qui avait poussé à la destitution du père de Nodier, réalisée le 24 mars, rendait compte au ministre de la Police générale (7 avril 1808) de *l'évasion* (pour Dole) *du Sr Nodier* (Charles Emmanuel) *placé en surveillance spéciale à Besançon*. A ce moment, le seul soutien que de Bry lui accorda fut la demande, ajoutée en *post-scriptum*, qu'il fit au ministre de laisser le jeune homme dans le Jura, car il venait d'apprendre qu'il *avait trouvé de l'occupation*[41] *dans les bureaux de la sous-*

---

[40] De Bry était au courant de tous les faits et gestes **des** Nodier. *Cet individu* (Charles Nodier), *coupable de différents actes infiniment* (sic) *répréhensibles qui avaient motivé son arrestation à Paris, s'étoit conduit d'une manière exempte de reproche depuis son retour. Cependant, son caractère, susceptible d'une grande exaltation* (ce grief est constant, ce qui montre qu'il y avait là un grand fond de vérité), *exige d'autant plus de surveillance que la situation où il se trouve paraît devoir y donner un nouvel aliment : en effet, son père, juge au Tribunal de 1ère Instance séant à Besançon, est du nombre de ceux qui ont dû cesser de suite leurs fonctions et la même mesure s'étend à un juge du Tribunal de Dole dont il* (Ch. Nodier) *recherchait l'alliance selon ce qui m'a été rapporté. Dans tout état de cause, je n'aurais pas toléré la désobéissance du Sr Nodier, à plus forte raison dans ces circonstances. J'invite donc Mr le Sous-Préfet de Dole à lui faire notifier l'ordre d'être de retour à Besançon dans les vingt-quatre heures de la notification, à défaut de quoi de le faire arrêter et conduire par la gendarmerie.* Curieux soutien. *L'alliance désirée*, dont parlait de Bry, l'était-elle par Charles ou par un père désireux de le « *ranger* » ? Dans sa lettre de 1808 à Oudet, Antoine-Melchior se plaignait de ce fils *épris des attraits basanés d'une jeune personne sans biens...*

[41] Selon Pingaud cependant (pp. 97-98), le préfet, qui avait lu les papiers saisis chez Nodier, aurait été de plus en plus séduit par la qualité de ses écrits : *Ses talents*, avait-il écrit en haut lieu, *sont de nature à devenir utiles aux lettres.* Finalement, Fourcroy, conseiller d'Etat, chargé de l'enseignement public, l'autorisa à donner à Dole des leçons ayant pour but *le perfectionnement de*

préfecture de Dole, où, travail peu reluisant, il copiait les tableaux de conscription ! Où être mieux surveillé que là ? De Bry ajoutait que, *sous le rapport politique, son désœuvrement* (à Besançon) *ne pouvait que lui être infiniment préjudiciable.* Nodier fit de nombreuses demandes pour être libéré de la surveillance dont il était l'objet, afin de lui permettre de faire ses recherches *« bibliologiques »* sur *les langages primitifs.* Il obtint cette levée l'année suivante avec l'autorisation de se rendre à Amiens où il avait trouvé du travail, mais sans résider à Paris.

Le 31 août 1808, il épousa Désirée-Liberté Charve, fille d'un juge ami de son père, lequel mourut le 10 octobre suivant. Se placent ensuite (entre autres), pour Nodier, le passage à Amiens comme secrétaire d'un baronnet féru d'érudition, la rencontre avec Duméril, originaire de la région, en 1811, un séjour à Quintigny, à côté de Lons-le-Saunier, dans la maison des Charve. Sa fille Marie y naquit le 26 avril. Depuis le riant Quintigny, *vallon rempli de grâce / Temple de mes amours, trône de mon printemps / Asile que l'espoir promit à mes vieux ans* (Le Bengali), Nodier explora le col de la Faucille et la Dôle et récolta des échantillons[42] avec d'autant plus d'ardeur que sa femme l'accompagnait par goût partagé des sciences naturelles à moins que, le connaissant trop, elle ait trouvé ce moyen pour le garder des amours ancillaires. Grâce à ces

---

l'instruction. Nodier commença ses cours le 8 juillet 1808 et les poursuivit pendant plusieurs mois ; d'après Pingaud, il s'agissait principalement de cours de littérature. - Antoine-François, comte de Fourcroy (1755-1809), professeur de Chimie au Jardin du Roi, puis au Muséum national d'Histoire naturelle. Académie des Sciences 1785 à des titres divers. Membre de la Société d'Agriculture.

[42] Voici un exemple de lettre, probablement de 1812 (citée par le docteur Magnin, *Charles Nodier naturaliste*, pp. 76-77), par laquelle Charles Nodier demandait à son ami Charles Weiss, bibliothécaire de la Ville de Besançon, de lui récolter un Coléoptère longicorne qui l'intéressait. Aucun naturaliste ne la renierait : *Vingt pas plus loin que l'église de Bregille* (détruite en 1814), *il y a un petit pont ruineux sous lequel croupit une eau rare et marneuse, et à côté duquel s'élève une côte rapide, plantée d'un jeune saule ou d'oseraye* ; *c'est là qu'il faut gravir, puis interrogeant chaque rameau d'un œil attentif et patient, découvrir, s'il se peut, l'insecte précieux et peu connu, dont je t'envoie la figure, à peu près dans sa grandeur naturelle. Je ne peux me rappeler précisément de quelle couleur est la tête de cette belle lepture, mais son corselet, ses pattes et tout le dessous de son corps sont d'un beau blond abricot. Ses étuis sont d'un gris clair, comme ardoisé, et pointillé finement : enfin le corselet est chargé de deux points ronds, noir foncé, très lucides, et qui suffiraient à caractériser cette espèce.*

récoltes et selon une pratique courante d'échanges et d'acquisitions entre entomologistes, les collections de Nodier seraient devenues si riches qu'il n'avait plus matière à échanger avec les amateurs régionaux. En 1811-1812, tout était réuni pour que le grand œuvre soit rédigé avec Luczot. Le projet de *Museum* était suffisamment avancé pour que Nodier écrive à Weiss que Luczot lui avait promis de dessiner ses figures, puis qu'il se sentait en état de les faire assez proprement lui-même si Luczot les négligeait. De fait, ses dessins entomologiques sont de qualité. Tout était en place aussi pour qu'il démontre qu'il était un vrai savant. En 1811, il s'en fallut sans doute de peu qu'il soit nommé à la chaire d'Histoire naturelle de la première Faculté des Sciences de Besançon, mais les préventions contre sa personne durent jouer en faveur de Désiré Ordinaire[43], qui eut le poste. M. de Turcy, secrétaire général de l'Intendance en Illyrie, futur beau-frère de Nodier, lui obtint les postes de bibliothécaire de la ville de Laybach et de directeur du *Télégramme illyrien*, journal officiel des provinces illyriennes. Arrivé en janvier 1813, Nodier fit de l'Entomologie en Carniole et en Croatie. Puis il quitta la région à l'évacuation de l'Illyrie, rentra à Quintigny et enfin il se fixa à Paris. Le *Museum entomologicum* ne fut jamais publié.

La fin d'une passion

Les années 1814-1820 furent pour Nodier les dernières de sa vie de naturaliste actif. Il chassa parfois encore les Insectes, ce qui lui valut une aventure racontée par Sainte-Beuve[44] : *Nodier montre des retours par accès vers les champs, des reprises de tendresse pour l'histoire naturelle et l'entomologie* ; *un jour, ou plutôt une*

---

[43] Jean Gabriel Désiré Ordinaire (1773-1847) docteur en médecine, professeur d'Histoire naturelle, doyen de la Faculté des Sciences de Besançon en 1810, inspecteur d'Académie à Besançon (juin 1819), recteur de l'Académie de Besançon (1821-1824), puis de celle de Strasbourg (1824-1831), directeur de l'Institut royal des sourds et muets de Paris (1831-1838). - Sur les modalités de nomination des premiers professeurs des Facultés des Sciences récemment créées, voir la notice 2 (Pierre Duchartre).

[44] Voir A. Magnin, *Charles Nodier, naturaliste*, « Nodier à Paris : dernières années de sa vie de naturaliste (1814-1820) », pp. 88-94. - Citation de Sainte-Beuve : p. 88.

nuit qu'il errait, au Bois de Boulogne, pour ses doctes recherches, une lanterne à la main, il se vit arrêté comme un malfaiteur. A moins que cet incorrigible amateur du sexe faible ait couru la gueuse une fois encore ? Quoi qu'il en soit, le ressort était brisé chaque fois par de nouveaux projets. Le dernier fut l'offre d'une chaire d'économie politique à Odessa en 1817 ! Nodier vendit ses meubles et ses livres, donna ses collections, puis il s'installa à Quintigny en attendant un avis de départ qui ne vint jamais. Sans documentation, ni collections, il ne pouvait plus rien faire. Sa passion resurgit en 1820 en Ecosse, dont les lacs lui rappelèrent celui de Bonlieu, dans le Jura. Par la suite, le naturaliste actif perça régulièrement dans les œuvres de l'écrivain. A la fin d'une nouvelle intitulée *Sybille Mérian*[45], il mit dans la bouche de l'héroïne la description du *« peuple extraordinaire »*, qui témoignait d'une belle connaissance de l'écologie des insectes : *Il habite partout, sur la terre où nous marchons, dans le ruisseau qui baigne nos prairies, dans l'air que tu respires. Il habite le calice d'une fleur qui vient de s'ouvrir, et jusqu'à la goutte de rosée qui tremble suspendue à ses pétales* ; *il frémit dans le sable* ; *il murmure sous le gazon* ; *il danse et tourbillonne dans un rayon de soleil. Mon armée navale a jeté l'ancre dans une mare prochaine* ; *mes arquebusiers sont retranchés sous une pierre du jardin. Je te parlais des insectes.* Avec *L'homme et la fourmi*[46], Nodier se haussa au niveau d'une philosophie entomologique dans un apologue apocalyptique, où il traça un sombre tableau de la prise en main de la Terre et de ses richesses biologiques par l'homme, forcément destructeur. La phrase sur la première ville, Biblos, est un résumé des images récurrentes qui assaillaient l'écrivain : *On ne sait rien d'ailleurs de son histoire, si ce n'est qu'elle vit danser les premiers baladins, approvisionner la première boucherie, et dresser le premier échafaud.* L'homme dominateur est assiégé et ses œuvres détruites par la fourmi *Termes* (les termites). Nodier

---

[45] Marie-Sybille Mérian (1647-1717) originaire de Francfort, fut une artiste renommée par ses miniatures, ses peintures de fleurs et d'insectes et ses planches d'histoire naturelle. Nodier l'appela sa *parfaite amie* dans son *Examen critique des lettres à Julie sur l'entomologie,* publié en 1832. Cf. Ch. Nodier (éd. 1961) *Contes*, « Fantaisies et légendes » (1830-1838) : « Sibylle Mérian », pp. 627-633.

[46] Ch. Nodier (éd. 1961) Contes, « Fantaisies et légendes » (1830-1838) : « L'homme et la fourmi, apologue primitif », en fait des termites, pp. 773-780.

prophétisa *la fin prochaine du genre humain* et célébra l'organisation des insectes, dignes d'un *roi du monde*. L'idée d'insectes maîtres de la Terre quand l'homme aura fini de la détruire, hantait aussi Théodore Monod[47] qui pensait néanmoins que tout était bloqué chez ces merveilleuses petites mécaniques : en effet, *a-t-on idée de mettre son squelette à l'extérieur* ? Les oiseaux ? *Assez bien réussis sans doute, mais bien petites cervelles*. Monod voyait dans les Céphalopodes les meilleurs candidats pour remplacer l'homme, mais *leur débarquement continental nécessiterait encore quelques millions d'années d'évolution*. L'homme devait donc *accepter l'hominisation véritable, c'est-à-dire la sympathie et la pitié pour tous les êtres, le respect de la vie, le refus de la violence...* !

Nodier cherchait toutes les occasions de parler de sciences naturelles. Lors des soirées de l'Arsenal, *un mot suffisait à lui rappeler le botaniste et surtout l'entomologiste qu'il avait été jadis dans la vallée de Novillars, sur les monts du Jura et dans la calme demeure de Quintigny*. Il ne se privait pas de charges contre le charabia médico-scientifique comme à la fin de la *Fée aux miettes*, où il met en scène la Mandragore, Solanacée méditerranéenne proche de la Belladone, riche en alcaloïdes, à qui l'on a longtemps prêté des vertus magiques. En 1832, Il fut l'un des premiers adhérents de la *Société Entomologique de France*. A la même époque, il publia dans le journal *Le Temps*, un *Examen critique des Lettres à Julie sur l'Entomologie*, du naturaliste lyonnais Martial-Etienne Mulsant[48]. Dans cette fantaisie ou ce « *roman d'histoire*

---

[47] Th. Monod (1991) *Sortie de secours*. Seghers, Paris, pp. 271-272.

[48] Martial-Etienne Mulsant (1797-1880), naturaliste et zoologiste complet, était employé de commerce quand il publia les *Lettres à Julie* (prénom de sa future épouse) *sur l'entomologie, suivies d'une description méthodique de la plus grande partie des insectes de France*, ornées de planches. Il devint par la suite professeur d'Histoire naturelle au Collège royal de Lyon, puis, en 1874, bibliothécaire en chef de la ville de Lyon jusqu'à sa mort. Il publia une *Histoire naturelle des Coléoptères de France*, pour laquelle il associa d'autres entomologistes, une *Histoire naturelle des punaises de France* en collaboration avec Edouard Verreaux (1810-1868), naturaliste et négociant globe-trotter, et des ouvrages scolaires de zoologie et de géologie. Il présida longtemps la *Société linnéenne de Lyon*. Enfin, il s'intéressa aux oiseaux et fit paraître des *Lettres à Julie sur l'ornithologie* et un ouvrage sur les oiseaux-mouches. L'ornithologue Jules Bourcier (1797-1873) lui dédia un colibri, *Acestrura mulsanti* (d'après le

naturelle », Nodier faisait un tableau des métamorphoses des insectes, du rôle de ceux-ci dans la nature, des phénomènes de mimétisme et de reviviscence et il exposait ses idées sur la forme à donner à un ouvrage de cette nature. Peu satisfait de la forme des *Lettres à Julie*, il l'expliqua par des aperçus sur l'éducation de la femme et termina par ces conseils : *M. Mulsant est maître de modifier son excellent travail, d'après mes inspirations, si elles valent quelque chose. Un fait qui me paraît démontré, c'est que pour initier les femmes à une science, il faut beaucoup aimer la science et surtout les femmes.* Mulsant dut être satisfait, note Magnin, car il fit réimprimer son texte à Lyon en 1833 et il donna le nom de l'écrivain à un rare et beau Longicorne, l'*Oxypleurus nodieri*, avec cette dédicace : *Je l'ai dédiée à M. Charles Nodier, entomologiste passionné et l'une des gloires de notre littérature.* Ce fut le dernier contact de l'écrivain-naturaliste avec la Science.

En terminant, nous reprenons la conclusion du docteur Antoine Magnin (pp. 197-198) : *Nodier a été, surtout en science, un observateur assurément consciencieux, mais entraîné bientôt à côté par la folle du logis ; c'était un savant doublé d'un poète ; et un savant dans le sens le plus large du mot ; ainsi que le disait A. Dumas, paraphrasant ce que déjà on avait dit de Pic de la Mirandole* : *Nodier était le savant par excellence ; il savait tout puis encore une foule d'autres choses au-delà de ce tout. Mais sa science était parfois superficielle, n'ayant jamais eu la patience d'approfondir les sujets que son esprit observateur lui avait fait découvrir. Ce qui lui a manqué pour devenir un grand naturaliste, c'est le temps, la persévérance, la continuité du travail qui lui auraient permis d'entreprendre des œuvres importantes comme la* Flore du Jura, *en germe dans son esprit, et d'achever tous les ouvrages d'une véritable valeur scientifique dans lesquels il avait réuni ses observations sur les insectes, comme les* Harmonies de la Botanique et de l'Entomologie *et le* Museum entomologicum *qu'il laissa presque terminés ; on n'eût pas alors discuté sa valeur naturaliste. Ce qui nous reste de ses œuvres scientifiques nous suffit cependant pour le considérer comme un naturaliste digne de ce nom et pour ajouter définitivement ce nouveau fleuron à la*

---

site Internet *Wikipédia, l'encyclopédie libre*, cf. l'article http://fr.wikipedia.org/wiki/%C3%89tienne_Mulsant).

couronne déjà si riche du charmant conteur, de l'érudit bibliographe, du philologue, du lexicographe, de celui qui fut, en un mot, un des plus féconds et des plus brillants écrivains de la première moitié du siècle dernier et le plus illustre de nos littérateurs Franc-Comtois.

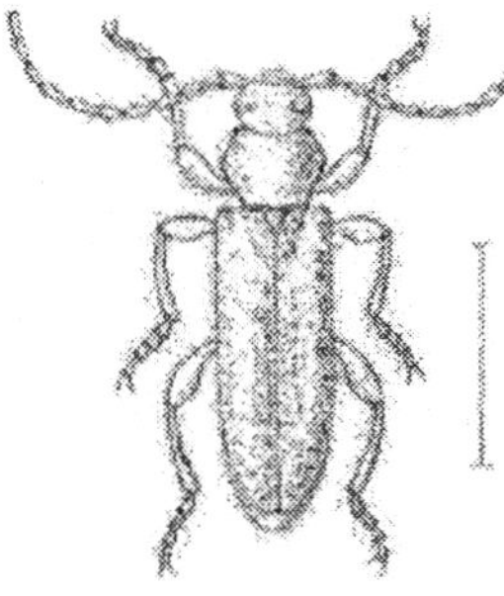

OXYPLEURUS NODIERI.
Insecte rare de la France méridionale,
décrit par l'entomologiste lyonnais Mulsant qui le dédia à Charles Nodier.
Coll part.

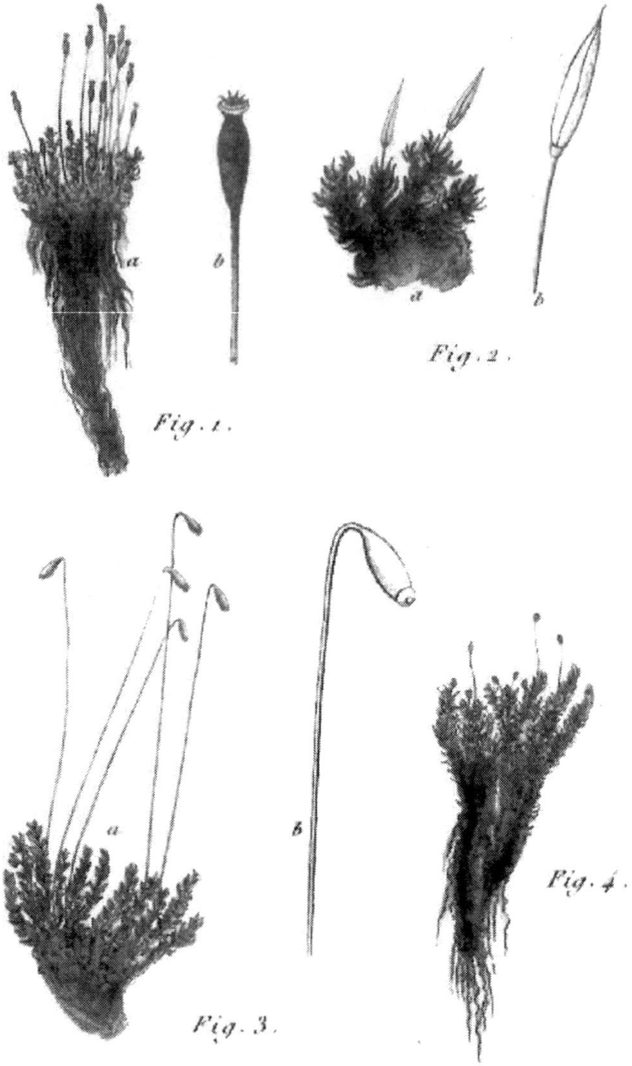

SPHAIGNES.
Planche de Bory de Saint-Vincent, issue du livre de Charles Nodier :
Promenade de Dieppe aux montagnes d'Ecosse.

2

Pierre Duchartre
(1811-1894),
botaniste-né et tombeur de Pasteur[1]

Dans son discours du 7 décembre 1908 à la séance publique de l'Académie des Sciences, le professeur Van Tieghem, dont Pierre Duchartre[2], *a*(vait) *été un peu* (s)*on maître dans les temps anciens*, évoqua *quelques* (confrères) *illustres à jamais* qui, tels Claude Bernard, Pasteur ou Berthelot[3], avaient été à l'origine *des progrès*

---

[1] Par Richard Moreau, professeur émérite de Microbiologie à l'Université de Paris XII.

[2] Philippe Van Tieghem (1908) *Notice sur la vie et les travaux de Pierre Duchartre*. Séance publique de l'Académie des Sciences du 7 décembre 1908, Gauthier-Villars, Paris. - Voir aussi Henry L. de Vilmorin (1895) « Notice biographique sur Pierre Duchartre, membre de l'Académie des Sciences, secrétaire rédacteur de la société ». *J. Soc. nat. d'Horticulture de France*, sér. III, pp. 34-56. Ces deux textes se sont inspirés en partie de celui de Louis Passy, lu à la séance du 19 décembre 1894 de la Société nationale (devenue depuis Académie) d'Agriculture de France et publié en 1895 : L. Passy, *Notice sur M. Duchartre*. Typographie Chamerot et Renouard, Paris. Sur les Vilmorin, voir Daniel Dattée et André Gallais (2012) *La famille de Vilmorin : deux siècles au service de l'Agriculture française, de l'amélioration des plantes et des semences*. C.R. de l'Académie d'Agriculture du France, vol. 98, n. 3, pp. 143-150.

[3] Sur Pasteur (1822-1895), je renvoie à la *Vie de Pasteur*, par René Vallery-Radot, préface de R. Moreau (2009), l'Harmattan, Paris. - Claude Bernard (1813-1878) découvrit la fonction glycogénique du foie et les nerfs vaso-moteurs. Professeur de Physiologie expérimentale à la Faculté des Sciences de Paris et au Collège de France, de Physiologie comparée au Muséum national d'Histoire naturelle. Auteur de l'*Introduction à l'étude de la Médecine Expérimentale*. Académies des Sciences : 1854 et de Médecine : 1861 ; Académie française : 1868. - Marcelin Berthelot (1827-1907), professeur au Collège de France, inspecteur général de l'Enseignement Supérieur, sénateur, ministre de l'Instruction publique, puis des Affaires étrangères, membre de l'Académie de Médecine (1863), de l'Académie des Sciences (1873), de l'Académie française (1901), fut l'un des créateurs de la Chimie organique et de la Thermochimie. Voir Alain Horeau (1981) « Marcelin

les plus importants de la Science générale dans la seconde moitié du XIXème siècle, en fusionnant la Zoologie et la Botanique dans la Biologie, puis il rappela que d'autres, *moins connus ou même déjà quelque peu oubliés, bien qu'ayant, eux aussi, utilement contribué à cette grande synthèse, n'ont pas reçu encore dans nos séances publiques annuelles le tribut de louanges qui leur est dû.* Parmi eux figurait donc Pierre Duchartre, professeur de Botanique à la Sorbonne, membre de l'Académie des Sciences (section de Botanique), dont il brossa le portrait : *Petit, mince et vif d'allure, figure rasée, encadrée d'une courte barbe en collier, physionomie franche et fine, éclairée par des yeux brillant parfois de malice, toujours d'intelligence et de bonté ; esprit curieux, ouvert et prompt à s'assimiler les idées nouvelles dans toutes les directions de la Science ; parole facile, élégante et précise ; caractère simple et droit, accueil bienveillant et sympathique : tel il était à cinquante ans lorsque je le vis pour la première fois. C'était en 1861, dans sa chaire de Botanique de la Sorbonne, tardivement conquise, il y professait son premier cours et j'en suivais assidûment les leçons (...) Tel il est resté jusqu'au dernier jour de sa longue vie, jusqu'à quatre-vingt-trois ans, sans trace de fléchissement dans son corps, pourtant si frêle d'apparence, sans trace d'affaiblissement dans son vigoureux esprit, sans trace d'amoindrissement dans la droiture et l'aménité de son caractère.* Examinons la vie de ce savant *quelque peu oublié* qui, à un âge mûr et vingt ans après avoir soutenu ses thèses, accéda presque simultanément à l'Académie des Sciences, battant un jeune ambitieux nommé Pasteur, à la Société nationale (future Académie) d'Agriculture et à une chaire de Botanique à la Faculté des Sciences de Paris. C'est l'histoire d'un jeune homme qui crut en la Botanique et que celle-ci récompensa.

Une vocation de botaniste

Pierre Etienne Simon Duchartre naquit le 27 octobre 1811 à Portiragnes, proche de Béziers et situé non loin de la mer, entre les

---

Berthelot, savant, philosophe et homme politique ». *L'actualité chimique*, février 1981, n° 2, pp. 33-38.

embouchures de l'Orb et de l'Hérault. Il était le second des neuf enfants de Pierre-Jacques Duchartre, avocat à Béziers, et de Marie-Marguerite Gay, fille d'un homme de loi à Vias, gros bourg des environs d'Agde. Ses ascendants paternels et maternels étaient propriétaires ruraux. En 1823, la famille émigra à Toulouse ; Pierre termina au collège royal des études classiques débutées à Béziers. N'ayant pas seize ans, alors l'âge minimum pour se présenter au

Pierre Duchartre (1811-1894). Coll. part.

baccalauréat ès Lettres, il fut obligé d'attendre l'âge légal. Pour ne pas perdre son temps, il suivit des cours à la Faculté des Sciences. La création des Facultés des Lettres et des Sciences, à Paris en particulier, datait d'un décret impérial du 17 mars 1808[4]. Elles avaient été établies *auprès de chaque lycée* et, selon un arrêté du 16 février 1810, les *cours des facultés des lettres et des sciences*

[4] Sauf exception, pour la Faculté des Sciences de Paris, je renvoie à l'excellent site, très riche : fr.wikipedia.org/wiki/Faculté_des_sciences_de_Paris.

(devaient être) *la suite et le complément des études du lycée*. Le décret du 17 mars 1808 précisait que les professeurs *se devaient de suivre et d'étudier les nouvelles découvertes faites dans les sciences, afin que l'enseignement soit toujours au niveau des connaissances acquises*. C'était la reconnaissance de l'obligation de la recherche. La Faculté des Sciences de Paris fut formée de deux professeurs du Collège de France, deux du Muséum national d'Histoire naturelle, deux de l'Ecole polytechnique et deux de Mathématiques des lycées. Un des professeurs était *nommé* doyen. Peu après, un neuvième poste fut confié à un professeur du Muséum. En province, les Facultés des Sciences, sises au chef-lieu des académies, comprenaient deux professeurs de Mathématiques du lycée, un professeur d'Histoire naturelle et un professeur de Physique et de Chimie. Les cours étaient l'unique enseignement et la première occupation des professeurs était de juger les candidats lors de l'examen du baccalauréat[5]. Les sujets traités dans les cours sélectionnaient les auditeurs. Ainsi, on se bagarrait pour trouver place dans l'amphithéâtre des physico-chimistes[6], tandis que leurs autres collègues n'avaient que quelques auditeurs : en 1827-1828, ils étaient dix à suivre le cours d'Astronomie de Biot[7], quatre celui de Géodésie et Calcul des probabilités de Louis-Benjamin Francoeur (1773-1849, Académie des Sciences 1842), treize celui de Zoologie, Anatomie et Physiologie de Geoffroy Saint-Hilaire[8].

Les enseignements qui faisaient venir les foules étaient des événements mondains, dont Pasteur a donné la description à propos de Jean-Baptiste Dumas[9] à Paris : *Vous ne pouvez pas vous figurer*

---

[5] *In* John M. Burney (1988) *Toulouse et son Université. Facultés et étudiants dans la France provinciale du XIXe siècle*. Traduit par Philippe Wolff. Préface de Jacques Godechot. Presses universitaires du Mirail et CNRS, « Préface », p. 8.

[6] Voir « Leçon inaugurale de M. Paul Lafitte, professeur de Chimie générale à la Faculté des Sciences, faite le 1er mars 1951 », *Ann. Université de Paris*, n° 1, pp. 5-6.

[7] Voir chapitre 1, note 29.

[8] Etienne Geoffroy Saint-Hilaire (1772-1844), zoologiste, professeur au Muséum national d'Histoire naturelle (juin 1793) et à la Faculté de Sciences de Paris, organisateur de la Ménagerie du Jardin des Plantes, membre de l'Institut d'Egypte et de l'Académie de Médecine, Académie des Sciences : 1807. Président en 1833.

[9] J. B. Dumas (1800-1884) fut un des rois du cumul, ce qui lui donna un pouvoir considérable, d'autant plus qu'il s'allia par mariage avec la dynastie des Brongniart (voir plus loin). Pharmacien, il fut professeur à la Faculté des Sciences

quelle affluence de monde il y a à ce cours, écrivait Pasteur en 1842. *La salle est immense et toujours remplie. Il faut aller une demi-heure d'avance pour avoir une bonne place, absolument comme au théâtre. Pareillement, on applaudit beaucoup. Il y a toujours 6 à 700 personnes*[10]. Ce nombre dut l'impressionner, de même que l'habitude de professer en toge (cela relevait la solennité du moment), ou celle du public d'applaudir ou de siffler ce qui, pour lui, était en réalité un spectacle. De Lille, où il avait été nommé professeur de Chimie et doyen en septembre 1854, Pasteur annonçait à son ami Charles Chappuis entre deux cent cinquante et trois cents auditeurs à ses leçons. *Un décret impérial du 22 août 1854 ayant permis aux élèves, moyennant une faible somme annuelle, de venir dans les laboratoires répéter les expériences faites devant eux*[11], Pasteur mentionnait vingt-et-un inscrits à Lille pour huit seulement à la Faculté de Lyon, sans préciser s'il s'agissait de simples répétitions de manipulations ou d'examens. Le professeur Paul Lafitte parle de cinq cents auditeurs au cours de Sainte-Claire-Deville[12] à la Sorbonne et vingt-cinq étudiants reçus à la licence ès Sciences physiques en 1856. Cela confirme le

---

de Paris, dont il fut doyen, professeur à l'Ecole Polytechnique où il succéda à Thénard en 1835, professeur à la Faculté de Médecine et à l'Ecole Centrale des Arts et Manufactures, établissement privé, qui fut créé en 1829 avec la fortune personnelle d'un homme d'affaires nantais, Alphonse Lavallée (1791-1873), actionnaire du journal d'inspiration saint-simonienne *Le Globe* et premier directeur, en vue de former « *les médecins des usines et des fabriques* ». Il s'entoura de Jean-Baptiste Dumas, du mathématicien Théodore Olivier (1793-1853) et d'Eugène Péclet, physicien originaire de Besançon (1793-1857). J.B. Dumas découvrit la série alcoolique avec Eugène-Melchior Péligot (1811-1890). Comparant Dumas et Thénard, dont il disait qu'ils étaient « *nés professeurs* », René Vallery-Radot notait (*La vie de Pasteur*, p. 51) que le premier *ne s'abandonnait jamais, que toute sa personne était enveloppée de dignité et que son sourire même était grave*. Dumas débuta une carrière politique en 1848 : député de Valenciennes (étant originaire d'Alès), ministre de l'Agriculture et du Commerce (1850-1851), sénateur d'Empire, vice-président du Conseil municipal de Paris (1859) et directeur des Monnaies. Académie des Sciences : 1832 ; président : 1843 ; secrétaire perpétuel de 1868 à sa mort. Académie de Médecine : 1843. Académie française : 1875. Pour arriver en Chimie, il fallait faire allégeance à Dumas.

[10] Voir R. Moreau (2010) *Pasteur et Besançon. Histoire d'un génie*. L'Harmattan, Paris, « Le jeune Pasteur au travail », pp. 326-327.

[11] R. Vallery-Radot, *La Vie de Pasteur*, p. 89.

[12] Voir chapitre 6, note 2.

caractère « *ludique* » de ces cours et le désintérêt de la majorité des présents pour ce qui n'était pas spectaculaire.

Le doctorat ès Sciences fut créé en 1808. On nomma donc des professeurs titulaires de chaire non docteurs. Ils furent choisis parmi des « *amateurs éclairés* » riches bourgeois amateurs de sciences et de cabinets scientifiques, tel Philippe-Isidore Picot de Lapeyrouse (1744-1818), surnommé par Van Tieghem le « *célèbre explorateur de la flore des Pyrénées* », à Toulouse. Ou des hommes jeunes qui avaient été formés dans les écoles de la République : Jean-Baptiste Biot, de la première promotion de l'Ecole Polytechnique, fut nommé en 1800 professeur de Physique mathématique au Collège de France avec l'appui de Laplace et de Monge[13] puis, en application du décret-loi du 10 mai 1806, premier titulaire de la chaire d'Astronomie de la Faculté des Sciences de Paris le 18 avril 1809, avant de recevoir le titre de docteur ès Sciences, « *par collation* », le 5 août 1809. Ou des jeunes « *travailleurs* » de la science, selon le mot de Van Tieghem, entrés dans des « *généalogies* » scientifiques à l'image de Jean-Baptiste Dumas, quand il épousa la fille d'Alexandre Brongniart.

A Toulouse, Pierre Duchartre suivit le cours d'Isidore Picot de Lapeyrouse fils, successeur de son père. Celui-ci était un riche bourgeois tant de famille que par mariage ; sa noblesse devait être d'origine négociante comme celle du baron de Montyon[14]. La liste de ses titres ou fonctions témoigne de son niveau social et de sa fortune. En résumant beaucoup, Philippe-Isidore Picot de Lapeyrouse fut un temps avocat général près la chambre des Eaux et Forêts du parlement de Toulouse, puis sa fortune personnelle et celle de sa femme réunies lui permirent de consacrer le restant de sa vie à sa passion : l'Histoire naturelle. D'abord minéralogiste, il publia des articles sur la faune (oiseaux), la flore, les minéraux des Pyrénées et un *Traité des mines et forges à fer du comté de Foix*. Il fut correspondant de Daubenton à l'Académie des Sciences, puis membre non résident de la section de Botanique et de Physique

---

[13] Pierre-Simon de Laplace (1749-1827), géomètre, Académie des Sciences en divers postes à partir de 1773, membre du bureau des Longitudes et de l'Académie française. - Gaspard Monge (1746-1818), géomètre, l'un des fondateurs de l'Ecole polytechnique et de l'Ecole des Arts et Métiers. Académie des Sciences : 1780.

[14] Voir chapitre 1, note 17.

végétale de l'Institut National en 1796[15]. Passons sur ses ennuis révolutionnaires. Après le 9 Thermidor, il fut inspecteur des Mines, professeur d'Histoire naturelle à l'Ecole centrale de Toulouse, puis à l'Ecole des Mines de Paris, et en 1811, professeur à la Faculté des Sciences de Toulouse, doyen, maire de Toulouse, président du conseil général de Haute-Garonne, baron d'Empire, chevalier de la Légion d'honneur (n'en jetons plus !) : un cheminement parallèle à celui de Nicolas-Louis François de Neuchâteau[16]. La fraternité maçonnique dut intervenir également[17]. Philippe-Isidore Picot de Lapeyrouse publia une *Histoire des plantes des Pyrénées* (1791), des *Figures de la flore des Pyrénées, avec des descriptions* (1795), et une *Histoire abrégée des plantes des Pyrénées et Itinéraire des botanistes dans ces montagnes* (1813). Son fils Isidore (1776-1835) lui succéda à sa mort en 1818 comme professeur d'Histoire naturelle à la Faculté des Sciences et professeur de Botanique au Jardin des Plantes. Toujours présents, le népotisme, la faveur et les loges furent probablement pour quelque chose dans la nomination du fils dont on verra qu'il était nul en Botanique...!

Entrée de Pierre Duchartre en Botanique

Chaque année, dans la *salle des Illustres*, au Capitole de Toulouse, l'administration municipale décernait des prix aux meilleurs élèves du cours de Botanique du Jardin des Plantes. Ayant assisté à la distribution solennelle de 1827, Pierre Duchartre *fut pris d'enthousiasme* et travailla si bien que l'année suivante, il obtint le second prix et, en 1829, un « *prix unique avec éloges* ». *Il y gagna une série d'ouvrages, notamment les œuvres de Lapeyrouse père, qui furent pendant longtemps toute sa*

---

[15] Louis-Jean-Marie Daubenton (1716-1800), naturaliste (botaniste, anatomiste, zoologiste), collaborateur de Buffon (1707-1788, Académie des Sciences : 1733), fut garde du Cabinet au jardin du Roi et professeur de Minéralogie au Muséum national d'Histoire naturelle. Membre de l'Académie des Sciences, puis de l'Institut national depuis 1744. Il fut également membre de la Société d'Agriculture. Sous la Révolution, son intérêt pour l'élevage des moutons le fit surnommer le « *berger Daubenton* ».

[16] Voir chapitre 1.

[17] Voir fr.wikipedia.org/wiki/Philippe-Isidore_Picot_de_Lapeyrouse pour plus de détails sur ce personnage.

bibliothèque scientifique, précise Van Tieghem, *mais surtout il y gagna pour toujours, le goût de la Botanique*. Rétif au Droit, le jeune homme y renonça d'autant mieux que la profession d'avocat de son père rapportait peu, et il fit le pari alors risqué *de se livrer exclusivement à l'étude des plantes, tout en gagnant sa vie et en aidant sa famille par des leçons données dans divers établissements d'instruction*. Il y fallait une dose certaine d'inconscience.

Duchartre suivit les herborisations *en compagnie, je n'oserais dire sous la direction* (sic) *de Picot de Lapeyrouse, le fils de l'auteur de la Flore de Pyrénées*, notait Henry de Vilmorin. En effet, rapporte Van Tieghem, *ne sachant pas reconnaître les plantes,* (Isidore de Lapeyrouse) *hâtait le pas de temps en temps, pour prendre* (de) *l'avance avec le garçon jardinier, auquel il demandait les noms des espèces, afin de les redire ensuite aux élèves* ! Passy évoque aussi *la direction d'un professeur qui ne connaissait pas les plantes* ! Dès lors, Pierre Duchartre décida d'herboriser sans maître, s'appliquant à lui-même, sans les connaître sans doute, ces lignes de Fontenelle (1657-1757, Académie française, 1691, Académie des Sciences, 1697) sur Tournefort[18] : *La botanique* (...) *n'est pas une science sédentaire et paresseuse, qui se puisse acquérir dans le repos et dans l'ombre d'un cabinet* (…) *Elle veut que l'on coure les montagnes et les forêts, que l'on gravisse contre les rochers escarpés, que l'on s'expose au bord des précipices. Les seuls livres qui peuvent nous instruire à fond dans cette matière ont été jetés au hasard sur toute la surface de la terre* ; *et il faut se résoudre à la fatigue et au péril de les chercher et de les ramasser*. A Toulouse, Duchartre fut *pris en amitié*, précise Van Tieghem, par Alfred Moquin-Tandon (1804-1863), successeur d'Isidore Picot de Lapeyrouse (le fils) en 1833 à la chaire de Sciences naturelles de la Faculté des Sciences, au cours municipal de Botanique et à la direction du Jardin

---

[18] *In* Charles Rollin, *Traité des Etudes*, éd. 1821, 26, p. 51. Firmin Didot, Paris. - Joseph Pitton de Tournefort (1656-1708), académicien botaniste (Académie des Sciences) : 1691. Professeur au Jardin du Roi (futur Muséum) et au Collège de France, Tournefort fut un botaniste de terrain et un botaniste voyageur, auteur des *Elémens de botanique ou méthode pour connaître les plantes*, Paris, 1694, 3 volumes et sept mille espèces nommées. Voir l'article Internet fr.wikipedia.org/wiki/Joseph_Pitton_de_Tournefort.

botanique de la ville. Ce Montpelliérain avait débuté comme commis aux écritures et caissier dans une maison de commerce, ce qui peut expliquer pour une part l'aide qu'il apporta à Duchartre, parti de rien aussi. Le souvenir de celle que Moquin-Tandon avait reçue de Michel-Félix Dunal (1789-1856), professeur d'Histoire naturelle à la Faculté des Sciences de Montpellier, correspondant de l'Académie des Sciences (Botanique) en 1819, put être une autre motivation de son aide à Duchartre. Moquin-Tandon travailla aussi sur les mollusques et les sangsues. Il fut élu correspondant de l'Académie des Sciences en 1851, puis, étant devenu parisien, membre de la section de Botanique en 1854. *Son influence sur les résolutions et les méditations du jeune Duchartre furent très grandes et jusqu'à son départ pour Paris en 1844, des relations suivies s'établirent entre le professeur et l'élève* (Passy). La relation scientifique avec Duchartre persista après que Moquin-Tandon eut été nommé professeur d'Histoire naturelle médicale à la Faculté de Médecine de Paris.

Le premier travail de Duchartre résulta de ses herborisations solitaires. On a vu que Picot de Lapeyrouse père avait publié une « *flore* » de ses collections botaniques, puis un *Supplément* qui, l'une et l'autre, contenaient des erreurs, des lacunes et des fautes de détermination. D'après Passy, le travail de Lapeyouse père ayant été communiqué à Augustin-Pyrame de Candolle, celui-ci releva « *assez vivement* » ces erreurs dans sa *Flore française*[19]. Ce fut pourquoi, lorsque l'herbier de Lapeyrouse fut consultable (*son fils le communiquait fort discrètement*, remarque Passy) et ayant probablement trouvé des fautes, Duchartre conçut l'ambition de le réviser. Après quatre à cinq ans d'herborisations, *il se crut en mesure* (*sic*), écrit Passy, de publier une *Flora exsiccata*, à la mode alors, début de flore des Pyrénées sous forme de neuf fascicules composés chacun de vingt espèces séchées qu'il avait comparées avec l'herbier Lapeyrouse. Ce travail, seulement ébauché, fut repris trente ans après par le directeur du Jardin botanique du moment. En 1836, sur la recommandation de Moquin-Tandon,

[19] Sur de Candolle et P. Flourens, voir chapitre 1. - On verra dans la notice Magnin (6) qu'en 1848, Charles Grenier, professeur à la Faculté des Sciences de Besançon, auteur d'une *Flore de France*, signala des espèces « *problématiques* » de Lapeyrouse.

Duchartre publia des observations sur des Saxifrages dans les *Annales des Sciences naturelles*, créées en 1826[20], ce qui fit connaître son nom dans le monde savant parisien.

En 1837, le jeune homme quitta Toulouse où les leçons étaient trop rares pour vivre. Selon Passy, l'inspecteur d'Académie qui lui avait procuré ses répétitions, estimant qu'elles l'empêchaient de travailler pour la science, lui aurait procuré un poste de professeur dans un « *établissement important* » créé par un prêtre, l'abbé Delbos, curé de Monsempron, village du Haut-Agenais (Lot-et-Garonne). Les créations de ce type d'établissement étaient courantes. Connaissant le genre de vie qui était encore imposé dans les années 1960[21] aux élèves d'une institution comtoise un peu similaire, on peut s'attendre à ce qu'au siècle de la mère Mac Miche (dans le *Bon petit diable*, de la comtesse de Ségur), celle-ci ait été d'un niveau encore plus bas. Duchartre aimait rappeler plus tard son extrême dénuement scientifique dans cette campagne perdue, disait Van Tieghem : *ses instruments se réduisaient d'abord à une très médiocre loupe montée, puis à un mauvais microscope acheté chez un opticien de Toulouse et dont les divers grossissements étaient obtenus au moyen de lentilles qui se vissaient les unes sur les autres* (et) *sans livres*. De plus, s'il trouvait très facilement plantes et roches de son choix dans les alentours de Monsempron, les animaux lui faisaient défaut pour ses exercices pratiques de Zoologie : *Il racontait plaisamment*, dit Van Tieghem, *les difficultés de toute sorte qu'il rencontra pour se procurer les quelques rats, chiens ou lapins nécessaires à ses dissections. La plus belle pièce, disait-il, mise à sa disposition pour préparer sa licence, fut un singe qui, voyant son maître jeter un objet dans la cheminée, y lança par imitation la poire à poudre qui se trouvait à sa portée. La victime de ce suicide involontaire fut livrée à son scalpel*. Le jeune homme put préparer néanmoins l'examen de la licence ès Sciences physiques et naturelles (il n'y en avait pas d'autre), qu'il obtint en novembre 1839 à la Faculté

---

[20] Voir plus loin, note 26.

[21] Voir Jean-Marie Robbe (2008) *La pépinière. Témoignage d'un petit séminariste des années 1957-1963*. L'Harmattan, Paris. - Voir aussi R. Moreau (2010) *Pasteur et Besançon. Naissance d'un génie*. L'Harmattan, Paris, « L'année Barbet », pp. 317-324.

des Sciences de Toulouse devant un jury composé de Quatrefages[22] et de Moquin-Tandon, puis il soutint deux thèses de doctorat en 1841, une de Botanique sur le développement des organes floraux, l'autre de Zoologie sur un Mollusque des côtes de la Méditerranée. Les deux thèses de doctorat, réduites à assez peu de choses comme le montrent celles de Pasteur[23], étaient obligatoires. En tout cas, elles n'étaient comparables en rien aux thèses de doctorat d'Etat du XXème siècle. Ce fut à Monsempron que Duchartre réunit les matériaux de deux mémoires sur l'organogénie de la fleur, qu'il publia en 1841 et 1842, et de son travail sur la Clandestine[24]. Ce travail, son premier grand mémoire scientifique, fut présenté à l'Académie des Sciences en 1843.

Ces travaux le mirent *en relations personnelles avec les maîtres de la science dont l'amitié et les conseils devaient lui faciliter peu après ses débuts à Paris*, selon Henry de Vilmorin, et d'acquérir une méthode de travail. A propos de ses recherches sur l'organisation de la fleur, Passy notait que le crayon lui permettait de réfléchir en copiant et qu'il composait son texte en dessinant. Duchartre était en effet un excellent dessinateur, qualité indispensable à tout naturaliste. Passy insistait sur les débuts pénibles de sa carrière : *ce ne fut point par la mémoire et la lecture des livres* (il n'en possédait presque pas), *mais par la réflexion et l'observation des faits qu'il habitua son intelligence à comprendre les phénomènes de la nature* (*rassembler des faits pour avoir des idées*, disait Buffon, souvent cité par Pasteur). *Dès sa jeunesse, il*

---

[22] Armand de Quatrefages de Bréau (1810-1892), après un passage à la Faculté des Sciences de Toulouse, fut professeur d'Anthropologie au Muséum national d'Histoire naturelle. Académie des Sciences : 1852, président en 1873. Membre de l'Académie de Médecine et de la Société d'Agriculture (future Académie).

[23] R. Moreau, *Pasteur et Besançon...*, « Le doctorat ès Sciences...», pp. 385-386.

[24] P. Duchartre (1848) Observations anatomiques et organogéniques sur la Clandestine d'Europe (*Lathrea clandestina*), dans *Mém. des savants étrangers*, t. X, pp. 423-538, avec 8 planches. — *Comptes rendus*, 1843, t. XVII, pp. 1328-1331. La Clandestine, *Lathraea clandestina (*Tourn.) L., de la famille des Orobanchacées, est une plante parasite dont les tiges sont souterraines (les parties émergées sont rares ou absentes). Elle vit aux dépens de diverses espèces d'arbres et d'arbrisseaux (peupliers, saules), au bord des ruisseaux et dans les lieux ombragés. Au printemps, elles donnent de grandes et belles touffes de fleurs violet-pourpre de 4 à 5 cm, à long pédoncule (2 à 3 cm), naissant au niveau du sol, d'où son nom. Plante du sud-ouest de la France (voir la *Flore de France* de Paul Fournier, Lechevalier, Paris, p. 794).

parlait bien, continuait Passy, *parce qu'il savait ce qu'il disait* (sic !), *et il conserva l'habitude d'écrire tout d'un jet, parce qu'en prenant la plume, la composition était faite dans son esprit et ses arguments enchaînés les uns aux autres. Rien ne lui fut donc plus utile que les explorations auxquelles il soumit pendant dix ans la chaîne des Pyrénées et l'arrondissement de Béziers. En marchant, il méditait et il travaillait sur la nature elle-même*, possibilité et chance qui manquent à beaucoup.

Un botaniste polygraphe à Paris

L'institution de Monsempron ayant disparu en 1842, Duchartre monta à Paris à la fin de 1843, avec l'espoir d'y trouver une situation momentanée et avec l'ambition de revenir ensuite en province comme professeur de collège royal ou de Faculté. Il avait des illusions, mais raison tout de même sur un point essentiel. En effet, tout ce qui comptait dans la Science était concentré à Paris et l'histoire de Pasteur[25] à la même époque montre que les nominations dépendaient de la *« politique »* des maîtres parisiens qui plaçaient leur clientèle au mieux de leurs propres intérêts. Cependant, la chance sourit aux audacieux. Ne connaissant quiconque dans la capitale (Moquin-Tandon n'était pas encore là), le jeune botaniste s'en *alla droit au Muséum rendre visite à Brongniart et à Decaisne*[26], raconte Van Tieghem, *qui savaient au*

---

[25] R. Moreau, *Pasteur et Besançon...*, pp. 391-410.

[26] Adolphe Brongniart (1801-1876), professeur de Botanique au Muséum national d'histoire naturelle, est considéré comme le « *père de la paléobotanique* ». Académie des Sciences : 1834. Il la présida en 1847. Avec Jean-Victor Audouin et Jean-Baptiste Dumas, il créa en 1826 les *Annales des sciences naturelles*, que Marcelin Berthelot appelait *notre grande publication française*. En 1854, il fut l'un des quinze fondateurs de la Société botanique de France, avec notamment Joseph Decaisne, Pierre Duchartre et Alfred Moquin-Tandon. - Jean-Victor Audouin (1797-1841) fut professeur d'Entomologie au Muséum national d'Histoire naturelle (1833) et membre de l'Académie des Sciences (Economie rurale) : 1838. Il était membre de la Société d'Agriculture. Cf. J. Théodoridès (1978) *Un zoologiste de l'époque romantique, J. V. Audouin (1797-1841).* Comité des Travaux Historiques et Scientifiques, Paris. - Joseph Decaisne (1807-1882), professeur de Culture au Muséum national d'Histoire naturelle ; Académie des Sciences (Economie rurale) : 1847 ; membre de la Société d'Agriculture. Marcelin

moins son existence et qu'il travaillait, puisque, comme directeurs des Annales des Sciences naturelles, ils avaient accepté dans ce Recueil ses trois premiers Mémoires. Brongniart l'accueillit avec son habituelle et froide dignité ; il lui rendit du moins le service de le présenter à Adrien de Jussieu. Decaisne, nature plus généreuse et qui se connaissait mieux en hommes, le reçut à bras ouverts et lui accorda bientôt sa précieuse amitié, qu'il lui conserva toujours. On peut interpréter la « *pique* » de Van Tieghem (qui succéda à Adolphe Brongniart au Muséum) à l'égard de son prédécesseur, de la façon suivante. Brongniart était ce que l'on appelle un « *fils d'archevêque* », né avec une cuiller en argent dans la bouche, dernier d'une de ces dynasties scientifiques qui étaient assez semblables aux dynasties aristocratiques ou bourgeoises de l'Ancien Régime, dotées d'un pouvoir certain, accru par le cumul des chaires qui fut courant jusqu'au milieu du siècle. Adolphe Brongniart était le petit-fils d'Alexandre-Théodore Brongniart (1739-1813), architecte du palais de la Bourse, à Paris, et concepteur du cimetière du Père Lachaise, et le fils du naturaliste Alexandre Brongniart, dont un oncle, premier apothicaire du roi, avait été professeur d'Arts chimiques au Jardin des plantes[27]. On a vu qu'Adolphe Brongniart était le beau-frère de l'entomologiste et ornithologue Victor Audoin et de Jean-Baptiste Dumas.

Berthelot lui a rendu hommage à la séance publique annuelle de l'Académie des Sciences du 18 décembre 1893. Voir ci-après.

[27] Alexandre Brongniart (1770-1847), fils de l'architecte de la Bourse de Paris, médecin militaire, minéralogiste, géologue et paléontologue, professeur de Minéralogie au Muséum national d'Histoire naturelle, directeur de la Manufacture de porcelaines de Sèvres. Académie des Sciences : 1807. En 1799, l'ingénieur anglais William Smith (1769-1839) assurait qu'il était possible de caractériser les terrains par leurs fossiles. Ce fut aussi la conclusion de Georges Cuvier qui, avec son ami Alexandre Brongniart se mit à fouiller le sol de la région parisienne. Le résultat fut la publication d'un *Essai sur la géographie minéralogique des environs de Paris* (1810), qui donna une puissante impulsion aux recherches de ce genre. Cinq ans après, William Smith publiait sa carte géologique de l'Angleterre. En 1825, deux élèves de Cuvier, Léonce Elie de Beaumont (1798-1874, inspecteur général des Mines, professeur au Collège de France, Académie des Sciences : 1835) et Ours-Pierre-Armand Dufrénoy (1792-1857 ; inspecteur général des Mines, professeur à l'Ecole des Mines et au Muséum d'histoire naturelle, Académie des Sciences : 1840) s'attaquaient à la carte géologique de la France, qu'ils réalisèrent en une quinzaine d'années. La *Société géologique de France* vit le jour en 1830 : sur cette période, voir le chapitre 4 (Jules Marcou).

Joseph Decaisne était l'opposé de Brongniart. D'une certaine façon, il fut un autre Duchartre, de qui il n'était séparé que par quatre ans seulement et ils eurent en commun de s'être faits seuls. Decaisne, qui n'était pas encore professeur au Muséum, ni membre de l'Institut, reçut Duchartre en ami. Il le resta toute sa vie. Né à Bruxelles de père français et de mère flamande, tandis que Duchartre était un pur méridional, Joseph Decaisne vint à Paris avec sa famille en 1821 (la mère était veuve sans fortune avec quatre enfants, dont trois fils). Le jeune Joseph ayant dû interrompre ses études au collège pour aider sa famille, apprit le dessin avec son frère aîné Henri, élève de David (1748-1825), et pensa d'abord gagner sa vie en dessinant des plantes. C'était utopique, mais ce fut son début, à comparer avec Augustin-Pyrame de Candolle qui, *au cours de longues promenades, ne recueillait d'abord les fleurs que pour les dessiner* (Flourens : voir chapitre 1, note 23) : ce fut cette persévérance dans le dessin qui, plus tard, au Muséum, le fit remarquer par Desfontaines[28]. Pour vivre, Decaisne devint garçon jardinier au Muséum en 1824. Ses débuts ne furent pas roses : il fut brimé, mais s'en tira, sans doute au terme d'une bagarre où il fut le plus fort. A partir de là, durant neuf ans, il s'instruisit, avec une différence essentielle par rapport à Duchartre, il avait tout sur place : jardins et serres qu'il pouvait visiter en dehors de son travail, dessinant les plantes rares, suivant les herborisations dirigées par des botanistes compétents, travaillant et apprenant la nuit. Un soir, Etienne Geoffroy Saint-Hilaire ayant aperçu de la lumière aux fenêtres du magasin des graines après l'heure règlementaire et s'étant enquis de la raison, parla du jeune homme à Adrien de Jussieu[29] qui le fit passer des graines au carré

---

[28] René Louiche-Desfontaines (1750-1833), botaniste, voyageur naturaliste en Afrique du Nord, professeur au jardin du Roi, puis au Muséum national d'Histoire naturelle, et premier professeur de Botanique à la Faculté des Sciences de Paris. Il prit sa retraite à 82 ans ! Académie des Sciences à des postes divers depuis 1783, président en l'an XIII (1804-1805). Membre de l'Académie de Médecine et de la Société d'Agriculture.

[29] Adrien de Jussieu (1797-1853) succéda à son père Antoine-Laurent de Jussieu (1748-1836) à la chaire de Botanique « *à la campagne* » (*sic*) du Muséum (http://fr.wikipedia.org/wiki/Liste_des_chaires_du_Mus%C3%A9um_national_d %27histoire_ naturelle), professeur à la Faculté des Sciences de Paris. Académie des Sciences : 1831 ; président en 1853. Membre de la Société d'Agriculture. Il fut l'auteur d'un *Cours élémentaire d'Histoire naturelle*, qui fut longtemps le

des semis, ce qui était un avancement, paraît-il, puis qui le choisit en 1833 comme aide-naturaliste. Decaisne avait 26 ans. A partir de là, écrivait Marcelin Berthelot, *la carrière de la science, fermée pour lui depuis son adolescence, se rouvrait enfin et de manière définitive* (...), mais toujours en marquant les étapes par un travail incessant : soin des herbiers, classement des collections de plantes, surveillance des objets placés dans les galeries..., tel était le travail de l'aide-naturaliste. De plus, comme Duchartre ou de Candolle, Decaisne dessinait sans cesse car *le crayon pour le naturaliste est l'auxiliaire obligé du scalpel qui dissèque et de la plume qui écrit* (Berthelot). La photographie n'a rien changé : *les dessins des êtres et des organes les plus intéressants* sont plus précis. Puis il commença à publier les résultats de ses recherches. Son premier mémoire (description de la flore de Timor) parut en 1834 (rappelons que la première publication de Duchartre était de 1836) au recueil des savants étrangers (à l'Académie des Sciences), puis il ne cessa pas de le faire dans des domaines divers. Les récompenses ne tardèrent pas : le 19 avril 1847, il fut élu à l'Académie des Sciences (Economie rurale) et, en 1851, il fut nommé professeur titulaire de la chaire de Culture du Muséum. *C'est ainsi*, écrivait Berthelot, *que l'ancien garçon jardinier, par vingt-sept années de travail continu, s'était élevé au rang de ses anciens maîtres*.

L'entrée en Botanique, les premières publications de Decaisne et de Duchartre se suivirent donc de près, mais il y avait entre eux le fait que le premier bénéficia à l'âge de dix-sept ans d'un petit emploi au Muséum tandis que Duchartre recourait à des expédients pour vivre et se livrer à sa passion botanique. Arrivé à Paris et ne trouvant pas de leçons à donner, mais aidé par sa connaissance des langues étrangères, il fit des traductions et des extraits d'articles anglais ou allemands pour l'*Echo du monde savant*, où il fut enrôlé

---

manuel de base de la discipline, et d'une *Géographie botanique*. - Rappelons qu'Antoine-Laurent de Jussieu, botaniste, fut professeur au Jardin du Roi, puis au Muséum national d'Histoire naturelle, dont il fut le Directeur, et à la Faculté de Médecine de Paris. Académie des Sciences à des postes divers à partir de 1773. Membre de l'Académie de Médecine. Son grand œuvre fut son *Genera plantarum secundum ordines naturales disposita*, ouvrage qui fut la base de la classification moderne des végétaux supérieurs. La dynastie des Jussieu remontait à la fin du XVIIème siècle. Voir fr.wikipedia.org/wiki/Jussieu.

dans le personnel, *avec quelque peine*, précise Passy. Decaisne le présenta à Charles Henry d'Orbigny (1806-1876), qui publiait son grand *Dictionnaire d'Histoire naturelle*. La rédaction était en cours, et il chargea Duchartre de la partie botanique du reste : *Le nombre des articles qu'il lui fallut écrire* (fut) *donc considérable* (Van Tieghem). Duchartre écrivit aussi pour *l'Encyclopédie du XIXème siècle* et pour le complément de *l'Encyclopédie de l'Agriculteur*. En 1845, toujours grâce à Decaisne, il fut choisi comme directeur-rédacteur de la *Revue de Botanique*, mensuelle, publiée aux frais de Benjamin Delessert et qui arrêta de paraître à la mort de ce dernier en mars 1847. *Duchartre écrivit de la sorte l'équivalent d'un grand nombre de volumes*, conclut Van Tieghem.

Le Musée botanique de l'Hôtel Delessert

Pour traiter une si grande variété de sujets, dont beaucoup lui étaient nouveaux, Duchartre travailla pendant des années, plusieurs heures par jour, dans la Bibliothèque Delessert. On conçoit, note Vilmorin, qu'*avec sa puissance de travail, sa facilité d'assimilation, sa connaissance des langues étrangères qui lui permettait de faire usage, sans avoir à les traduire, des ouvrages anglais et allemands, espagnols et italiens, il ait amassé une érudition aussi étendue que variée, dont son excellente mémoire lui permettait de faire toujours usage à point nommé.* Cette bibliothèque *libéralement ouverte à tous les botanistes et centre précieux de relations pour ceux qui directement ou indirectement s'occupaient de l'étude des plantes* était une fondation privée de Benjamin Delessert[30], nom qui rappelle la fondation de la Caisse d'Epargne de Paris en 1818, vue comme son œuvre principale. Or ce collectionneur et ce philanthrope ne fut pas que cela. Il fit en effet *une grande carrière commerciale et industrielle que le génie des affaires et le secours des sciences ont entourée de tant d'éclat* (Flourens). Qui peut oublier en effet que la première extraction

[30] Benjamin Delessert (1773-1847), Académie des Sciences (membre libre) : 1816, membre de l'Académie de Médecine et de la Société d'Agriculture. - Je m'inspire de Pierre Flourens, *Eloge historique de Benjamin Delessert, académicien libre*, lu dans la séance publique du 4 mars 1850. Firmin-Didot, frères, Paris.

industrielle de sucre de betterave fut son œuvre ? Elle provoqua l'enthousiasme de l'empereur Napoléon Ier, comme l'a raconté Flourens : *Le 2 janvier de l'année 1812, M. Delessert annonce son succès à M. Chaptal*[31]*. Celui-ci en parle aussitôt à l'empereur. L'empereur ravi s'écrie : Il faut aller voir cela, partons. Et, en effet, il part. M. Delessert n'a que le temps de courir à Passy, et, quand il arrive, il trouve déjà la porte de sa raffinerie occupée par les chasseurs de la Garde impériale, qui lui ferment le passage. Il se fait connaitre, il entre. L'empereur avait tout·vu, tout admiré ; il était entouré des ouvriers de la fabrique, fiers de cette grande visite ; l'émotion était au comble. L'empereur s'approche de M. Delessert, et, détachant la croix d'honneur qu'il portait sur sa poitrine, il la lui remet. Le lendemain, le Moniteur annonçait « qu'une grande révolution dans le commerce français était consommée* ». Mais Benjamin Delessert fut plus qu'un industriel : il fut un savant complet et un botaniste notamment. Ce point mérite l'attention, de même que la fondation de son musée botanique, si l'on veut évaluer à sa juste valeur l'origine de la filiation scientifique de Duchartre et aussi de Decaisne.

Benjamin Delessert naquit à Lyon le 14 février 1773. Ses parents, réformés, étaient revenus de Suisse où leurs ancêtres avaient fui au moment de la révocation de l'édit de Nantes. Etienne Delessert, père de Benjamin, dirigea, à Lyon, une importante maison de commerce, avant de s'établir à Paris en 1777. On lui doit la première idée de la future Banque de France. Son épouse, Madeleine-Catherine Delessert (1747-1816), née Boy de la Tour, à Yverdon (Suisse), avait connu, en 1762, Jean-Jacques Rousseau (1712-1778) chez un oncle de sa mère, ami du philosophe. Quand elle fut mère de famille, l'auteur de l'*Emile* la conseilla sur le choix d'un précepteur pour ses enfants. A la fin de sa vie, Jean-Jacques Rousseau faisait de la botanique son occupation favorite et, note Flourens, *il voulut être, pour cette science, le maître des enfants de Mme Delessert*. Telle fut l'origine des huit *Lettres sur la botanique* qu'il lui écrivit entre 1771 et 1773 ainsi qu'à sa fille aînée Marguerite-Madeleine (1767-1839). Il alla jusqu'à préparer, *avec un soin infini, je dirais presque avec un talent merveilleux*, écrit

---

[31] Jean Chaptal (1756-1832) chimiste et homme d'Etat. Académie des Sciences : 1796. Membre de la Société d'Agriculture.

Flourens, *un petit herbier dont toutes les plantes* (avaie)*nt été recueillies par lui, où tous les noms, linnéens et français, sont écrits de sa main, et où quelques notes, toujours justes, viennent ajouter un intérêt de plus. Ce petit herbier fut envoyé, par lui, à ses disciples : il est devenu le noyau du plus grand herbier du monde.* Ce parrainage eut de l'effet sur les enfants Delessert, Benjamin notamment, qui aima les plantes dès qu'il put les connaître : *Encore enfant*, dit Flourens, *il parcourait, avec toute l'ardeur de cet âge, les environs de Passy, que sa famille habitait déjà. Il cherchait partout des plantes. Il recueillait aussi des coquilles. Poussé par un goût inné, il faisait des collections*. Sans doute l'illumination d'enfance dont j'ai parlé en d'autres occasions et que les naturalistes connaissent bien[32].

Lorsque, plus tard, après de nombreux voyages en Ecosse, en Angleterre, après que Benjamin Delessert eut fait les guerres révolutionnaires comme volontaire, puis comme officier, et qu'il fut devenu un grand « *manufacturier* », *les plantes n'avaient pas cessé d'être* (son) *étude la plus constante et* (son) *goût le plus vif. Et lorsqu'une grande fortune vint s'unir* (chez lui) *à de grandes vues, il conçut la pensée généreuse de ne plus se borner à faire une collection, un herbier qui fût à lui seul, mais d'en faire un qui fût à tous les naturalistes, et la pensée savante de prévenir, autant qu'il le pourrait, la dispersion des herbiers célèbres*. Dès lors, Delessert acquit de nombreux herbiers du monde entier, parmi lesquels Flourens citait *un petit herbier de la main de Linné et celui de Jean-Jacques,* ***comme deux ornements illustres de ces collections immenses***. En 1850, le grand herbier Delessert était évalué à plus de 250.000 parts, correspondant à 86.000 espèces, presque tout le règne végétal connu selon Flourens[33], qui concluait déjà sur cette mise en garde que tous nos gouvernements et nos universités devraient méditer et mettre en pratique, ce qui n'est hélas pas le cas : *On ne sait pas assez quelle est l'utilité des herbiers, ou plutôt des collections de tout genre en histoire naturelle.* ***Sans ces collections, la science n'existerait pas***.

---

[32] Voir R. Moreau, « *Pro natura* », introduction au livre d'Yves Delange (2009), *Plaidoyer pour les sciences naturelles. Dès l'enfance, faire aimer la nature et la vie*. L'Harmattan, Paris, pp. 5-26.

[33] Par comparaison, Flourens notait que *l'immortel ouvrage de Laurent de Jussieu en contenait dix mille.*

A côté de l'herbier Delessert, il y avait *la bibliothèque botanique la plus riche que l'on connaissait. C'est dans ces galeries de livres et de plantes que M. Delessert a offert, pendant quarante ans, à tous les naturalistes d'Europe et du monde une hospitalité magnifique et simple. Ce beau Musée a toujours été public. Il a toujours suffi d'étudier les plantes, ou même de les aimer, pour y être admis. Les maîtres de la science venaient là pour y achever leurs ouvrages et pour y compléter leurs idées. Les jeunes gens y venaient, poussés à la fois par le désir de s'instruire et par l'espoir d'y voir les grands maîtres*. Benjamin Delessert en était l'âme : *sa mémoire toujours infaillible a étonné tous ceux qui l'ont approché* ; *il était le livre le plus complet de sa bibliothèque*, et l'on disait *qu'**il portait le règne végétal entier dans sa tête***. Duchartre fut accueilli à bras ouvert : *pendant plusieurs années*, écrit Passy, il (y) *passa presque toutes ses journées, rédigeant ses notes et ses articles au milieu des herbiers et de la bibliothèque de l'Hôtel Delessert*. La Bibliothèque resta ouverte durant vingt-deux ans après la mort de son fondateur sous la protection de son frère, François Delessert[34], puis le Musée fut fermé après son décès et l'ensemble démembré faute d'entente sur le financement entre les héritiers : l'Herbier fut transporté à Genève et la Bibliothèque incorporée à celle de l'Institut de France, quai Conti. Cette « *déplorable dissociation* », cette « *œuvre de destruction* », reprochait Duchartre, le chagrina beaucoup. *Il en était à la fois désolé et honteux pour la Science et pour notre pays*, écrivit-il à Decaisne. *Duchartre avait raison*, note Passy, *mais il se servait de bien gros mots pour exhaler son chagrin*. Toujours est-il, concluait Van Tieghem, que *grâce à ce maniement incessant des ouvrages les plus divers, facilité par une parfaite connaissance des langues étrangères, chose assez rare à cette époque, il acquit une ampleur et une variété de renseignements qui lui permirent par la suite d'exposer les sujets les plus différents avec une aisance et une sûreté que tout le monde admirait*. De cette époque, outre ses besognes « *alimentaires* », qui lui permirent d'acquérir une grande culture botanique, datent ses travaux sur l'organisation des fleurs

[34] François-Marie Delessert (1780-1868), frère de Benjamin, fut également élu membre libre de l'Académie des Sciences (1852) au titre de *protecteur des sciences*.

dans diverses familles, suite de ses recherches commencées avant sa venue à Paris, des études sur les Orobanches parasites (1845) et le *Monotropa hypopytis* L., Pirolacée parasite (1846). Enfin, outre un *Mémoire sur la géographie botanique des environs de Béziers*, présenté à l'Académie (1844), il publia des observations sur des plantes variées à la Société d'Horticulture, mais son titre principal fut sa *Monographie de la famille des Aristolochiacées*, publiée au *Recueil des Savants étrangers* de l'Académie des Sciences (1854) et insérée par de Candolle dans son *Prodrome*.

Impropères

En 1848, un concours fut ouvert à Paris pour l'agrégation des Sciences naturelles près les Facultés des Sciences. Duchartre y participa[35]. Seul admis sur cinq candidats, il fut rattaché pour la Botanique à la Faculté des Sciences de Paris... mais sans émoluments ! *Le concours ne fut pas renouvelé et le seul avantage que Duchartre retira de son titre d'agrégé des Facultés fut de voir chaque année, sa vie durant, son nom imprimé en tête de l'affiche des cours de la Faculté des Sciences* (Van Tieghem). Puis, par la loi du 3 octobre 1848, la Seconde République créa un enseignement agricole, l'Institut national agronomique, qui fut installé à Versailles dans les Grandes écuries du château et sur les terres du Jardin du Roi et des fermes du parc, notamment La Ménagerie, dans la suite d'une tradition ancienne[36].

Cet Institut national agronomique première formule dura trois ans. Le premier directeur de l'INA de Versailles fut, après une succession d'administratifs, A. de Gasparin, auteur des *Cours d'Agriculture* (1843). Une chaire de Botanique et de Physiologie Végétale appliquées à la culture fut mise au concours. Duchartre

[35] La question de l'agrégation des Facultés se posa aussi à Pasteur qui ne se présenta finalement pas. Sur l'histoire de la Faculté des Sciences de Paris au XIXème siècle spécialement, je renvoie à la page Internet fr.wikipedia.org/wiki/Faculté_des_sciences_de_Paris, et à la leçon inaugurale du professeur Paul Lafitte.

[36] Voir Jean Boulaine, R. Moreau, Pierre Zert (2010) *Eléments d'histoire agricole et forestière*. L'Harmattan, Paris, pp. 137-138. - L'Institut agronomique, supprimé par Napoléon III en 1852, fut recréé en 1876 à Paris, par la Troisième République.

s'y présenta avec trois autres concurrents et, après de brillantes épreuves, il fut nommé professeur. Il rédigea un *cours de Botanique agricole* et créa un jardin botanique agricole *avec les soins communs de Louis de Vilmorin* (1816-1860), entreprit des expériences sur la germination des céréales avant maturité et sur l'efficacité de la fleur de soufre pour combattre l'Oïdium de la Vigne. C'était Jean-Baptiste Dumas qui lui avait demandé, le 15 juin 1850, de rechercher des substances qui permettraient de venir à bout de ce parasite. *A partir de cette époque*, note Van Tieghem, *ses recherches devinrent surtout expérimentales et s'orientèrent vers la Physiologie*[37].

En septembre 1852, l'Institut national agronomique fut supprimé du jour au lendemain sans que les professeurs soient avertis et sans aucune compensation. *Cette suppression*, écrit Passy, *remplit Duchartre de douleur* (...) *Sa correspondance avec Decaisne* (..) *nous le montre entre 1852 et 1856, brisé dans ses espérances scientifiques et dans la nouvelle carrière qu'il avait brillamment conquise*. L'expérience versaillaise lui avait permis néanmoins d'*embrasser la botanique sous tous les aspects*, et celle de *l'étude des végétaux sur lesquels repose l'agriculture*.

Une fois encore, Duchartre dut se mettre à la recherche de travaux à faire. *Mais les circonstances n'étaient déjà plus les mêmes, sa réputation avait grandi, et les corps savants comme les ministres avaient déjà les yeux sur lui*, note Van Tieghem. C'était peut-être aller un peu vite en besogne. Néanmoins, un nouvel espoir se présenta à Duchartre (il avait alors quarante-deux ans), qui subit très vite une nouvelle désillusion. Au moment de la maladie et de la mort d'Adrien de Jussieu en 1853, Duchartre se figura (*sic*), note Passy, qu'après ses trois années à l'Institut

[37] A propos des travaux de Duchartre en Physiologie végétale, Van Tieghem notait qu'ils avaient été obtenus souvent à l'aide d'appareils inédits construits par leur auteur : *s'il était, en effet, un dessinateur de talent* (comme Decaisne), *il savait aussi se livrer avec un goût très vif et une grande habileté aux travaux manuels les plus divers, se faisant tour à tour, suivant les besoins, menuisier, serrurier, peintre ou relieur*. Cela dura longtemps : vers 1980, un de mes collègues m'expliqua que tout chimiste devait être aussi verrier afin de fabriquer lui-même les appareils en verre dont il avait besoin. L'exemple de Duchartre montre qu'il n'est pas inutile d'être habile dans les métiers manuels quand on pratique une science.

agronomique de Versailles, qu'au vu des services rendus, du fait de la suppression de sa chaire gagnée au concours, étant de plus agrégé des Sciences pour la Faculté de Paris et ayant été désigné comme suppléant de Jussieu pendant la maladie de celui-ci, il avait droit à la chaire laissée par ce dernier. C'était mal connaître les hommes surtout quand l'ambition et la politique s'en mêlent. Laissons parler le seul Van Tieghem, encore bouillant en 1908 du camouflet infligé par le pouvoir à Duchartre certes, mais surtout à la Faculté des Sciences de Paris et à la Botanique : *Ce lui fut une compensation momentanée lorsque, en 1853, pendant la maladie d'A. de Jussieu, il fut chargé de le suppléer dans sa chaire de Botanique de la Sorbonne. A bon droit espérait-il, après la mort du titulaire survenue bientôt après, que cette brillante suppléance, son titre d'agrégé de la Faculté des Sciences de Paris pour la Botanique, les services rendus à l'Institut agronomique, la suppression sans compensation d'une chaire d'enseignement supérieur gagnée au concours, la somme déjà grande et la haute valeur reconnue de ses travaux, qui lui feraient donner la chaire. Il n'en fut rien. La chaire de Jussieu fut supprimée comme telle, en 1854 et remplacée, il est vrai, le même jour, par une chaire de Physiologie générale, attribuée à Claude Bernard*, lequel fut aussi un professeur multi-chaires. Pasteur usa du système[38] mais, aux Tuileries en 1868, il eut le courage de dénoncer devant Napoléon III le système dont il profitait[39] ! Il était pour beaucoup un moyen de tenir une discipline entière, car il n'était de bon bec qu'à Paris, ou... d'aller faire sa cour ailleurs. Ne pouvant ou ne voulant pas tout faire, ces « *multi-professeurs* » se faisaient suppléer. Le système était compliqué par l'existence d'*adjuvats* et même des *suppléants d'adjuvats* pour des portions du cours, moyen d'accentuer l'emprise des « *mandarins* », tels Louis-Jacques Thénard[40], Jean-Baptiste Dumas ou Jérôme Balard sur leur

---

[38] Voir R. Moreau, *Pasteur et Besançon...*, p. 382.

[39] L. Pasteur (1868) Suppression du cumul dans l'enseignement des sciences physiques et naturelles. Opinions présentées par M. Pasteur dans la réunion du 16 mars 1868, au palais des Tuileries. *Œuvres*, **VII**, p. 208.

[40] R. Moreau, *Pasteur et Besançon...*, pp. 381-382. - Louis-Jacques Thénard (1777-1857), fils de laboureur bourguignon, professeur au Collège de France (1804), à l'Ecole polytechnique (1810), à la Faculté des Sciences de Paris (1809) dont il fut doyen (1821-1841), connu pour la préparation du « *Bleu Thénard* » et

discipline. Mais, avec ces revenus, ils payaient aussi leurs frais de laboratoire, car il n'existait aucun budget pour cela. *Qui voudrait me croire quand j'affirmerai qu'il n'y a pas au budget de l'Instruction publique, un denier affecté aux progrès des sciences physiques par les laboratoires ; que c'est grâce à une fiction et à une tolérance administrative que les savants, envisagés comme*

---

la découverte de l'eau oxygénée (1818). Académie des Sciences : 1810. Il fut créé baron par Charles X (1825), député (1827-1832), pair de France, chancelier de l'Université (1832). *Il était né professeur*, écrivait René Vallery-Radot (p. 51). *Bourguignon, il se mettait en scène. Sa large figure rayonnait d'expansion. Le souvenir de son enseignement, les services que ses découvertes avaient rendus à l'industrie, l'éclat de son nom et de ses titres rehaussés encore par la modestie de ses origines, tout faisait de lui, en 1848, quand il avait dépassé sa soixante-dixième année, mieux encore qu'un chancelier de l'Université, un maréchal de science. Il était tout-puissant.* Au style aimable de René Vallery-Radot, on peut opposer le style « *direct* » d'Hippolyte Fortoul, futur ministre de Napoléon III, qui, en 1834, faisait de Thénard un rustre dans le *Nouveau Tableau de Paris du XIXe siècle* (« Les cours publics », Wikipédia, Faculté des Sciences de Paris) : *Le baron Thénard, homme élémentaire dans tous les sens, fait d'une moitié de savant et d'une moitié de rhéteur ; haranguant, avec des inflexions comiques, ainsi qu'à la foire, tantôt M. Barruel, son préparateur* (chargé des démonstrations), *tantôt son débonnaire public* ; *jouant avec la craie, le torchon et le tableau, comme paillasse avec sa grande baguette* ; *peu chimiste de lui-même, se vantant de méconnaître Berzélius, voué corps et âme aux classifications* (chimiques) *dépassées* ; *lourd dans sa bredouillante emphase* ; *bœuf Apis, légalement sacré, paré de la bandelette constitutionnelle et du manteau pairial, a élevé sa grande fortune au milieu des alcalis et des acides qui empestent cette caverne* (Fortoul faisait allusion à *la salle basse obscure, longue, dont les bancs montent jusqu'au plafond*, où avait lieu ce cours). Le sel de l'observation sur le baron Jöns Jakob Berzélius (1779-1848) tient au fait que le chimiste suédois, professeur à l'Institut médico-chirurgical Caroline de Chimie (Académie des Sciences Paris : 1816), fut un des fondateurs de la Chimie moderne. Il fit adopter notamment le système de notation chimique toujours actuel, où chaque élément est représenté par une ou deux lettres de l'alphabet. Notons aussi que le nom des Thénardier dans *Les Misérables* de Victor Hugo viendrait de celui de Thénard, qui se serait opposé à ce que la durée journalière de travail des enfants soit abaissée de seize heures à dix heures. – Jérôme Balard (1802-1876), pharmacien, professeur à la Faculté des Sciences de Montpellier, puis maître de Conférences à l'Ecole normale supérieure (1845-1851), professeur à la Faculté des Sciences de Paris (1841-1867) et de Chimie minérale au Collège de France (1851-1876). En 1826, il découvrit un nouvel élément, le brome, étudia les propriétés décolorantes du chlore et trouva l'acide hypochloreux, principe actif de l'eau de Javel et du chlorure de chaux. Académie des Sciences : 1844. Les méchantes langues disaient de lui, non sans quelques raisons, semble-t-il, qu'il n'avait pas « *fait* » le brome, mais que c'était le brome qui l'avait fait...!

professeurs, peuvent prélever sur le trésor public quelques-unes des dépenses de leurs travaux personnels, au détriment des allocations destinées aux frais de leur enseignement, écrivait Pasteur[41]. *Aussi combien n'en nommerais-je pas parmi ceux qui contribuent de leur patrimoine aux dépenses des recherches par lesquelles ils honorent leur pays* !... Pasteur ne le voulait pas car, du fait même, *leurs loisirs* (pour la recherche) *disparaissaient au moment où ils devraient s'accroître.* Alors que les universités françaises étaient « *comme mortes* » (Ernest Lavisse[42]), il réclamait des moyens financiers sur le long terme car ce serait *une grande illusion de croire que* (les grandes découvertes) *pussent être le fruit de rapides travaux ou du concours de quelques circonstances heureuses*[43].

Passant au plan politique, Van Tieghem continuait : *Le passage du Rapport adressé à l'Empereur par le Ministre de l'Instruction publique d'alors, Fortoul, n'en mérite pas moins d'être cité : Le nouveau Cours de Botanique, dit-il, embrassera l'ensemble de la Science. On ne conçoit pas qu'il soit possible de traiter des classifications sans s'occuper de l'anatomie et de la physiologie des plantes ; et si ces deux aspects de la Science sont en quelque sorte indivisibles, il est bon, dans l'intérêt même de l'enseignement, d'en confier l'exposé à un seul professeur.* CQFD... si j'ose dire, et surtout si l'on y comprend goutte ! Quel rapport en effet entre les travaux de Claude Bernard sur la fonction

---

[41] L. Pasteur (1868) « Quelques réflexions sur la science en France. I – Les laboratoires ». Texte paru sous le titre : « Le budget de la science », dans la *Revue des cours scientifiques,* 1er février 1868, **V**, pp. 137-139. Voir *Œuvres de Pasteur,* **VII**, Masson, Paris, p. 203.

[42] E. Lavisse (1895) « Notice sur Victor Duruy ». *Ann. Anc. Elèves Ec. Norm. Sup.*, pp. 11-46. - Ancien élève, puis directeur de l'Ecole normale supérieure, professeur d'Histoire moderne à la Sorbonne, Ernest Lavisse (1842-1922) fut surnommé « *l'instituteur national* » pour ses nombreux livres scolaires. Avec eux, l'*Histoire de France illustrée depuis les origines jusqu'à la Révolution* et l'*Histoire contemporaine de la France* (ouvrages collectifs), il donna une culture historique populaire en France. Tout Lavisse tient dans sa phrase : *Tu dois aimer la France, parce que la Nature l'a faite belle, et parce que l'Histoire l'a faite grande.* Académie française : 1892.

[43] L. Pasteur (1871) « Pourquoi la France n'a pas trouvé d'hommes supérieurs au moment du péril ». *Le Salut public*, Lyon, mars 1871. *Revue scientifique*, 22 juillet 1871, 2ème sér., **I**, pp. 73-76. *Œuvres*, **VII**. Masson, Paris, p. 213.

glycogénique du foie et ceux de Duchartre, par exemple, sur la Clandestine, ou encore l'anatomie végétale et les nerfs vaso-moteurs ? C'était une preuve de l'incompréhension des hommes politiques du temps (à l'exception de Victor Duruy[44]) à l'égard de la recherche. *A ce prix*, demandait Van Tieghem, sarcastique : *ne pourrait-on pas dire tout aussi bien que toutes les sciences de la nature, et même toutes les sciences, ayant entre elles des rapports qui chaque jour apparaissent plus nombreux et plus étroits, il est bon d'en confier désormais l'enseignement à un seul professeur* ? *Conséquence : suppression dans les Facultés des Sciences de toutes les chaires moins une* (...) *Le malheur est que si Duchartre, voyant ainsi briser ses plus légitimes espérances, en a cruellement souffert, la Faculté des Sciences de Paris en a été et, après plus d'un demi-siècle écoulé, en demeure encore aujourd'hui mutilée dans une de ses œuvres vives. Moins heureuse que l'Institut agronomique de Versailles* (recréé en 1876, on l'a vu), *la chaire de Botanique de Jussieu, sa compagne d'infortune, n'a pas encore été restaurée.*

Quelques explications sont nécessaires. A défaut, on ne comprendrait pas comment Duchartre fut nommé en 1861 dans une chaire qui n'existait plus. Van Tieghem évoquait la grande chaire, dite de fondation, l'une des neuf créées en 1808 à la Faculté des Sciences de Paris[45] avec comme intitulé : *Botanique et physique végétale*, puis *Botanique, anatomie et physiologie végétale*, qui couvrait toute la science des végétaux avec un « *adjuvat* », sorte de chaire adjointe assimilable sans doute aux maîtrises de conférences qui existèrent jusqu'en 1970 (de rang magistral, il était sous l'autorité du titulaire de la chaire), le titre étant : *Organographie végétale*, ce qui couvrait un domaine limité. En 1808, le premier titulaire de la chaire de Botanique de Paris avait été René Desfontaines, professeur au Muséum national d'histoire naturelle (jusqu'en 1832 : on a vu qu'il avait quatre-vingt-deux ans), avec

[44] Victor Duruy (1811-1894) était ancien élève de l'Ecole normale supérieure. Historien, ministre de l'Instruction publique (1863-1869), membre de diverses académies et de l'Académie française, 1884.

[45] D'après fr.wikipedia.org/wiki/Faculté_des_sciences_de_Paris.

Charles-François Brisseau de Mirbel[46], comme professeur adjoint de Botanique, chargé de l'adjuvat (et Adrien de Jussieu fut suppléant de l'adjuvat en 1833). Puis Mirbel fut le second titulaire de la chaire jusqu'en 1850, et Adrien de Jussieu son successeur (1850-1853). Cette chaire de fondation de Botanique et Physique végétale (réintitulée Botanique, anatomie et physiologie végétale), n'eut donc que trois titulaires, Hippolyte Fortoul (1811-1856)[47], ministre de l'Instruction publique, l'ayant supprimée en 1854 au profit de la création le jour même de la chaire de physiologie générale pour Claude Bernard, par le fait du prince. On a vu ce qu'il fallait en penser. Celle de Botanique de fondation ayant été supprimée, il ne restait que la chaire adjointe pour enseigner la Botanique. Entre 1834-1847, puis en 1852, elle fut entre les mains du vieil Auguste de Saint-Hilaire[48], avec Adrien de Jussieu comme suppléant de 1835 à 1837 et de 1843 à 1847. En 1847, l'adjuvat séparé de la chaire principale et devenu Botanique, resta entre les

---

[46] Charles-François Brisseau de Mirbel (1776-1854), Académie des Sciences à des titres divers : 1807, président en 1829 ; membre de la Société d'Agriculture, auteur d'un *Traité d'anatomie et de physiologie végétales*.

[47] Socialiste saint-simonien à ses débuts, critique littéraire devenu professeur à la Faculté des Lettres de Toulouse, puis doyen (nommé) de celle d'Aix-en-Provence, député après 1848, Hippolyte Fortoul était proche de l'Elysée et, après le Coup d'Etat du 2 décembre 1852, il devint un temps ministre de la Marine, puis de l'Instruction publique, poste qu'il conserva jusqu'à sa mort subite en juillet 1856. Il est connu entre autres pour sa mise au pas de l'Université : suppression de l'inamovibilité des professeurs de Faculté, révocation d'opposants, tels le philosophe Victor Cousin (1792-1867), l'historien Jules Michelet (1798-1874), l'écrivain et historien Edgar Quinet (1803-1875), etc, la suppression des agrégations d'Histoire et de Philosophie dans le but d'exclure des études *ces problèmes téméraires qui jettent le trouble dans les esprits sans les éclairer, qui excitent une curiosité inquiète sans la satisfaire*. Il remplaça la Philosophie par des notions de Logique, dont les professeurs protestants ou israélites furent écartés dans les lycées ! Il alla jusqu'à interdire le port de la barbe aux professeurs, « *symbole d'anarchie* », et à nommer les dix membres d'une nouvelle section créée par lui à l'Académie des Sciences morales et politiques. Au final, Fortoul n'aurait pas déparé les régimes totalitaires du XXème siècle. Face à lui, Pierre Duchartre, soutenu par Decaisne, situé à gauche, n'avait vraiment aucune chance. Hippolyte Fortoul fut élu membre de l'Académie des Inscriptions et Belles-Lettres en 1854. Voir fr.wikipedia.org/wiki/Hippolyte_Fortoul.

[48] Augustin Prouvansal de Saint-Hilaire, dit Auguste de Saint-Hilaire (1779-1853), botaniste et voyageur (Amérique du Sud), dont il étudia la végétation. Académie des Sciences à partir de 1819. Président en 1835.

mains d'Auguste de Saint-Hilaire (suppléant : Adrien de Jussieu, 1847-1849, puis Adolphe Brongniart, 1851-1852) jusqu'à 1852 : on peut se demander si Saint-Hilaire fit jamais des cours ! L'ex-adjuvat devint deuxième chaire de Botanique, hors de la filiation de la chaire de fondation, ce qui motiva l'ire de Van Tieghem face à une Botanique parente pauvre. En 1852, Jean-Baptiste Payer, *brillant jeune homme qui avait eu l'avantage de prendre son doctorat ès Sciences à Paris* (Passy), et savant politique[49], succéda à Auguste de Saint-Hilaire. Adrien de Jussieu choisit Duchartre comme suppléant dans la chaire historique. A sa mort, Duchartre, *simple et modeste docteur de province* (Passy), pouvait espérer lui succéder au dam probable de Payer qui venait d'être nommé dans l'ex-adjuvat. *Que Payer ait travaillé à se faire déclarer officiellement le seul représentant de la botanique impériale* (sic) *est probable*, écrit Passy. Duchartre incrimina Payer, qui était très introduit politiquement, d'avoir été à l'origine de la transformation de la chaire de Jussieu et d'avoir soufflé à Fortoul la phrase ridicule citée par Van Tieghem.

Duchartre tenta également sa chance à l'Académie des Sciences où plusieurs fauteuils furent vacants entre juin 1853 et début 1854. Edmond Tulasne[50] remplaça naturellement Adrien de Jussieu et Moquin-Tandon, Auguste de Saint-Hilaire. Duchartre ne se serait pas permis d'être candidat contre son maître toulousain à qui il devait beaucoup. Or, le jour de l'élection, un naturaliste voyageur, Charles Gaudichaud-Beaupré mourut : une nouvelle possibilité s'offrait[51]. Adrien de Jussieu avait dit avec humour à son suppléant : *Pour arriver à l'Académie, il ne faut pas s'amuser à tirer un grand nombre de coups de pistolet, mais seulement de rares coups de canon* (Passy). Au contraire, Decaisne conseillait de

---

[49] Jean-Baptiste Payer (1818-1860) professeur aux Facultés des Sciences de Rennes, puis de Paris. Académie des Sciences, section de Botanique : 1854. Chef de cabinet de Lamartine (ministère des Affaires étrangères) en 1848, puis député des Ardennes.

[50] Louis-René dit Edmond Tulasne (1815-1885), mycologue, aide-naturaliste au Muséum national d'histoire naturelle, Académie des Sciences : janvier 1854.

[51] Ch. Gaudichaud-Beaupré (1789-1854), botaniste et voyageur scientifique (autour du monde). Professeur de Pharmacie à la Faculté de Médecine de Paris à son retour en France en 1837. Académie des Sciences à partir de 1826 (section de Botanique). Membre de la Société botanique de France depuis son origine en 1854.

se montrer, d'appeler l'attention, de mériter la critique, de brusquer l'occasion. Ce fut la voie suivie par Duchartre, qui fut candidat *au moment qui parut favorable à* (ses) *patron*(s), Decaisne et Moquin-Tandon : ils lui conseillèrent *nécessairement* l'affrontement entre Payer et lui, proches scientifiquement (Payer était l'auteur d'un *Traité d'organogénie végétale comparée de la fleur*), afin que, au moins, Duchartre prît rang. La Faculté des Sciences se prononça pour Payer, savant politique, protégé de Mirbel, contre Duchartre, soutenu par Decaisne qui *ne passait pas pour un serviteur du gouvernement* (Passy). Payer fut donc *nécessairement* élu ! Devant ces échecs, Duchartre confia son chagrin à Decaisne dans une lettre où il rendait les armes. Passy la publia en 1895. En voici un extrait : *Maintenant que toutes mes espérances se sont évanouies pour moi de ce côté* (la Faculté) *et de tous les autres, laissez-moi vous remercier de tout mon cœur de votre conduite digne et noble à mon égard* (...) *Maintenant, vous le concevrez sans peine, je n'aurai plus l'entêtement surhumain de chercher à lutter contre une mauvaise destinée. Je baisserai humblement la tête pour éviter d'y attirer de nouveaux coups, en persistant à la porter trop haut. Je vois en effet, du même coup, briser sans retour toutes mes espérances pour la Faculté, pour l'Académie...*

Pour vivre, Duchartre n'eut d'autre choix que de revenir à la presse scientifique, où il était connu et payé, avec notamment la composition du tome IV (je donne le titre complet car il rend compte de l'ampleur du travail que Duchartre conduisit presque à lui seul), que Decaisne l'engagea à accepter, du *Manuel général des plantes, arbres et arbustes ; leur application aux jardins d'agrément, à l'agriculture, aux forêts, aux usages domestiques, aux arts et à l'industrie, classés selon la méthode de Decandolle, par Duchartre, ex-professeur à l'Institut agronomique de Versailles, avec la collaboration de MM. Carrière et Naudin, Librairie agricole de la Maison rustique* (1857). La publication de ce *Manuel général* avait été commencée par Antoine Jacques et François Hérincq. Dans ce volume, quelques articles seulement sont des deux autres collaborateurs, le reste est de lui : *cette quatrième partie qui forme largement un tiers de l'ouvrage, renferme les familles de plantes dont M. Duchartre s'est particulièrement occupé, les Aristolochiées, les Orchidées, les Iridées et les Liliacées*. Jusqu'en 1861, Duchartre rédigea le

Bulletin bibliographique de la Société botanique de France, société dont il avait été l'un des fondateurs et dont il fut sept fois le président. Passy a raconté les débuts de la société rue Pigalle, chez son père, Antoine Passy[52] : *Elle est encore présente à ma mémoire* (...), se souvenait Duchartre (cité par Passy), *cette soirée du 12 mars 1854, dans laquelle quatorze botanistes, les uns depuis longtemps célèbres, les autres presque débutants ou simples amateurs, se trouvaient réunis, se demandant s'il serait possible et utile de créer, pour la science qu'ils aimaient, un centre où vinssent converger tous les efforts et d'où pussent rayonner, en retour, les encouragements et les exemples.* Le 23 avril, cette assemblée déclara que la Société botanique de France était fondée. Adolphe Brongniart fut président, Decaisne, vice-président, et Wladimir de Schoenefel (1816-1875) et Duchartre, secrétaires.

A partir de 1855, Duchartre prit la direction du *Journal de la Société centrale d'Horticulture* avec le titre de secrétaire-rédacteur, fonction qu'il remplit jusqu'à la veille de sa mort, y insérant plus de deux cents communications, *toutes d'une étonnante variété*, écrivait Passy en 1895 : *sous sa plume, ce Journal est devenu une œuvre personnelle de grande valeur. Il y a mis toute sa science, toute sa conscience et tout son plaisir*. Retenons le mot *plaisir* qui rappelle *les ravissements et les extases* botaniques de Jean-Jacques Rousseau[53]. Les lignes qui suivent (*l.c.*), montrent Duchartre en action, en homme passionné par la Botanique : *Je le vois toujours, avec la gravité du savant et l'impartialité d'un juge, applaudissant aux succès des voyageurs botanistes qui rapportent des plantes nouvelles de tous les coins du monde, encourageant les horticulteurs qui, par des cultures soignées ou forcées, perfectionnent ou transforment les fleurs, les rosées par exemple ou le lilas, instruisant les jardiniers ; dirigeant le goût des amateurs vers les nouveautés de la floriculture : orchidées ou bégonias*. Mais, ajoutait notre auteur, *de cœur, il rest*(ait) *fidèle aux plantes qui tenaient la vogue dans son enfance ou qu'il avait vu fleurir dans le Jardin des Plantes de Toulouse*, fidèle à ses origines

---

[52] Antoine Passy (1792-1873), homme politique, botaniste et géologue, Académie des Sciences (membre libre) : 1857. Membre de la Société d'Agriculture.

[53] J.-J. Rousseau, *Les Confessions et autres textes autobiographiques. Les rêveries du promeneur solitaire*. Pléiade, Gallimard, Paris, édition de 1959, p. 1043.

et à ses herborisations autour de Béziers, dans les Pyrénées et dans le Haut-Agenais. Il étudia la biologie et la biogéographie des lis et en fit une collection au jardin du Luxembourg. Elle fut détruite en 1870. Il la reconstitua avec le concours d'un horticulteur de Haarlem et d'un collectionneur de Karlsruhe dont le jardin, situé à Baden-Baden, *contenait les plus belles collections de lis qui fussent en Europe*. Il s'intéressa aussi à la tératologie des tulipes, des roses, des lis, des *Delphinium*, des tilleuls, des maïs, etc... Enfin, de 1852 à 186l, Duchartre publia une quarantaine de notes ou de mémoires originaux, notamment sur le fonctionnement des stomates et des stomates aquifères (chez le *Colocasia*, la « *plante qui pleure* »). Au total, cette œuvre aurait dû lui valoir la chaire d'Adrien de Jussieu, mais la logique des politiques n'est pas celle des savants.

Et le jour se leva...

Ce fut celui du bonheur. Un premier événement fut son mariage en 1854. Duchartre était musicien : à Toulouse, il avait suivi des cours au conservatoire de la ville. Son frère cadet Eugène l'était aussi. Il était venu à Paris tenter de se faire une situation... dans une étude d'avoué, mais grand amateur de musique, il fréquentait un facteur d'instruments, d'origine allemande, nommé Triebert, connu pour le développement du hautbois. Ayant accompagné son frère pour les mêmes raisons musicales, Duchartre trouva l'amour en la personne de la fille de la maison, Elisa, excellente musicienne, qui vivait avec son père. Ils se marièrent en 1854. *Ce premier bonheur ne tarda pas à en amener d'autres et bientôt tous les obstacles de sa carrière tombèrent tout à coup* (Van Tieghem).

Le second bonheur de Duchartre fut son élection à l'Académie des Sciences. A la Faculté des Sciences, dit Passy, tout paraissait perdu mais, pour l'Académie, des amis répétaient à Duchartre que *savoir attendre, c'est savoir vaincre*. En février 1855, Mirbel mourut. Duchartre fut candidat à sa succession. L'autre candidat était Claude Gay[54]. L'un des maîtres du scrutin était Payer, « *mon*

[54] Claude Gay (1800-1873), pharmacien, naturaliste voyageur (Chili) et donateur de l'Académie. Il donna ses collections au Muséum national d'histoire naturelle. Académie des Sciences, section de Botanique : 1856.

ennemi », disait Duchartre, à quoi Decaisne répondait : *Tout le monde en a plusieurs.* Claude Gay était naturaliste voyageur, Duchartre plus spécialisé. Les voyages du premier et ses ouvrages (l'un, paru en 1851, était consacré à l'origine de la Pomme de terre) sur le Chili faisaient de lui un émule de Humboldt[55], tandis que les travaux du second en faisaient le représentant de la Botanique fondamentale. Duchartre eut vingt-sept voix, Gay vingt-huit. Ce résultat était prometteur, mais la section de Botanique de l'Académie semblait complète pour longtemps. Or, Payer mourut à quarante-deux ans en septembre 1860, ce qui laissa à Duchartre *la possession incontestée des situations scientifiques qu'il semblait lui avoir enlevées pour toujours* (Passy) : il fut élu au fauteuil de Payer à l'Académie des Sciences le 21 janvier 1861, puis, le 24 mars suivant, nommé à sa place professeur de Botanique à la Faculté des Sciences de Paris : *sa revanche était donc complète, et ses longs efforts avaient enfin trouvé leur récompense* (Van Tieghem). Le 10 janvier 1861 déjà, Duchartre avait été élu à la Société d'Agriculture à la place de Louis de Vilmorin, avec qui il avait collaboré à l'Institut agronomique de Versailles. L'élection de Duchartre à l'Académie des Sciences mérite l'arrêt car il battit Pasteur au siège de Botanique de Payer. Dire que cette candidature fut honorable pour Pasteur n'est pas le mot, même s'il récolta un nombre appréciable de voix (de physico-chimistes !). Pasteur, né le 27 décembre 1822 à Dole (Jura), reçu à l'Ecole normale supérieure en 1843, avait été admis à l'agrégation de Sciences physiques et naturelles en 1846. Agrégé-préparateur de Balard, il fut reçu docteur ès Sciences (mention Physique et Chimie) en 1847 dans le niveau des thèses du moment. Ambitieux, Pasteur l'était. *Les individus ne prennent rang dans l'ordre industriel, dans l'ordre social et dans l'ordre politique, que par l'argent, l'instruction ou la faveur*, constatait Victor Considerant, même s'il n'adhérait pas à cette proposition pour lui-même : *L'instruction ou la faveur*

[55] Alexander von Humboldt (1769-1859), naturaliste prussien, géologue, voyageur scientifique (Amérique tropicale : 1799-1804 ; Asie centrale à partir de 1829), et l'un des créateurs de la climatologie, de la géographie botanique et de l'océanographie. Entre 1845 et 1858, il publia son *Kosmos*, essai de description physique du Monde. Académie des Sciences : associé étranger en 1810.

supposent primitivement l'aisance ou la faveur[56]. Sous l'Ancien Régime, les décisions étaient prises grâce au poids d'hommes en place. Après la Révolution, dans la nouvelle société qui était finalement peu différente de l'ancienne, la faveur persista. Jean-Joseph Pasteur, père du savant, était persuadé qu'en s'assurant la bienveillance des puissants, il améliorerait les chances de sa progéniture. Pasteur, qui était dans le même esprit[57], mit tout en œuvre pour faire carrière dans les meilleures conditions, ce qui voulait dire faire intervenir les « *puissants* » aussi bien universitaires que politiciens, Jean-Baptiste Biot, Jérôme Balard, Jean-Baptiste Dumas, le baron Thénard et même, plus tard, Napoléon III. Duchartre était dans un état d'esprit inverse, on l'a vu.

Dans ce que l'on appelle de nos jours le « *plan de carrière* » de Pasteur, figuraient en première ligne l'obtention de la Légion d'honneur, qu'il reçut en 1853 après un échec, et son accession à l'Académie des Sciences. Nommé doyen en 1854 à la toute nouvelle Faculté des Sciences de Lille, il commença à travailler sur les fermentations avec les industriels de la région. En l'année 1857 qui vit son premier échec académique (il avait été candidat dans la section de Minéralogie : ses premiers travaux appartenaient à ce domaine), il publia ses mémoires sur *la fermentation appelée lactique* (3 août et 30 novembre), *acte fondateur de la Microbiologie*. Il fut alors nommé administrateur et directeur des études scientifiques de l'Ecole normale supérieure (octobre 1857), poste administratif sans laboratoire, mais l'important pour lui était d'être à Paris. En 1858, il installa néanmoins un laboratoire non officiel, où il continua ses recherches sur la fermentation alcoolique et la fermentation de l'acide tartrique : il montra notamment que seul l'isomère droit est utilisé par un *Penicillium glaucum*. Utiliser une souche de champignon filamenteux n'en faisait pas un botaniste pour autant. Néanmoins, Pasteur mit ces travaux en avant pour être candidat à la fin de l'année 1860 au fauteuil de Payer dans la section de Botanique de l'Académie des

[56] Adeline Daumard (1970) *Les bourgeois de Paris au XIXe siècle*. Flammarion, Paris, p. 63.

[57] Voir son début de carrière dans : R. Moreau, *Pasteur et Besançon...*, pp. 354 à 410.

Sciences. De ce fait, le botaniste Duchartre eut pour concurrent le chimiste Pasteur, ce qui était assez inattendu. Jean-Baptiste Biot avait poussé son protégé à se présenter à cette section sous le prétexte que les « *animalcules* » (ici, des bacilles), nom donné aux organismes microscopiques par les premiers microscopistes de la fin de XVIIème siècle et que Pasteur commençait à étudier, n'avaient pas de classement défini. En revanche, la Levure de Bière de la fermentation alcoolique figurait dans les Champignons ascomycètes. Sinon, les contacts de Pasteur avec la Botanique avaient été réduits à ceux de l'étudiant assistant aux cours d'Adrien de Jussieu et aux excursions botaniques que ce dernier dirigeait dans la région parisienne. C'était peu. Malgré l'insistance de Jean-Baptiste Biot, dont l'autorité sur l'Académie était forte, la section de Botanique refusa d'inscrire Pasteur sur sa liste de présentation[58]. Dans sa notice sur Duchartre, Van Tieghem, qui avait été préparateur de Pasteur, tenta de défendre *a posteriori* la candidature de son maître dans la section de Botanique, mais il dut reconnaître qu'elle était prématurée. Balard (chimiste, voir ci-dessus, note 40) la soutenait *de sa voix insistante et pressante* et avec toute sa fougue méridionale. Van Tieghem raconte, d'après René Vallery-Radot : *Se promenant un jour à la Pépinière du Luxembourg avec Moquin-Tandon, membre influent de la section de Botanique, il s'efforçait de le convertir. « Eh bien, lui dit Moquin, allons chez Pasteur et, si nous trouvons dans sa bibliothèque un seul livre de Botanique, je le mets sur la liste »*[59].

---

[58] Biot (chapitre 1, note 29) fit imprimer une note intitulée : *Sur l'importance de la science expérimentale dans les études qui ont pour objet l'histoire naturelle des végétaux* (citée par René Vallery-Radot, *La Vie de Pasteur*, rééd. 2009, L'Harmattan, Paris, pp. 118-119). Biot reprochait à la section de n'avoir attaché d'importance qu'à la classification et à l'étude descriptive des végétaux (morphologie, anatomie), déjà représentées éminemment à l'Académie d'après lui. Il estimait que la section *n'appréciait pas ou ne voulait pas reconnaître l'utilité qu'aurait, dans cette branche de nos connaissances, l'adjonction d'un expérimentateur habile et inventif, disposant de tous les moyens d'investigation, de tous les procédés délicats et précis, que fournissent aujourd'hui les sciences physiques et chimiques à ceux qui savent les appliquer*. Biot qui anticipait sur la Biologie moderne, n'avait pas tort, mais c'était beaucoup trop tôt pour qu'il soit compris.

[59] Cette anecdote a été rapportée par René Vallery-Radot, *La Vie de Pasteur*, p. 119.

Balard n'osa pas accepter. Un peu plus tard, Pasteur dira à Van Tieghem « *avec animation* » que Balard avait eu grand tort de ne pas le faire car, *précisément ce jour-là,* (il) *avai*(t)*, ouvert sur* (s)*a table de travail, l'ouvrage de Th. de Saussure*[60], *Recherches chimiques sur la végétation.* Il ajouta : *C'est bien un livre de Botanique, je suppose.* Ne se faisait-il quelques illusions, ajoutait Van Tieghem : *ce bel Ouvrage de Physiologie végétale eût-il été accepté par la section de Botanique d'alors comme le livre de Botanique requis ? Il est permis d'en douter.* Pasteur recueillit 24 suffrages, non naturalistes, annonce d'un succès prochain. Il conserva de cette élection, une rancune contre la Botanique et les botanistes. *L'année suivante, en 1862,* écrivait Van Tieghem, Pasteur *entrait à l'Académie,* ***sa vraie place en ce moment****, dans la Section de Minéralogie*, à la suite d'une candidature en Botanique que l'on peut qualifier au moins de « *corsaire* »[61].

---

[60] Théodore de Saussure (1767-1845), naturaliste et chimiste, professeur de Minéralogie et de Géologie à l'Université (Académie) de Genève, l'un des pionniers de la physiologie végétale, auteur de : *Recherches chimiques sur la végétation* (1804). Ce livre consulté par Pasteur n'était certainement pas le dernier cri en matière de bibliographie, nonobstant la piété filiale envers son maître de Van Tieghem qui note (en 1908) que *ce livre n'a pas vieilli d'un jour et,* (qu')*après plus d'un siècle,* (il) *mérite encore d'être lu et médité.* Théodore de Saussure était membre de la section de Chimie de l'Institut national (Académie des Sciences) depuis 1808. - Il était le fils d'Horace-Bénédict de Saussure (1740-1799), naturaliste, minéralogiste et physicien (inventeur de l'hygromètre à cheveu), professeur à l'Université de Genève, Académie des Sciences en 1787 (correspondant), associé étranger en 1791, qui réalisa la seconde ascension du Mont Blanc (1787) avec le guide Jacques Balmat (1762-1834). La première ascension du sommet avait eu lieu le 8 août 1786 par le même Jacques Balmat et le docteur Michel Paccard (1757-1827), de Chamonix. La statue de H.-B. de Saussure à Chamonix célèbre son ascension scientifique au Mont-Blanc. Par ses *Voyages dans les Alpes*, il ouvrit la voie de la Géologie moderne et de la tectonique (F. Ellenberger, *Histoire de la Géologie moderne et de la Tectonique*. Lavoisier, Paris, **II**, 1994, pp. 287-294). Il proposa de voir dans les couches plissées, le résultat *du refoulement latéral*, alors que jusqu'à lui et bien après, on ne parlait que de mouvements verticaux.

[61] Ce siège aurait dû échoir à Alfred Des Cloizeaux (1817-1897), remarquable minéralogiste, mais Pasteur déposa une candidature d'autant plus inattendue qu'il avait abandonné la Minéralogie. Néanmoins, *les chimistes et les biologistes unirent leurs efforts à ceux des physiciens, pour lui faire donner une place de titulaire à l'Académie, non point parmi eux, mais chez les minéralogistes*, notait Alfred Lacroix en 1930 dans sa *Notice historique sur François-Sulpice Beudat et Alfred-Louis-Olivier Legrand Des Cloizeaux*, lue à la séance publique (de

Le professeur en gloire

Louis Passy estimait que les cours donnés par Duchartre à Monsempron l'avaient préparé à subir l'épreuve « *redoutable* » du concours de Versailles. En fait, ce fut l'une de ses rares expériences pédagogiques avant d'être professeur à la Sorbonne en 1861, à cinquante ans. *C'est comme professeur de Faculté,* écrit Henry de Vilmorin, *que M. Duchartre put pleinement donner sa mesure. Pendant vingt-six ans* (...), *il fit son cours avec un talent supérieur et une étonnante ponctualité, attirant autour de sa chaire, non seulement les jeunes étudiants, mais les médecins, les botanistes et même les professeurs, tout le monde louant l'ordonnance de son enseignement.* Appliquant ce que doit faire tout professeur de Faculté dans son enseignement, il mettait son cours à jour *avec les développements toujours nouveaux que lui apportaient les travaux de tous les savants d'Europe* (Passy), et des moyens dérisoires : lui-même et un préparateur. D'après le tableau des professeurs de l'époque, l'enseignement de la Zoologie bénéficiait sur deux semestres de deux professeurs titulaires, d'un maître de conférences, d'un suppléant ayant un maître de conférences, un préparateur, et de conférences et des manipulations au Muséum national d'Histoire naturelle. Pour la Botanique (deuxième semestre), Duchartre, professeur, faisait deux leçons et un préparateur, Julien Vesque (1848-1895), deux séances d'exercices pratiques, un semestre sans doute[62], dans des locaux

---

l'Académie des Science), du 15 décembre 1930. Selon cet auteur, ni les chimistes, ni les botanistes n'avaient encore compris l'importance de ses premiers travaux. Pour juger, il faut se replacer à l'époque : il était impossible en 1860 (la controverse sur les générations spontanées avait commencé assez récemment), d'envisager les conséquences des premières découvertes de Pasteur (à la limite lui non plus d'ailleurs), comme en témoignent certains de ses documents ou lettres plus tardifs. En gros, chimistes et biologistes voulaient bien de lui à l'Académie, mais pas chez eux ! Pasteur, qui avait moins de scrupules que Duchartre (qui ne s'était pas présenté contre Moquin-Tandon), fut classé en première ligne, *ex aequo* avec Des Cloizeaux, devant notamment Edmond Hébert (1812-1890), professeur de Géologie à la Faculté des Sciences de Paris, son ancien sous-directeur à l'Ecole normale supérieure pour les études scientifiques quand il était élève. Il fut élu. Des Cloizeaux n'accéda à l'Académie qu'en 1869 et Hébert en 1877 !

[62] D'après fr.wikipedia.org/wiki/Faculté_des_sciences_de_Paris.

minables. *Se souvenant des difficultés qu'il avait rencontrées au début de sa carrière, Duchartre fut* (en effet) *le premier à établir, **officieusement**, à la Faculté des Sciences, des exercices pratiques de Botanique pour la préparation à la licence* (Van Tieghem), germe du laboratoire d'enseignement et de recherches que Gaston Bonnier, son successeur organisa à Paris et à Fontainebleau. Il est donc incontestable que Duchartre, outre son activité scientifique foisonnante, contribua de façon déterminante à l'organisation d'une Faculté moderne au milieu des tâtonnements du XIXème siècle.

Duchartre publia un livre qui résume son cours et sa vaste érudition : *Eléments de Botanique*, qui connut trois éditions (1867, 1877, 1885) et fut vendu à quatorze mille exemplaires. Comme dans ses cours, il traitait avec soin de l'historique des questions, ce qui permet au lecteur de suivre les progrès de la Science. Cet exercice, que j'ai connu quand j'étais étudiant, comme prélude obligé de chaque cours et que j'ai pratiqué, reste-t-il d'actualité[63] ? Enfin, pour l'Exposition universelle de 1867, Duchartre avait rédigé précédemment un *Rapport sur les Progrès de la Botanique physiologique*, où il passait en revue les travaux de ses amis, de ses maîtres et de ses adversaires, de 1840 à 1867, Payer compris. Pour Van Tieghem, cet ouvrage *donn*(ait) *une juste idée de l'enchaînement des travaux qui* (avaient) *constitué l'histoire de la Botanique française dans le milieu du XIXème siècle*. Duchartre fut atteint par la limite d'âge en 1886. Auparavant, en 1884, il avait perdu sa femme. Suivant de si près ce malheur familial, *sa mise à la retraite lui fut une dure épreuve*, observe Van Tieghem, *mais il se ressaisit et reprit vite son activité scientifique*, qui ne s'éteignit qu'avec la vie. L'avant-veille de sa mort (5 novembre 1894) en

---

[63] Gaston Bonnier consacra sa leçon d'ouverture du cours de Botanique 1894-1895 de la Faculté des Sciences de Paris à son prédécesseur. Ce texte qui a été publié, n'a pas d'intérêt en soi car, à quelques commentaires près, il s'inspire essentiellement de Passy. En revanche, il comporte i*n fine* une bibliographie complète des travaux de Duchartre, en laissant néanmoins de côté ses innombrables articles de critique et de vulgarisation écrits pour la presse scientifique et dans les divers recueils auxquels il avait collaboré. On se reportera au texte de Bonnier pour avoir une idée de la variété de ses travaux alimentaires : G. Bonnier (1894) « La vie et la carrière scientifique de M. Duchartre ». *Rev. Gén. de Botanique*, **VI**, pp. 481-504.

effet, il rédigeait le compte rendu de la dernière séance de la Société d'Horticulture et il laissa inachevé un *Mémoire sur la germination des Iridées. Mort, on peut dire, debout, devant la page commencée* (Van Tieghem), on comprend qu'après des déboires trop longuement subis, il n'ait pas voulu de discours sur sa tombe.

L'œuvre de Duchartre fut trop variée, mais eut-il d'autre choix ? Sa biographie nous a fait croiser un grand nombre de naturalistes. Par Delessert, sa généalogie scientifique remontait par extension à Jean-Jacques Rousseau, botaniste. Le jeune Biterrois qui avait mis sa confiance dans la Botanique (qui le lui rendit), aurait-il pu l'espérer ? Sa vie révèle aussi la précarité des scientifiques du temps lorsqu'ils n'appartenaient pas, tel Pasteur, à la clientèle des savants-politiciens qui géraient à leur avantage les premiers développements de l'Université.

Concluons avec Passy : (La) *modestie naturelle* (de Duchartre) *n'avait pas empêché son autorité de s'établir, et son extrême simplicité avait quelque chose de ferme et de doux, qui devenait de la dignité. Le travail, dans le silence et la retraite, a suffi, avec les joies de la famille, à remplir une vie qui a été consacrée uniquement au service de la science. Par le travail, il sut se rendre heureux et rendre heureux ceux qu'il aimait*, la plus belle des vocations sans doute. La « *scientia amabilis* » l'y aida.

3

Jean-Henri Fabre
(1823-1915), une vie et une nouvelle philosophie de la nature au XIXème siècle[1]

En 1918, W.-M. Wheeler, professeur à l'Université d'Harvard et conservateur de l'*American Museum of Natural History* de New-York, soulignait que la France avait le privilège d'avoir donné naissance aux trois plus grands entomologistes du monde : Réaumur, Latreille et Fabre. On peut écrire en effet que René-Antoine Ferchault de Réaumur (1683-1757, Académie des Sciences à partir de 1708), naturaliste et physicien bien connu pour ses observations relatives aux mœurs des abeilles, entrouvrit la voie pour une science qui deviendrait au siècle suivant celle de l'éthologie. Pierre-André Latreille (1762-1833, Académie des Sciences à partir de 1798), fut le titulaire de la première chaire d'Entomologie du Muséum national d'Histoire naturelle, faisant le meilleur usage des grandes divisions établies par Lamarck son prédécesseur[2] ; il développa leur étude systématique dans des

[1] Par Yves Delange, maître de conférences émérite au Muséum national d'Histoire naturelle. - Pour connaître l'œuvre de l'entomologiste, voir J. H. Fabre (1989) *Souvenirs entomologiques*, édition établie par Yves Delange, préface, arbres généalogiques, bibliographie, index analytique avec G.-V. Legros, filmographie, table. Dessins de Fabre. Robert Laffont, Paris, collection Bouquins.

[2] Jean-Baptiste de Monet de Lamarck (1744-1829), professeur au Muséum national d'Histoire naturelle, auteur d'une *Flore de France* et d'une *Histoire naturelle des animaux sans vertèbres*, où il exposa sa théorie de l'évolution, sous le nom de transformisme ou lamarckisme (1809). Académie des Sciences à des titres divers depuis 1779. Membre dans la section de Botanique : 1795. Il fut l'un des créateurs de l'Entomologie moderne : classification, systématique ; il en établit les principales divisions et leur consacra 850 pages (tomes III et IV) dans

proportions imposantes, notamment en publiant en 1826 un *Précis des caractères généraux des insectes disposés dans un ordre naturel*. On ne se contentait plus des assertions d'Hippocrate, d'Aristote et de Pline ; on était à l'époque des Lumières. Une ère scientifique s'ouvrait en Europe mais tout restait à découvrir sur la plupart des continents, suite aux conquêtes militaires, suite aux courageuses expéditions souvent entreprises au péril de leur vie par les naturalistes voyageurs, aux yeux desquels la démarche descriptive devait bénéficier de développements considérables ; la mode était en faveur des cabinets de curiosités et pour s'y retrouver au sein des règnes de la nature, il fallait décrire et mettre en place des systèmes regroupant nombre de catégories. En Entomologie comme ailleurs, la connaissance était souvent limitée à l'établissement de vastes catalogues descriptifs réalisés à partir de sujets naturalisés. En 1809-1815, J.-B. Lamarck et G.-R. Treviranus[3] avaient inventé le mot « *biologie* » et jusqu'alors, on n'avait guère établi de concept correspondant à ce qui devait bientôt prendre le nom de Science de la vie. C'est là que le génie de Fabre allait s'exercer pour donner à l'étude des arthropodes, des insectes surtout, une orientation et une dimension nouvelles. Ces circonstances nous autorisent à écrire aujourd'hui que ce naturaliste peut être considéré comme le véritable fondateur de l'éthologie, dont les héritiers seront Konrad Lorenz, von Frisch, Tinbergen[4]..., au XXème siècle.

Un parcours imprévu

Il est intéressant de noter que Fabre suivit un parcours et accomplit une carrière auxquels, dans son entourage immédiat, personne ne l'avait cru destiné ; il a lui-même souligné qu'aucun

---

sa monumentale *Histoire naturelle des animaux sans vertèbres*. - Voir, par Y. Delange (2002, nouvelle édition), *Lamarck, sa vie, son œuvre*. Actes Sud, Arles.

[3] Gottfried Reinhold Treviranus (1776-1837), naturaliste allemand.

[4] Konrad Lorenz (1903-1989), botaniste et zoologiste autrichien, spécialiste de l'éthologie des animaux sauvages, prix Nobel de Physiologie et de Médecine 1973 avec Karl von Frisch (1886-1982), zoologiste allemand spécialiste des perceptions sensorielles chez l'abeille, et Nikolaas Tinbergen (1907-1988), zoologiste d'origine néerlandaise, fondateur de l'éthologie comparative des animaux.

atavisme ne peut être pris en compte en ce qui concerne l'orientation tôt prise par cet homme né au sein d'une famille de paysans très pauvres. Saint-Léons du Lévezou, son village natal[5], est situé dans une région isolée faite de basses montagnes parmi les plus pauvres du sol français : le Rouergue, département de l'Aveyron. Le climat y est très rude et les habitants au XIXème

JEAN-HENRI FABRE (1823-1915). Coll. part.

siècle y menaient une vie particulièrement austère, exploitant de maigres cultures et de très modestes élevages. Les parents du futur naturaliste étaient si pauvres qu'ils durent quitter le village avec

[5] La maison natale a été transformée en musée par Marie Gavalda. Il a été modernisé récemment. Il est possible de le visiter à la belle saison.

leurs deux enfants, pour s'installer d'abord un peu plus au nord à Rodez comme cafetiers. Ils durent ensuite redescendre vers les villes situées à proximité de la côte méditerranéenne pour des séjours qui ne furent guère plus prospères. Jean-Henri Fabre, adolescent, se trouva livré à lui-même, s'improvisant tantôt vendeur de citrons dans la rue, tantôt manœuvre sur les premiers chantiers de chemin de fer. Mais des circonstances particulières furent décisives qui firent plus tard de Fabre un homme de lettres et de sciences. Enfant, à Rodez, il bénéficia pendant quelque temps de l'enseignement gratuit dans un collège religieux et montra des dispositions singulières pour les études, excellant dans le latin et le grec. Les grandes figures de l'Antiquité, les poètes, les personnages des *Bucoliques* et des *Géorgiques* furent ses compagnons en ces temps difficiles, mais les circonstances l'éloignèrent de cette cité. En 1840, à Avignon, il apprit l'ouverture d'un concours pour l'attribution d'une bourse permettant d'être recruté comme élève à l'Ecole normale d'instituteurs. Il fut reçu premier et il y accomplit les études en deux années au lieu de trois, durée normale du cycle d'enseignement.

Soulignons chez le jeune Fabre une aptitude exceptionnelle à accéder à la connaissance en autodidacte, avec un corollaire dont la portée sera déterminante à tous les stades de sa carrière : une aptitude innée à la pédagogie. Il a rapporté qu'un étudiant étant venu lui demander des cours particuliers d'algèbre (Fabre était lui-même jeune étudiant) et bien qu'ignorant totalement cette matière, il réfléchit quelques secondes puis il donna son accord. Comme il avait aperçu un livre d'algèbre chez un de ses camarades, il l'emprunta le soir même, profita de cette circonstance pour découvrir cette discipline et donner des leçons particulières presque simultanément. On connaît peu de cas semblables, où une personne ayant des origines extrêmement modestes, réussit par sa seule volonté à accéder à un niveau d'instruction aussi élevé. Tard, trop tard au soir de sa vie, il sera proposé par deux fois par les jurys de l'Institut de France pour le prix Nobel de Littérature qui, faute de nombre de voix suffisant (il était surtout connu des scientifiques) ne lui fut pas attribué. A la suite de son séjour en Avignon, il fut nommé instituteur, puis professeur de physique dans des établissements d'études secondaires, d'abord en Corse, puis à Avignon. Toujours en autodidacte, il acquit de nombreux diplômes : baccalauréat ès Lettres et ès Sciences, licence de Mathématiques, de Physique et de Sciences naturelles, doctorat ès Sciences. En 1867, sous le Second Empire, alors qu'il se livrait à des expériences sur les propriétés tinctoriales de la garance à Avignon[6], Victor Duruy, ministre de l'Instruction publique[7], lui fit l'honneur d'une visite. Cette circonstance fut bénéfique : le ministre fit venir Fabre à Paris pour le présenter aux membres de l'Institut et à l'empereur et il lui remit la croix de la Légion d'honneur. Fabre ne voulant pas quitter la Provence, Duruy lui confia la création de cours publics et gratuits à Avignon, dispensés le soir pour tous auditoires sur la botanique, diverses sciences de la nature, la chimie et ses applications à l'agriculture. Ces séances eurent un succès considérable. Des auditeurs inattendus aux noms devenus célèbres s'y mêlèrent : le poète Stéphane Mallarmé (1842-1898), Frédéric Mistral (1830-1914), écrivain et lexicographe français de langue provençale (Prix Nobel de Littérature : 1904), Joseph Roumanille (1818-1891) écrivain occitan, le philosophe, logicien et économiste anglais John Stuart Mill (1806-1873).

Mais le Second Empire fut bientôt à son déclin. Duruy quitta son ministère en 1869. Au surplus, l'enseignement dont bénéficiaient les jeunes filles constituait une prérogative réservée aux établissements placés sous l'autorité de religieuses. Une cabale fut menée par la fraction la plus cléricale de l'ancienne cité papale et les cours instaurés sur l'initiative d'un ministre aux idées trop novatrices à leurs yeux, furent dénoncés comme scandaleux, d'autant plus qu'ils mettaient à la portée des jeunes filles des notions jusqu'alors jamais enseignées, telle la fécondation des fleurs ! Suite à cet événement, Fabre s'affranchit de toutes ses fonctions officielles. La famille se retira dans la cité antique d'Orange où elle vécut pendant quelque temps grâce à un prêt financier de Stuart Mill, lequel resta pour Fabre un ami de toutes les circonstances, et avec qui il entreprit un important travail sur la flore (Cryptogames et Phanérogames) du département du Vaucluse. Antérieurement, Victor Duruy avait conseillé à l'éditeur

---

[6] J.-H. Fabre déposa plusieurs brevets d'invention, notamment au sujet de méthodes d'épuration de la garance, mais la venue de l'alizarine artificielle ruina toutes les possibilités d'exploitation.

[7] Voir chapitre 2, note 44.

Delagrave de faire appel à Fabre pour la réalisation de livres d'enseignement. Ainsi, après avoir exercé comme professeur dans les lycées, Fabre se livra à nouveau à la fonction d'enseignant par le biais d'ouvrages pédagogiques : en dix ans à Orange, il écrivit plus de quatre-vingts manuels d'enseignement des Sciences. Ce travail intense étant devenu suffisamment lucratif, les Fabre purent enfin envisager d'acheter une habitation correspondant aux aspirations profondes du naturaliste. En 1879, leur choix se porta sur une maison simple mais belle et surtout très paisible, située en bordure d'un village établi parmi les mûriers et les vignes, entourée d'un hectare de terres en friche bruissant du chant des cigales en été. Ce fut ce que Fabre appela l'Harmas[8] : l'Harmas de Sérignan-du-Comtat, commune située à sept km d'Orange, non loin des premières pentes du Mont Ventoux. Là, il se livra à l'observation des insectes et de la nature *in situ.* A ce sujet, il écrivit en guise d'introduction de la deuxième série des *Souvenirs entomologiques*, dont il entreprenait alors la rédaction définitive[9] : *C'est là ce que je désirais, hoc erat in votis : un coin de terre, oh ! pas bien grand, mais enclos et soustrait aux inconvénients de la voie publique ; un coin de terre abandonné, stérile, brûlé par le soleil, favorable aux chardons et aux hyménoptères. Là, sans crainte d'être troublé par les passants, je pourrais interroger l'Ammophile et le Sphex, me livrer à ce difficultueux colloque dont la demande et la réponse ont pour langage l'expérimentation ; là, sans expéditions lointaines qui dévorent le temps, sans courses pénibles qui énervent l'attention, je pourrais combiner mes plans d'attaque, dresser mes embûches et en suivre les effets chaque jour, à toute heure. Hoc erat in votis : oui, c'était là mon vœu, mon rêve, toujours caressé, toujours fuyant dans la nébulosité de l'avenir.*

Au cours de sa longue vie, Fabre eut à lutter la plupart du temps pour assurer l'existence de sa famille, ses ressources étant représentées essentiellement par la publication de ses livres, auxquelles s'ajoutèrent plus tard des prix officiels attribués pour récompenser ses travaux scientifiques. Il fut veuf deux fois, ses épouses lui donnèrent huit enfants, dont quatre seulement lui

---

[8] En provençal, harmas, herme, désigne un lieu inculte, une broussaille abandonnée à la flore spontanée.
[9] J. H. Fabre, *Souvenirs entomologiques...*, **I**, p. 319.

survécurent. La plus grande épreuve, celle qui ne cessa de l'affecter jusqu'à sa mort, fut la perte de son fils Jules, décédé à Orange à l'âge de seize ans. Jules, auquel il dédia *Ammophila julii* H. Fab., semble avoir été pourvu de dons exceptionnels pour l'histoire naturelle, la botanique notamment, et semblait destiné à devenir l'héritier spirituel de son père ; le sort en décida autrement.

L'Harmas de Jean-Henri Fabre et la démarche entomologique[10]

Parmi les régions qui, en France, participent à sa diversité, le secteur méditerranéen présente beaucoup de singularités. Situé en dehors des influences océaniques grâce aux barrières naturelles que constituent d'Ouest en Est les Pyrénées, les Cévennes et les Alpes, cet espace est habité par des populations issues en majorité de la latinité, à la partie extrême d'un vaste territoire consacré depuis les temps anciens à l'Olivier et à la Vigne. Originaire de l'arrière-pays, Fabre avait des ancêtres appartenant à la culture occitane. Divers éléments, ceux se rapportant à la langue notamment, le liaient au midi méditerranéen et il ne cessa de se rapprocher de la Provence, son lieu d'élection dont il assimila si profondément la culture qu'il devint membre du Félibrige, dont le plus éminent représentant était Frédéric Mistral. Il écrivit des poésies, publiées par Delagrave, à Paris, en français et en provençal. Voici une anecdote à ce propos. Dans le courant de la décennie 1970, je me rendais assez fréquemment à l'Harmas de Fabre à Sérignan-du-Comtat. Un jour, comme je me promenais dans le village, je restai un moment à regarder la statue du naturaliste inaugurée au début du XXème siècle près de l'église. Des hommes jouaient à la pétanque tout près de là. L'un d'eux, très âgé mais vaillant, arrêta de lancer la boule et vint me dire : *Vous le regardez cet homme, eh bien moi, je l'ai connu !* Bien sûr cela éveilla mon attention et je lui demandai alors : *Puisque vous l'avez connu, vous pouvez peut-être me dire*

---

[10] Le Musée de l'Harmas à Sérignan-du-Comtat est ouvert tous les jours de l'année au public, sauf le mardi. Voir Y. Delange (1985) *Album de famille et lieux privilégiés de Jean-Henri Fabre*. Actes Sud et Alain Barthélémy, Arles et Avignon. - Y. Delange (2002) *L'Harmas, anthologie familière, recueil de textes de J.-H. Fabre*. Edition de la Librairie Contemporaine, Montfaucon.

comment il parlait, s'il avait l'accent ? - Bien sûr, me répondit-il, *comme nous autres, oui comme nous autres, il parlait avec l'accent, pas différemment !* J'eus l'impression d'avoir alors entendu la voix de Fabre lui-même pendant un instant.

Sérignan-du-Comtat où il s'établit pour y écouler les trente-six années ultimes de sa vie, est situé dans une région qui semble l'avoir tôt fasciné, proche du Mont Ventoux, ce « *tas de cailloux de 2 km de hauteur* », dont il fit l'ascension vingt-cinq fois, aussi riche pour le botaniste que pour l'entomologiste, présentant à ses divers niveaux des plantes si variées qu'elles peuvent appartenir à la flore de l'Afrique boréale ou à celle des froides régions arctiques. A l'Harmas de Sérignan, Fabre se trouvait dans une situation idéale pour y établir un véritable « *laboratoire vivant de l'Entomologie* ». Car dès les premières années de l'enfance, à l'âge de l'éveil et des passions que peut engendrer un environnement, ce fut dans l'intime compagnie des plantes et des animaux de la très modeste ferme de ses grands-parents qu'il connut ses premières émotions liées à la nature. Là, il prit conscience parmi d'autres sensations, de celles que génèrent l'éblouissante lumière ou la chaleur des rayons du soleil. Il observa et retint pour toujours des images : les pontes des grenouilles dans les eaux dormantes ; les épinoches dans les eaux frémissantes et les œufs d'oiseaux parfois colorés qu'il trouvait au creux des nids suspendus dans les arbres. Déjà il était ébahi par la force et la splendeur du renouveau printanier, tout son être aspirant à se trouver en contact intime et permanent avec la nature. De la Provence ensuite, il connut très tôt la richesse entomologique. Lorsqu'il s'installa à Sérignan, il était familiarisé depuis longtemps déjà avec différents biotopes dispersés çà et là dans la région. Ainsi, des chemins creux s'insinuant entre des pentes argileuses non loin de Carpentras, il connaissait les habitants : Anthophores, *Cerceris* tuberculé, établis dans de larges galeries. Des Ammophiles *Sphex* et *Bembex* fréquents près d'Avignon, il avait pendant de nombreuses années étudié les mœurs. Au Plateau des Angles, le Scarabée rouleur de pilules d'excréments lui était non moins familier. En 1879, il publia le premier des dix volumes des *Souvenirs entomologiques*. Trente années ne furent pas de trop pour mener cette œuvre à son terme.

Une assez vaste pièce fut aménagée en cabinet de travail, car Fabre n'aimait pas le mot laboratoire, qui évoquait pour lui un lieu artificiel, stérile. S'il était pour Fabre des milieux favorables à l'étude, c'était bien comme il le voulait pour ses élèves, un *« laboratoire ouvert en plein champ »*, là où peuvent à toute heure du jour et de la nuit être observées les fiévreuses activités se déroulant dans la nature. En partie planté, en partie abandonné aux plantes sauvages et aux insectes, l'Harmas et la campagne des environs de Sérignan étaient donc accessibles à toute heure et en toute saison. Garrigues dominant les vignes, escarpements rocheux ayant pour nom Dentelles de Montmirail, abords et pentes du Mont Ventoux, abris rocheux et rivages de l'Aygues au cours irrégulier, sites brûlés par le soleil en été et transis en hiver lorsque dans ce couloir où s'écoule le Rhône impétueux souffle le vent glacé, le mistral ; désormais tout cela sera à la portée du naturaliste. Tout au plus le cabinet de travail recevra quelques récipients recouverts de cloches métalliques pour abriter certains élevages, des fioles pour effectuer quelques réactions chimiques, des liasses d'herbiers et des vitrines ; enfin la petite table appelée à faire le tour du monde (elle fut exposée au Japon à plusieurs reprises) sur laquelle il écrira des milliers de pages, dessinera des insectes et peindra des centaines d'aquarelles représentant des champignons.

Les observations prolongées de Fabre sur les lieux d'évolution des insectes furent à l'origine de ses plus remarquables travaux[11]. Sa façon de procéder, des heures durant immobile, accroupi ou souvent à plat ventre dans les garrigues, surprit et suscita la méfiance des gens du village[12]. On a beau avoir été reçu par un

---

[11] Voir à ce sujet : Y. Delange (2011) *Jean-Henri Fabre et Louis Pasteur - Conversation au bord de la Sorgue*. Préface de Richard Moreau. L'Harmattan, Paris. Sur le conseil de Jean-Baptiste Dumas (chapitre 2, note 9), Pasteur était allé demander conseil à Fabre lorsqu'il entreprit son travail sur la pébrine et les autres maladies de la chenille du *Bombyx*, qui ruinaient alors l'élevage des vers à soie.

[12] Cet esprit dura longtemps. Dans les années 1970, à Paris, je me rendais souvent dans des librairies d'ancien pour acquérir des éditions diverses du naturaliste. Un jour, j'entrai dans l'une elles, sur le quai des Grands Augustins, si mes souvenirs sont exacts. Dans un beau cadre, un homme âgé était assis dans un grand fauteuil au milieu de rayonnages remplis de belles reliures. Comme je lui demandais s'il avait des livres de Fabre, il répondit : *Bien sûr cela me dit quelque chose ! Je suis natif de Sérignan-du-Comtat !* Réjoui de cette réponse intéressante et inattendue, je lui posai cette question : *Alors, étant enfant, ne l'auriez-vous pas rencontré parfois* ? Il répondit : *Oui, comme avec d'autres gamins nous allions souvent dans les vignobles et dans les garrigues, nous l'apercevions parfois, immobile parmi les plantes. Plutôt que d'aller vers lui, nous nous écartions car les habitants et*

ministre, être décoré de la Légion d'honneur, un tel comportement paraissait extrêmement suspect. Ainsi recommandait-on parfois aux enfants de ne s'en approcher qu'avec prudence, et les femmes faisaient souvent le signe de croix en l'apercevant, loin de soupçonner que cet entomologiste et enseignant deviendrait l'un des plus illustres savants de son temps. Son instrument de prédilection ne fut pas le microscope[13], mais une simple loupe, objet léger en poche et toujours accessible. C'est en tout cas grâce à ces séjours, à cette présence sans cesse renouvelée sur le terrain que Fabre put constituer cette somme phénoménale d'observations réunie dans les *Souvenirs entomologiques*. Plusieurs décennies pouvaient s'écouler entre les premières et les dernières observations, révélant la subtilité des mœurs de certains insectes difficilement accessibles, l'attention du naturaliste étant tout le temps en éveil. Lorsque l'âge le contraindra à limiter ses activités, mais privilégiant toujours l'observation *in situ* par rapport à celle faite sur des hôtes en captivité, il fera appel à l'aide de son fils Paul pour l'aider dans son travail. De bonne heure et en de multiples circonstances, il avait mis sa famille à contribution, en particulier sa fille Claire tôt disparue, atteinte de tuberculose. La fête du travail, on la célébrait chaque jour ! Le soir en été, en famille, on observait l'araignée épeire tissant sa toile ou bien les chenilles processionnaires ; au petit matin, dans les allées encore humides de rosée à l'Harmas, on identifiait des chants d'oiseaux, on interrogeait quelqu'insecte déjà besognant ; on rencontrait un crapaud familier surnommé « *Le Philosophe* ».

---

nos parents un peu méfiants à son égard, nous recommandaient de ne pas nous approcher de lui, de le laisser tranquille (YD). - Un collègue de l'Université de Lyon vécut une expérience semblable vers 1970. Etant en Ardèche, il était penché vers le sol en train d'examiner quelque chose quand il se sentit pris par l'épaule par deux gendarmes qui lui désignèrent discrètement un homme qui le tenait en joue avec son fusil de chasse. Inquiets de cette conduite étrange à leurs yeux, les gens du pays avaient appelé les gendarmes et, en attendant, l'homme tenait notre collègue en respect au cas où (RM).

[13] Voir Y. Delange (1999) *Fabre, l'homme qui aimait les insectes*. Préface de Claude Nuridsany. Troisième édition, coll. Babel, Actes Sud, Arles. - Y. Delange (2006) « Jean-Henri Fabre, une vision déjà moderne de la notion de biodiversité ». *Colloque Insectes et Biodiversité*. Micropolis la Cité des Insectes, Saint-Léons-du-Lévezou.

Des personnes venaient sonner à la porte de l'Harmas en nombre restreint, mais il s'agissait de familiers, d'amis : Favier le jardinier, Charasse l'instituteur ou bien Marius auquel la cécité et le bon sens donnaient une vision particulière du monde. Ces hommes, selon le mot de Fabre, constituaient l'Académie de Sérignan et, souvent, sur un banc, la belle saison venue, il leur lisait des chapitres de ses écrits afin de recueillir leurs impressions et de savoir si la lecture en était suffisamment accessible. Plus tard viendra du Maine-et-Loire le Docteur Legros, bientôt biographe de Fabre de son vivant ; il sera l'un des amis parmi les plus intimes de la famille ; grâce à lui l'Harmas, cet incomparable lieu de mémoire, sera acheté par l'Etat et sa direction placée sous la tutelle du Muséum national d'histoire naturelle.

A ceux qui lui en faisaient la demande, à des fils d'amis, Fabre donnait des leçons particulières, en mathématiques et dans d'autres disciplines. Octogénaire, il enseignait encore le latin et le grec, lisant les Anciens à livre ouvert. Aux intrus, la porte était toujours fermée ; pour cette raison, il avait souvent la réputation d'avoir mauvais caractère. En tous cas, jusqu'au soir de sa vie, l'Harmas fut à la fois un lieu d'étude et pour qui était apte à le ressentir, un cadre enchanteur. A proximité de la maison, une source jamais tarie alimentait un bassin surélevé dispensant sa fraîcheur. Jusqu'à son dernier printemps, Fabre ne cessa de s'émerveiller de la floraison dans l'allée aux lilas[14] : *Mai venu, lorsque les deux rangs d'arbustes ployant sous la charge des grappes fleuries se courbent en arc d'ogive, cette allée devient une chapelle, où se célèbre, au soleil ravissant de la matinée, la plus belle fête de l'an.*

L'œuvre d'une vie : les Souvenirs entomologiques

S'il approfondit aussi d'autres disciplines, ce fut incontestablement par ses avancées et ses découvertes dans le domaine de l'Entomologie que Fabre accéda à la postérité. Mais les *Souvenirs entomologiques* constituent également une œuvre littéraire et c'est à cause de cela aussi que ses publications donnèrent lieu à des critiques parfois excessivement sévères,

[14] J. H. Fabre, *Souvenirs entomologiques...*, **II**, p. 457.

notamment de la part de scientifiques exerçant dans un cadre institutionnel, s'opposant par là à un confrère dont la démarche bénéficiait d'une totale liberté, d'une complète indépendance. Fabre avait l'expérience des publications académiques qui ne touchaient qu'un public extrêmement restreint ; il aspirait à faire bénéficier de ses acquisitions un vaste auditoire et il savait par expérience que seuls les jeunes esprits ont les aptitudes requises pour adopter un comportement privilégié, une réceptivité profonde eu égard à la nature. Ainsi écrit-il à propos de ses censeurs[15] : *Ils craignent qu'une page qui se lit sans fatigue ne soit pas toujours l'expression de la vérité. Si je les en croyais, on n'est profond qu'à la condition d'être obscur...* !

Traduits en treize langues, modèle scientifique et littéraire diffusé à raison de plusieurs millions d'exemplaires au Japon, en Russie, etc., les *Souvenirs entomologiques* sont l'aboutissement d'une démarche totalement consacrée à l'observation. Excluant tout esprit de système, Fabre voulait que ses écrits soient, en ayant recours à un verbe aussi séduisant que possible pour le lecteur, l'exact narré de ce que son regard lui permettait de percevoir. Dans une étude sur « *l'Image chez Fabre* », Donald H. Lamore, auteur américain, écrivait en 1969[16] : *Fabre a réfléchi à l'art d'écrire. Il a souligné l'importance d'un bon style pour le naturaliste écrivain. Il a avoué sa prédilection pour l'image. Nous trouvons dans le chapitre « Souvenirs mathématiques des Souvenirs entomologiques*[17] *», un véritable manifeste de Fabre sur le style. Il donne des conseils à celui qui voudrait devenir écrivain* : « *Une obligation s'impose à celui qui manie la plume, c'est d'avoir quelque chose à dire, capable de nous intéresser. Si le sujet est de l'ordre des sciences naturelles, l'intérêt est presque toujours assuré* ; *le difficile, le très difficile est de l'émonder de ses épines et de le présenter sous un aspect avenant. La vérité dit-on, sort nue du fond d'un puits. Soit, mais reconnaissons qu'elle gagne à se trouver décemment vêtue. Elle réclame, non des falbalas tapageurs empruntés au vestiaire de la rhétorique mais au moins une feuille*

---

[15] J. H. Fabre, *Souvenirs entomologiques...*, **I,** 2ème série, p. 320.
[16] Donald H. Lamore (1969) *L'image chez J. H. Fabre, d'après La Vie des araignées, étude stylistique*. La Pensée Universitaire, Aix-en-Provence.
[17] J. H. Fabre, *Souvenirs entomologiques...*, **II,** 9ème série, p. 763.

de vigne. Seuls les géomètres ont le droit de lui refuser ce modeste costume. En des théorèmes, la clarté suffit. Les autres, les naturalistes surtout, ont le devoir de nouer, avec quelque élégance, une tunique de gaze autour des reins de la vérité ».

Si l'on analyse les raisons qui ont conduit certains biologistes contemporains de Fabre à critiquer son œuvre, il y a lieu de tenir compte au moins de deux éléments importants. D'abord, et cela nous surprend aujourd'hui mais il en était ainsi à cette époque (au cours des premières décennies du XXème siècle) : les scientifiques, les biologistes en particulier, rejetaient toute explication en matière de comportement, toute considération faisant intervenir le rôle de l'instinct. Vers la même période, le philosophe spiritualiste Henri Bergson (1859-1941) subissait les mêmes attaques, lui adversaire du positivisme scientiste, qui en 1907 avait publié son *Evolution créatrice* ; et parmi bien d'autres, c'était un admirateur de Fabre et de son œuvre. Par ailleurs, les observations de Fabre, en particulier celles qui sont relatives aux comportements des Hyménoptères prédateurs paralysant leurs proies, leurs fonctions locomotrices, ne pouvaient résulter que d'une acuité visuelle difficilement admissible, de facultés d'observation si poussées que certains détracteurs, tel notamment Etienne Rabaud, affirmaient que Fabre ne pouvait avoir vu se dérouler de telles tactiques[18]. Il dénonçait ces travaux qui selon lui étaient le produit de son imagination ; il soupçonnait même Fabre de vouloir démontrer l'existence de certaines fonctions dans le seul but de conforter ses positions en faveur du rôle de l'instinct. Or l'honnêteté, l'intégrité de Fabre - nous pourrions nous étendre sur ce sujet - ne pouvaient être mise en doute. Rabaud à la Sorbonne se comportait en détracteur, souvent de façon systématique, au moins jusqu'au lendemain de la Seconde guerre mondiale : l'œuvre de Fabre eut à souffrir gravement de ces dénigrements.

Au cours des années 1950, le professeur P.-P. Grassé (1895-1985, Académie des Sciences : 1948), proposa à l'un de ses meilleurs élèves, A.-L. Steiner, d'entreprendre des travaux consacrés aux comportements des Hyménoptères paralysants.

[18] E. Rabaud (1924) *J.-H. Fabre et la science*. Etienne Chiron, Paris. – E. Rabaud (1868-1956) fut professeur de Biologie expérimentale à la Faculté des Sciences de Paris.

Comme il a bien voulu m'en faire part dans une correspondance que nous avons échangée il y a quelques années, A.-L. Steiner n'a pas entrepris cet important travail dans le but de dénoncer ou bien de réhabiliter les travaux de Fabre. Il était en dehors de ces considérations, mais P.-P. Grassé voulait faire le jour sur cette grave affaire et il avait proposé ce sujet à son élève parce qu'il était convaincu de sa totale objectivité, ainsi que de son aptitude à entreprendre et à poursuivre une telle recherche entomologique, difficile à tous égards. De 1957 à 1962, Steiner publia les résultats de ses travaux, lesquels purent bénéficier de techniques extrêmement précises, faisant intervenir des caméras, analysant dans les moindres détails la stratégie des Hyménoptères. Pour lui[19], il n'était plus possible de mettre en doute les observations de Fabre. Il poursuivit ses brillantes recherches jusqu'à une date récente à l'Université d'Edmonton au Canada. Hormis la somme considérable d'observations, de passionnantes histoires se rapportant au monde des insectes, les *Souvenirs entomologiques* comportent quantité de réflexions personnelles, d'ordre philosophique, littéraire, esthétique, autobiographique. Ils sont rédigés tel un magnifique roman de la vie en nous rapprochant de son quotidien, traitant des comportements des insectes, dans lequel l'auteur a pour chaque mot fait preuve d'un souci permanent de l'exacte vérité.

Les recherches de Fabre et l'entomologie moderne

Les *Souvenirs entomologiques* constituent une somme (4.000 pages dans la première édition complète établie par Delagrave), réunissant plus d'un demi-siècle d'observations. Il n'est pas envisageable de les résumer, mais il nous a paru intéressant de souligner en quelques lignes certains aspects propres à ces travaux, avec leurs prolongements dans l'Entomologie. A l'occasion d'un Congrès Fabre que nous avons organisé à Paris (Muséum et Centre National de la Recherche Scientifique) et dans le Vaucluse

[19] A.-L. Steiner, « Contribution à l'étude biologique des Sphegides (Hyménoptères) ; la paralysie des proies ». Voir les *Comptes-rendus de l'Académie des Sciences*, années 1957, 1958, 1962 et 1986.

(Avignon, Orange et Sérignan) en 1985, ayant adopté comme thème *Un esprit universel au XIXème siècle*, nous avons été conduits à mettre en relief quelques applications contemporaines empruntant aux travaux de Fabre dans le domaine des sciences.

D'abord, parmi les observations relatives à la biologie des Hyménoptères, c'est le plus souvent de la part des agronomes, des biologistes agronomes, que nous avons vu élaborer des méthodes de défense appliquées aux cultures. Dans les années 1950, il existait déjà des insectariums dans lesquels on réalisait des élevages (coccinelles, lutte contre les parasites des fruits) mais, pendant longtemps, les pesticides, les produits insecticides ont prévalu dans l'économie, avec les conséquences néfastes que l'on connaît pour l'environnement. A présent, la lutte biologique a pris une importance considérable et dans la même voie que celle adoptée par Fabre, les chercheurs mettent en application de nouvelles méthodes à mesure que la biologie des insectes fait l'objet de nouveaux travaux ; à travers le monde tropical notamment, d'où sont venues de nombreuses espèces végétales servant à notre alimentation. On peut dire que Fabre fut un écologue avant la lettre, lui qui s'attachait avec tant de perspicacité à dénouer les mécanismes d'interactions entre les êtres vivants observés dans leur milieu.

On peut aussi parler de lui comme précurseur de la science moderne. Frappé par certains aspects de sa méthodologie, Maurice Fontaine (1904-2009), professeur de Physiologie au Muséum (Académie des Sciences : 1957), voyait dans les études précises et prolongées de Fabre sur certains stades du cycle des insectes, le rôle fondamental des inhumateurs et assainisseurs des Coléoptères nécrophages[20]. Car aujourd'hui, les phénomènes relatifs aux biodégradations ont revêtu une très grande importance au point qu'ils ont conduit à la naissance d'une science, la *molismologie*. Dans cet ordre d'idée, avec le groupe des Scaraboideae, le rôle des insectes est devenu si important qu'en Australie, ont été installées des serres d'élevage pour remédier à la pollution résultant de la saturation par les excréments sur les lieux d'élevage des ovins.

[20] M. Fontaine et Y. Delange (1986) « Jean-Henri Fabre, précurseur de l'écophysiologie ». *Actes du Congrès J.-H. Fabre*. Ed. du Léopard d'Or, Paris.

Il n'est pas possible dans le cadre forcément restreint de cette notice, de commenter les chapitres relatifs à ces aspects nouveaux de la science, et qui sont en relation avec l'héritage que Fabre nous a laissé. Molismologie, écologie, écophysiologie d'anticipation, chronophysiologie, lutte biologique sont à inscrire parmi les disciplines dont on devrait légitimement accorder la paternité à notre naturaliste. Il convient aussi de souligner, dans le domaine des applications scientifiques, les phéromones qui ont eu pour point de départ les observations de Fabre sur le paon de nuit *Saturnia pyri.* Elles sont rapportées dans plusieurs séries des *Souvenirs Entomologiques*. Enfin, certaines pages constitueraient des morceaux de choix dans la littérature relative aux sciences de la vie.

Jean-Henri Fabre, botaniste[21]

Il fut botaniste lors de tous les épisodes de sa carrière : un chercheur et une pédagogie pour la jeunesse en faveur de la connaissance du règne végétal. Nombreux sont les botanistes qui s'intéressent aux insectes, mais ce n'est pas le cas de tous, et il en est pour reprocher à ces élégants arthropodes d'être parfois trop végétariens. Par contre, et c'est une évidence, un entomologue, surtout s'il étudie les insectes sur le terrain, doit nécessairement avoir une très bonne connaissance du monde des plantes. Certains parmi eux, tel Pierre Jolivet, ont axé une partie de leurs études sur des relations d'interdépendance, sur des cas de commensalisme (myrmécophytes, domaties, phytotelmes) entre les insectes et les plantes[22]. Mais ces études concernent presque exclusivement les flores tropicales et, du reste, à cette époque, ces sujets étaient à peu près totalement ignorés des naturalistes. Les recherches botaniques

---

[21] Voir Y. Delange (1995) « L'entomologiste J.-H. Fabre était aussi un botaniste ». *Hommes et Plantes*, **14**, pp. 15-21.

[22] Pierre Jolivet (1983) Insectes et plantes, évolution parallèle et adaptations. Numéro spécial du *Bulletin de la Société Linnéenne de Lyon*, 52e année. - P. Jolivet (1986) *Les fourmis et les plantes, un exemple de coévolution.* Préface de R. Schnell, avec un avant-propos de Pierre-P. Grassé. Société nouvelle des éditions Boubée, Paris. - P. Jolivet (1991) *Curiosités entomologiques.* Préface d'Yves Delange. Editions Raymond Chabaud, Bibliothèque d'Ethologie, Paris.

de Fabre étaient en rapport avec des végétaux directement accessibles, faisant partie de la flore de la région où il exerçait. Par exemple, pour une thèse, en 1854, avec ses *Recherches sur les tubercules de l'Himantoglossum hircinum*, Fabre précisait la nature anatomique et physico-chimique des composants du tubercule : tissus cellulaires remplis de grains de fécule, cristaux d'oxalate de calcium ou raphides et, ce qui était le plus important, c'est la présence de bourgeons avortés. Car, précisait l'auteur, contrairement à ce qu'avaient affirmé jusqu'alors les botanistes de renom tels Adrien de Jussieu et Auguste de Candolle, lesquels voyaient là simplement des renflements sur les racines, Fabre pour la première fois sans doute et en expliquant leur anatomie, démontrait que ces renflements souterrains étaient de véritables bourgeons, des plantes entières en puissance, donc équivalentes à des tubercules.

Parmi d'autres sujets scientifiques, on peut citer : *Observations sur les fleurs et les fruits hypogées de Vicia amphicarpa*, 1855 ; *Recherches sur la phosphorescence de l'Agaric de l'olivier*, 1856 ; un sujet très discuté à l'époque : *De la germination des Ophridées et de la nature de leurs tubercules*, 1857, thème qui faisait couler beaucoup d'encre ; *Notes sur le mode de reproduction des truffes*, 1857 ; *Essai sur les Sphériacées du département de Vaucluse*, 1878, seconde partie en 1883 ; cette très consistante publication connut un grand succès et fut très demandée par de nombreux établissements scientifiques. D'une façon assez régulière, Fabre montra un intérêt particulier pour la mycologie, et ses aquarelles reproduisant des champignons soulignent de façon incontestable son intérêt pour ce chapitre de la botanique[23]. Fabre envisagea de réaliser une flore du Vaucluse en collaboration avec John Stuart Mill, qui aurait traité des Phanérogames, et lui des Cryptogames. Malheureusement, le philosophe britannique disparut trop tôt.

Dans le cadre de ses travaux sur les plantes supérieures, Fabre eut aussi l'occasion de faire des observations sur les *Drosera*, *Pinguicula* et *Utricularia* de la flore française. Mais ce qui constitue sans doute son œuvre la plus importante dans le domaine de la botanique, c'est son Herbier. Commencé à l'âge de vingt ans,

---

[23] Cl. Caussanel, Y. Delange, Diane de Margerie et P. Joly (1991) *Les champignons de Jean-Henri Fabre*. Editions d'art Citadelles, Paris.

il est par son contenu d'une richesse considérable concernant les flores méridionales. Pendant son séjour en Corse de 1849 à 1852, Fabre manifesta sa passion pour la floristique, notamment lors d'herborisations avec son ami botaniste Esprit Requien (1788-1851). Les relations entre ces deux hommes furent particulièrement enrichissantes ; une correspondance s'établit et témoigne des sentiments d'amitié qui les liaient ; on peut lire de Fabre par exemple, dans une lettre en date du 4 mars 1851 adressée à Requien, son aîné qu'il considérait comme un maître : *Si à votre prochaine tournée à Ajaccio vous devez y rester quelque temps, j'aurais à vous faire une proposition qui, si vous l'acceptez, me fera le plus grand plaisir. Côte à côte avec nous, sur le même palier, se trouvent des appartements comme il vous en faut, vastes, pleins de lumière, et si la cuisine de Mme Fabre ne vous fait pas peur, vous auriez un plaisir des plus assidus à dessécher vos plantes. C'est comme vous le voyez une vie de famille que je vous propose, et vous excuserez cette liberté de ma part en considération de l'ardent désir que j'ai eu de profiter aussi souvent que possible de votre compagnie où j'ai tant à apprendre*[24]. Fabre et Requien avaient pensé réaliser une flore de Corse, mais Requien mourut brusquement le 30 mai 1851 d'un refroidissement. Revenu sur le continent l'année suivante, Fabre succéda à son ami en occupant un temps le poste de conservateur du musée Requien[25] à

[24] Archives de la bibliothèque municipale d'Avignon, correspondance d'Esprit Requien n° 6396 à 6420.

[25] Au temps de J.-H. Fabre, le Musée d'Histoire naturelle d'Avignon était installé dans l'église des bénédictins de Saint-Martial, monument qui avait abrité le tombeau du cardinal Lagrange (1403), surintendant des finances sous Charles V. Encore plus beau que celui des papes, c'était l'un des plus remarquables de la chrétienté. L'église était entourée par un jardin botanique, remplacé aujourd'hui par un petit jardin public. Les richesses de cette église ayant été en grande partie détruites, victimes du vandalisme jacobin durant la Révolution, elle devint musée au XIXème siècle. Un décret du 30 septembre 1851, à la demande de la ville d'Avignon, nomma J.-H Fabre, docteur ès Sciences, alors professeur de physique et de chimie au Lycée impérial, conservateur-adjoint pour le cabinet d'histoire naturelle. L'annuaire administratif et commercial du Vaucluse pour 1872 (Archives du Vaucluse) précisait : *Indépendamment d'une nombreuse bibliothèque d'histoire naturelle, on trouve dans cet établissement une riche collection de zoologie dans laquelle on remarque le castor, l'ornithorynque, le vautour griffon, le gypaète, le condor, l'autruche, l'argus, la lyre, le chimpanzé, une collection de coquilles contenant presque tous les genres vivants et fossiles,*

Avignon. Bientôt, il s'affranchit définitivement de ses obligations dans cette ville pour s'établir à Orange, puis à Sérignan. Fabre récolta des végétaux tout au long de son existence et les mit en un herbier, dont les quatre-vingt-deux liasses étaient installées à la partie supérieure des vitrines du cabinet de travail à l'Harmas. Inventorié, mis en valeur lors de la restauration de l'Harmas pendant la dernière décennie du siècle écoulé, il contient 10.010 échantillons de Phanérogames, 866 mousses, 617 champignons et 280 algues. Conservé à Sérignan, il fait partie à présent de l'Herbier général du Muséum national d'histoire naturelle[26].

Par la suite, deux personnes intervinrent dans la famille Fabre, bientôt des amis, dont les activités liaient la vie professionnelle à la vie familiale, cela dès la période avignonnaise : Bernard Verlot et Théodore Delacour. Ayant pu louer une petite maison avec jardin au n° 14 rue des Teinturiers à Avignon, là où Fabre eut la visite de Pasteur un jeudi du mois de juin 1865[27], la famille fit connaissance avec Th. Delacour. Ce nom est lié à l'enthousiasme de Fabre pour

---

des collections des trois règnes et de toutes les familles et classes d'histoire naturelle, et une salle contenant les produits géologiques, paléontologiques et minéralogiques du département de Vaucluse, distribués par communes, indépendamment des produits du même genre des autres communes, principalement de la Corse ; enfin un des herbiers les plus riches de France, et un jardin botanique, contigu aux collections d'histoire naturelle, rue Colombe. Plus tard, en 1898, Fabre n'étant plus conservateur, la municipalité avignonnaise transféra ces collections au Musée Calvet (Esprit Calvet, médecin et mécène, 1728-1810). L'aménagement des lieux destinés à les recevoir n'ayant pas été fait à temps, une partie des richesses, dont l'herbier, fut mise en réserve à l'Hôtel de ville et le reste, considéré comme trop encombrant, fut déversé dans le Rhône ! En 1940, 67 rue Joseph Vernet, dans l'hôtel de Raphaëlis de Soissans rénové et qui jouxte le Musée Calvet, fut installé l'actuel Musée d'histoire naturelle E. Requien. Il contient notamment la très importante bibliothèque et les collections qu'Esprit Requien avait léguées en 1840 à la Fondation Calvet (D'après Y. Delange, *Fabre, l'homme qui aimait les insectes*, pp. 51 à 53, Actes Sud, Arles, 3e édition, 1999).

[26] Sur Fabre et la floristique, voir Bernard Girerd et J. Granier (1985) « Sur quelques plantes vauclusiennes récoltées par Jean-Henri Fabre et conservées au musée Requien (Avignon) ». *Bull. Société d'Etudes de Sciences naturelles de Vaucluse*, 10-20. - B. Girerd (1990) Une espèce nouvellement décrite, endémique du Mont Ventoux et dédiée à Jean-Henri Fabre : *Leucoium fabrei* Quézel et Girerd 1990. *Bull. de la Société d'Etudes de Sciences naturelles de Vaucluse*, Avignon 13-21.

[27] Voir Y. Delange (2011) *Jean-Henri Fabre et Louis Pasteur. Conversation au bord de la Sorgue*. Préface de Richard Moreau. L'Harmattan, Paris.

les créations horticoles, tandis que Bernard Verlot, lui, activait la passion du naturaliste pour la connaissance des espèces botaniques. Théodore Delacour était avignonnais, mais il dirigeait à Paris la maison Vilmorin. A cette époque, par le biais de l'horticulture, avaient lieu dans de grandes proportions des introductions de nouvelles espèces végétales. Quant à Bernard Verlot, responsable des collections botaniques du Muséum national d'histoire naturelle, il était à cette époque l'un des connaisseurs les plus érudits des flores indigènes et exotiques. C'est dire combien, avec les plantes que ces deux hommes apportaient à la famille Fabre lors de chaque venue, notamment à l'occasion des vacances, ils provoquaient joies et surprises en faisant découvrir des nouveautés pour le jardinet entretenu près de la maison située à quelques mètres du bord de la Sorgue. Par la suite, quand, chassés de leur logement à Avignon, les Fabre s'installèrent dans la propriété dite La Vinarde, dans la campagne près d'Orange (la famille y vécut pendant une dizaine d'années), des collections furent à nouveau constituées dont nous avons pu voir la trace. Puis les amis botanistes seront reçus à l'Harmas de Sérignan et participeront à l'enrichissement de ce petit parc d'un peu moins d'un hectare, qui accueillera des plantes cultivées et des composants de la flore locale. Bernard Verlot participa à l'une des vingt-cinq ascensions de Fabre au mont Ventoux.

Fabre semble s'être intéressé aux groupes floristiques les plus divers. La petite serre qu'il fit construire en 1880 en témoigne. Mise à l'abri pendant la saison froide, sa collection de plantes prenait place devant la maison comme on le fait avec les plantes d'orangeries. Des photographies prises à diverses époques montrent des potées fleuries, des arbustes de différentes provenances. J'ai même pu voir un ensemble de Cactacées et d'autres végétaux originaires des milieux arides, en particulier des Crassulacées et des Agavacées tropicales et subtropicales dont des survivants étaient encore présents à l'Harmas il y a quelques années.

Enfin, la publication de livres pédagogiques est un dernier aspect particulièrement important des activités de Fabre botaniste. Le premier fut l'*Histoire de la bûche* (1867) qui, selon Yves

Cambefort[28], occupe une place particulière dans la production de Fabre : c'est le seul qui a été publié chez Garnier et c'est l'unique représentant d'une catégorie qui connut un grand succès entre 1850 et 1900 : celle des volumes *in octavo* en présentation luxueuse, dorés sur tranche, avec des gravures d'illustrateurs de renom. Fabre y traite de l'organisation des plantes à l'exclusion des fonctions de reproduction, fleurs et fruits, considérations qu'il réservait pour un volume qu'il ne réalisa pas. Ses autres ouvrages sur le règne végétal seront tous édités par Charles Delagrave. Hormis des livres de lecture familiale qui relevaient de l'histoire naturelle en général, tel *La science de l'Oncle Paul* (1869, déjà cité, avec de nombreuses réimpressions), parut ensuite *Botanique, la science élémentaire, lectures scientifiques* (1873, suivi de deux rééditions). Il s'agit de botanique descriptive, de systématique, de textes de différents auteurs et aussi de littérature, dont le plus grand nombre est de Fabre lui-même. Parut ensuite *Botanique*, cours complet d'instruction élémentaire à l'usage de la jeunesse dans les collèges et les institutions de jeunes personnes (1874 ; il donna lieu à six réimpressions), ouvrage exposant des généralités sur les organes des végétaux, les grandes divisions du règne végétal, les modes de reproduction et de multiplication végétative, de la physiologie végétale, les fonctions des organes spécialisés. *La Plante, leçons à mon fils sur la botanique*, parut en 1876 (douze réimpressions). Et Yves Cambefort d'écrire sur cet ouvrage : *La joie qu'avait Fabre de s'adresser à* (Jules) *ce fils chéri se mêle au tourment que lui causait la crainte de le perdre. Ces deux sentiments transparaissent dans ce volume et ils lui donnent une tonalité beaucoup plus personnelle et émouvante que dans le reste de la série*. En effet, Jules, ce jeune compagnon des herborisations et des études entomologiques de son père, mourut à l'âge de seize ans, en 1877. Fabre en resta inconsolable.

Fabre publia encore *Le livre des champs* (1879, avec cinq réimpressions), surtout destiné aux jeunes ruraux et concernant les principales activités des agriculteurs. Puis *Les Végétaux*, éléments d'histoire naturelle à l'usage des classes élémentaires et des écoles primaires (1881 et 1882), dans lequel sont décrites les familles de

---

[28] Y. Cambefort (1999) *L'œuvre de Jean-Henri Fabre*. Delagrave et Micropolis, Paris, p. 97.

plantes, pendant de l'*Histoire naturelle des animaux*, publiée la même année. Enfin, en 1882 également, comme il fallait très fréquemment adapter les ouvrages en fonction des programmes officiels, parut encore dans la série *Eléments d'histoire naturelle* : *Botanique*, ouvrage rédigé conformément au programme officiel de 1880, à nouveau adapté et réimprimé en 1883, puis en 1886. Il est composé de deux parties, dans l'une intitulée *Organographie et physiologie*, sont expliquées les fonctions essentielles des êtres vivants, tandis que, dans la seconde partie, sont passées en revue les principales familles de plantes, puis la végétation aux diverses latitudes et altitudes sur les cinq continents. Nombreux sont aussi les manuels d'enseignement et livres de lecture scientifiques et littéraires, incluant des chapitres ou des notions de botanique : *Le livre d'histoires* (1869), *Sciences expérimentales* (1881), *Leçons de choses* (1881 et 1885), *Histoire naturelle* (1889 et 1895), ouvrage dont les trois parties sont consacrées, respectivement, à la Botanique, à la Zoologie et à la Géologie. Cette exposition des ouvrages de Fabre sur le règne végétal s'ajoute à une bibliographie en rapport avec d'autres disciplines ; enfin des informations que nous avons pu recueillir auprès d'instituteurs et de professeurs du secondaire nous ont permis de constater que jusqu'à la Seconde guerre mondiale, les enseignants des deux premiers degrés avaient une bonne connaissance de l'œuvre pédagogique de Fabre, qu'ils prenaient comme modèle. Nos responsables devraient prendre conscience que, si de nos jours tant de jeunes sont bacheliers avec des carences énormes concernant la langue française et les sciences naturelles, c'est, parmi d'autres causes, parce que les modèles pédagogiques cités plus haut ont été totalement oubliés.

Homme de sciences et de lettres : un esprit universel au XIXème siècle

Il n'est pas de domaine de la pensée que Fabre n'ait envisagé au cours de son existence. Il s'intéressa aussi aux sciences exactes : géométrie, algèbre, mécanique, physique, trigonométrie, disciplines qu'il développa sous la forme de nombreux ouvrages destinés à l'enseignement officiel. Avec Fabre, les mathématiques apportent du reste une contribution à la biologie, comme il le montre avec les Arachnides dont la toile est définie par lui comme étant *spirale logarithmique, domaine de la géométrie supérieure.* Il rédigea des *Manuscrits mathématiques* qui ont été commentés par L. Gérin[29]. L'aspect universel de la pensée de J. H. Fabre se manifestant dans les domaines de la création, apparaît en particulier au niveau de ce syncrétisme des facultés de l'esprit, qui se traduit ici par une aptitude à associer les Lettres aux Sciences. Ce point de vue, qui a été exprimé par Pierre Dehaye[30], n'est guère éloigné de celui développé en 1996 par Frédéric Teillard d'Eyry[31]. Concernant les sciences exactes, Fabre voyait dans l'étude du latin une gymnastique utile à l'esprit ; il lui accordait la même valeur éducative qu'aux mathématiques, la même vertu formatrice de l'attention, de la réflexion, du jugement et du raisonnement. Il entretenait de façon permanente ses connaissances en latin et en grec ancien. Mais il fut en premier un pédagogue. Il écrivit un nombre considérable de livres d'enseignement publiés par Delagrave : zoologie, botanique, géologie, géographie, mathématiques, physique, cosmographie, mécanique, sciences de la terre. Ces ouvrages connurent un grand succès et donnèrent lieu pour certains à quinze réimpressions. La plupart de ces livres n'existent plus que dans des bibliothèques ou chez de rares collectionneurs. Souvent oubliés, voire ignorés en France, ces excellents manuels ont été traduits au Japon, pays dans lequel ils sont vendus couramment, même dans les magasins dits grandes surfaces, ainsi que diverses éditions et adaptations pour la jeunesse des *Souvenirs entomologiques*. Au Japon et depuis longtemps, avec les livres de Fabre, les enfants apprennent à découvrir les sciences de la nature. Fabre a également écrit des livres d'instruction, de lecture pour les veillées familiales qui sont des modèles dans le genre, tel les *Conversations de l'oncle Paul avec son fils*, eux aussi

---

[29] L. Gérin (1971) *Les manuscrits inédits de l'entomologiste J.-H. Fabre*. Publications du Muséum national d'histoire naturelle à Paris.

[30] Pierre Dehaye (1985) « Jean-Henri Fabre, l'ardente vocation d'un esprit harmonieux ». *Actes du Congrès J.-H. Fabre*. Ed. du Léopard d'Or, Paris.

[31] Fr. Teillard d'Eyry (1996) *A la croisée de la science et de la littérature, les Souvenirs entomologiques de Jean-Henri Fabre*. Mémoire présenté pour l'obtention du diplôme du Collège International de Philosophie à la Sorbonne, Paris.

fréquemment traduits en japonais. Pour Naomi Bekaert[32], les Japonais accordent une grande importance à l'éveil des enfants à la science dans un cadre familial, où les conversations ont à jouer un rôle privilégié ; les ouvrages de Fabre, ses livres de conversations mieux que d'autres, répondent à ces aspirations. On connaît aussi de Fabre des *Poésies françaises et provençales* et des compositions musicales qu'il exécutait en famille sur un harmonium en présence de ses enfants et petits-enfants. Enfin, les aptitudes créatrices du naturaliste s'étendaient aux arts graphiques qu'il enseigna. Il a laissé plus de six cents aquarelles de champignons, végétaux qu'il affectionnait particulièrement ainsi que les recettes culinaires auxquelles ils donnaient lieu. Frédéric Mistral en son temps souhaitait les intégrer et les exposer en son musée du Félibrige à Arles, le Museon Arlaten. Conservées au musée de l'Harmas, elles ont donné lieu à une luxueuse publication[33].

Jean-Henri Fabre : un regard sur la société et une philosophie de la nature

Aux yeux de certains, la vie à l'Harmas a pu donner l'impression d'être empreinte d'austérité, comme si elle s'était déroulée sous l'autorité pesante d'un patriarche. Il y a parfois du vrai dans cela, notamment dans la mesure où ce chef de famille et enseignant exigeant, voulait assurer lui-même l'éducation de ses enfants, ouvrant leurs yeux sur la plupart des domaines de la connaissance, leur apprenant de façon permanente la valeur du travail. On sait des colères que le naturaliste manifesta en diverses circonstances. De même, il ne supportait pas que son attention soit le moindrement distraite, ne pouvant tolérer que le rossignol chante dans le grand platane ou que les cigales cymbalisent sous ses fenêtres aux heures les plus chaudes de l'été. Même le tic-tac de pendules que des élèves admiratrices lui avaient offertes

[32] Conversation de l'auteur avec Naomi Bekaert, traductrice en japonais des biographies et des œuvres de Buffon, de Lamarck et de Fabre.

[33] Voir Y. Delange (2003) « Jean-Henri Fabre, homme de lettres et poète », dans : *De l'homme et des insectes, Jean-Henri Fabre 1823-1915*, ouvrage réalisé à l'occasion de l'exposition présentée à Paris à l'Espace E. D. F. Electra, Editions d'art Somogy, Paris.

l'importunaient, à tel point qu'un jour il stoppa définitivement leur mécanisme ! Et quand ses filles furent en âge de voir des prétendants leur faire la cour, de redoutables orages éclatèrent lors de réunions familiales ! C'était pourtant un homme très en avance sur les idées de son temps ; à cet égard, on a maintes fois souligné la grande valeur de ses conceptions sur l'éducation, sa dénonciation de l'archaïsme des méthodes, l'aspect carcéral des établissements scolaires et, à propos de la condition des enseignants à tous les niveaux, la misère des professeurs en habits noirs. Mais d'une façon générale, Fabre était très chaleureux ; les soirées écoulées en compagnie d'amis ou en famille, de même que les fêtes traditionnelles à la maison, ont laissé des souvenirs heureux : le bon esprit, le rire et le vin accompagnaient les soupers ; les œuvres de François Rabelais étaient rarement éloignées des lieux familiers du naturaliste. Du reste, dans une lettre en date du 3 janvier 1880, Charles Darwin[34], qui fut l'un de ses nombreux correspondants, écrivait à Fabre : *I feel sure that you would be not not injust to even an insect, much less to a man* (je suis sûr que vous ne seriez pas injuste envers un insecte, encore moins envers un homme). En effet, la notion de justice avait une valeur de premier ordre à ses yeux et il voulait voir appliqué ce sentiment à tous les composants de la société. Et l'heure était bien venue pour lui de prendre position en faveur du sort de la femme et de l'enfant, en ce XIXème siècle où l'avènement de l'industrie conduisait souvent à leur exploitation abusive. Ces idées contribuèrent à sceller l'amitié qui le lia à John Stuart Mill, lequel, quand il siégeait aux Communes, intervint énergiquement en faveur de la défense des droits de la femme, de ceux des enfants souvent surexploités en Europe. Fabre dénonça aussi le racisme et s'exprima à l'encontre de la peine de mort. En ce qui concerne la religion, sans en faire état, il n'admettait pas la Révélation divine, rejetait les dogmes en général et ne croyait pas à la présence eucharistique[35], mais il fut parfois regardé sans complaisance par

---

[34] Lettre de Ch. Darwin à J. H. Fabre, 3 janvier 1880, *in* Georges-Henri Legros (1913) *La vie de J.-H. Fabre, naturaliste, par un disciple*. Delagrave, Paris. - Charles Darwin (1809-1878), naturaliste anglais, auteur de *L'origine des espèces* (1859), ouvrage fondateur de la théorie de l'évolution. Correspondant de l'Académie des Sciences (Paris), section de Botanique : 1878.

[35] Conversation de l'auteur avec L. Grollier, petite-fille de J.-H. Fabre.

les scientifiques matérialistes à cause de sa position nettement déiste. On ne peut mieux évoquer sa pensée à cet égard qu'en lisant les deux épitaphes qui, selon sa volonté, ont été gravées sur sa tombe. L'une est de Sénèque : *Quos perisse putamus praemissi sunt* (ceux que nous croyons perdus ont été envoyés en avant). L'autre a été rédigée par Fabre lui-même : *Minime finis, sed limen vitae excelsioris* (la mort n'est pas une fin mais le seuil d'une vie plus haute).

Un aspect de sa philosophie retient plus particulièrement notre attention : son attitude envers la nature. Elle contraste avec celle des Occidentaux en tous temps. Elle a suscité l'intérêt passionné, voire fervent du public japonais pour l'homme et son œuvre. En effet, les œuvres de Fabre et ses biographies ont été traduites au Japon et deux grands quotidiens japonais, *Asahi Shinbun* en 1977, et *Mainichi Journal*, en 1989, ont réalisé des expositions itinérantes à lui consacrées dans plusieurs villes du pays. Des éléments du mobilier de l'Harmas ont même été prêtés par le Muséum national d'Histoire naturelle. Dans nos sociétés occidentales, conquérantes et « *darwiniennes* » à maints égards, l'homme ne cesse de marquer son emprise sur la nature. Depuis Ptolémée, on considérait en Occident que la terre se trouvait au centre de l'univers et les religions, chrétiennes notamment, ont toujours placé l'homme au-dessus de la nature, lui accordant sur elle tous les droits. De cette attitude très générale, hormis celle de quelques philosophes des Lumières et naturalistes de cette période, Lamarck écrivait[36] : *L'homme, par son égoïsme trop peu clairvoyant pour ses propres intérêts, par son penchant à jouir de tout ce qui est à sa disposition, en un mot par son insouciance pour l'avenir et pour ses semblables, semble travailler à l'anéantissement de ses moyens de conservation et à la destruction même de sa propre espèce. En détruisant partout les grands végétaux qui protégeaient le sol, pour des objets qui satisfont son*

[36] J.-B. Lamarck (1820) *Système analytique des connaissances positives de l'homme, restreintes à celles qui proviennent directement ou indirectement de l'observation.* Au Jardin du Roi et A. Belin, Paris, pp. 154-155 en note. - Y. Delange (2002) « Jean-Henri Fabre et l'évolution : Lamarck et Darwin », dans *Un autre regard sur l'insecte, Actes du Colloque International sur l'Entomologie*, édités par le Conseil Général de l'Aveyron et Micropolis, Rodez. - Sur Lamarck, voir ci-dessus, note 2.

avidité du moment, il amène rapidement à la stérilité ce sol qu'il habite, donne lieu au tarissement des sources, en écarte les animaux qui y trouvaient leur subsistance, et fait que de grandes parties du globe, autrefois très fertiles et très peuplées à tous égards, sont maintenant nues, stériles, inhabitables et désertes (...) *On dirait que l'homme est destiné à s'exterminer lui-même après avoir rendu le globe inhabitable*. Cette attitude n'a pas cessé de se renforcer avec l'avènement des sciences modernes. De Descartes au XVIIème siècle, on sait le mot : *L'homme doit se rendre maître et possesseur de la nature*. Et le professeur Jean Dorst d'écrire à ce propos[37] : *Un nouveau Discours de la méthode est à construire*, ou encore : *Les fleurs de la nature sont gratuites, et de ce fait méprisables pour des hommes qui mesurent tout à l'aune du profit. Nous sommes loin du taoïsme qui interdisait de meurtrir une herbe si la pâture des troupeaux ne le justifiait pas*.

A propos du culte ancestral, essentiel sur le plan religieux chez nombre de Japonais et de Chinois, ou avec Confucius, on sait l'attention portée aux parents et à la famille. Ceux qui pratiquent le Shinto ou qui ont été influencés par lui, considèrent les forces de la nature avec un authentique respect. Le Shinto incite à un comportement privilégié avec les êtres vivants qui nous entourent. Dans ses *Antimémoires* (1967), André Malraux allait dans le même sens. Pour lui, ceux des Français les plus aptes à comprendre le Japon et le Shinto en particulier étaient les botanistes. On peut ajouter les naturalistes en général et les entomologistes en particulier, les insectes étant fréquents dans l'art et dans la littérature nippones. Le Shinto et le Bouddhisme sont deux religions essentielles chez la plupart des Japonais. Pour les bouddhistes, l'âme évolue de l'animal à l'homme. On sait chez ceux qui le pratiquent, la bienveillance dont bénéficient les animaux dans leurs rapports avec les humains ; il n'est donc pas surprenant que les Japonais voient en Fabre l'un des leurs et le considèrent comme l'un des plus grands génies de l'humanité. Depuis longtemps, en Extrême-Orient, les hommes ont recherché dans la végétation, les arbres et les cerisiers éclatants chaque année

[37] J. Dorst (1979) *La force du vivant*. Flammarion, Paris, p. 126. - Jean Dorst (1924-2001), professeur, puis directeur du Muséum national d'Histoire naturelle (chaire des Mammifères et Oiseaux). Académie des Sciences : 1973.

dans le renouvellement printanier, la source de leur identité, établi leur art, édifié leurs cultures. Nul doute qu'avec Fabre, avec les naturalistes en général s'ils portent sur le monde un regard suffisamment pétri d'humanisme, une nouvelle compréhension, une attitude différente pourrait se manifester en France eu égard aux sciences de la nature mais qui serait loin d'avoir l'ampleur nécessaire pour modifier en profondeur les mentalités ; nous le voyons bien dès qu'il s'agit de mettre en place des mesures réellement efficaces de protection. On voit ici une explication de l'intérêt fort restreint que les Français et les Occidentaux en général ont accordé à ce génial naturaliste et visionnaire, que ses concitoyens semblent disposés à redécouvrir.

4

Jules Marcou
(1824-1898),
ou comment devenir géologue en 1850[1]

Jules Marcou participa à la création d'une science, la Géologie. Son œuvre fut fondamentale pour la connaissance géologique du Jura et de l'Amérique du Nord. Ce résumé d'une vie a été rédigé à partir de ses *Notes sur sa famille et sa vie* et de la correspondance de son père Philippe Marcou[2], de son opuscule de 1889[3] et de sa notice biographique due au poète salinois Max Buchon (1818-1869)[4]. Après Decaisne et Duchartre, Marcou est un autre exemple de formation « *sur le tas* » dans la première moitié du XIXème siècle. Ses nombreuses précisions sur sa famille sont un témoignage exceptionnel sur la vie des gens, la jeunesse du temps et ses difficultés scolaires, mais aussi sur les facilités d'accession au savoir grâce à l'accueil, beaucoup plus direct que de nos jours, de jeunes enthousiastes par des savants de premier plan, comme on l'a vu pour Decaisne et Duchartre avec, à la clé, un parcours scientifique peu orthodoxe, à une époque où les structures étaient

[1] Par Richard Moreau, professeur émérite de Microbiologie à l'Université de Paris XII.

[2] Fonds Marcou. « Notes sur ma famille et ma vie », « Lettres » du père de Jules Marcou à son fils. Archives départementales du Doubs. D'une façon générale, je renvoie au livre de R. Moreau et Michel Durand-Delga (2002) *Jules Marcou (1824-1898) précurseur français de la géologie nord-américaine*. L'Harmattan, Paris. Pour la Franche-Comté, voir Emile Fourquet (1929), *Les hommes célèbres et personnalités marquantes de Franche-Comté*. Sequania, Besançon. Enfin, pour compléter certaines notes infrapaginales, on a suivi les renseignements biographiques de Wikipédia.

[3] Marcou J. (1889) *Les géologues et la géologie du Jura jusqu'en 1870. Mém. Soc. Emul. Jura*, **4**, n° 4, pp. 179-253, Lons-le-Saunier. Il n'y aura pas de renvoi de pages.

[4] Max Buchon (1865) « Biographie salinoise. Jules Marcou ». *Le Salinois*.

loin d'être fixées. Pasteur, dont je parlerai en contre-point, fit une carrière conformiste et sans souci. Deux destins différents que les histoires familiales expliquent en partie.

Les Marcou, de Salins

Jules Marcou fut le condisciple de Pasteur au Collège royal de Besançon à partir de 1839[5]. Ils restèrent amis toute leur vie. Le grand-père de Pasteur, Jean-Henry (1769-1796), quitta la tannerie paternelle de Salins pour s'engager dans un régiment d'artillerie à Besançon, où il épousa la fille d'une cantinière et d'un artilleur périgourdin. Assez vite, il s'installa tanneur, puis il mourut[6].

Pour le grand-père de Jules, ce fut autre chose : le petit-fils avait d'ailleurs de qui tenir. Jean-Claude Marcou naquit à Salins le 9 avril 1762 de Claude-Joseph, sellier-tapissier et de Thérèse-Joseph Beau. Ce fut leur seul enfant. Le père était si brutal que ce fils s'enfuit et fut enrôlé par des racoleurs en avril 1776 dans le régiment de Saintonge qu'il suivit en Amérique où l'unité soutint les insurgés. Jean-Claude, qui était grenadier, fut blessé trois fois, dont deux au siège de Yorktown. Rentré en France et libéré, il fut tapissier comme son père, mais à Lyon où il se maria et eut deux enfants. Devenu veuf, il se remaria avec Marie-Thérèse Pancera, fille d'un verrier de Rive-de-Gier (Loire), d'ascendance italienne partielle ce qui peut expliquer certains traits du caractère de Jules. Entre-temps, Jean-Claude Marcou était devenu maître-tapissier et sa situation était prospère. La Révolution arriva et, avec elle, le siège de Lyon. Ancien soldat, Jean-Claude fut choisi comme chef d'un des trente-deux bataillons de garde-nationaux qui résistèrent pendant deux mois au général Kellermann. Après la prise de Lyon, on massacra au canon les prisonniers dans la plaine des Brotteaux. Le beau-frère de Jean-Claude fut tué. Lui-même en réchappa et rentra à Salins en traversant les lignes. Là se place un épisode digne d'Alexandre Dumas : poursuivi par des hussards, il se

[5] R. Moreau (1992) Louis Pasteur, « novice » au Collège Royal de Besançon. *P.V. et Mém., Acad. Sci. Belles-Lettres et Arts de Besançon et de Franche-Comté*, **189**, années 1990-1991, pp. 9-46. - Sur la jeunesse de Pasteur, voir du même auteur (2010) *Pasteur et Besançon. Naissance d'un génie*. L'Harmattan, Paris.
[6] Sur le grand-père et le père de Pasteur, voir R. Moreau, ibid., pp. 61-124.

réfugia dans une maison bourgeoise et se cacha dans les grands rideaux d'une fenêtre. L'officier commandant le détachement le découvrit et tous deux se reconnurent : ils avaient fait la guerre d'Indépendance ensemble. Pourvu d'un uniforme par son camarade, Jean-Claude gagna Salins et s'installa comme tapissier. Sa seconde femme le rejoignit peu après. Le premier enfant du couple fut Philippe, né le 14 brumaire (5 novembre) 1796, père de

Jules Marcou (1824-1898). Coll. part.

Jules, aîné de trois autres frères et de deux sœurs. Jean-Claude Marcou mourut à Salins le 23 avril 1833. Le terrible arrière-grand-père Claude-Joseph avait un frère, Augustin, qui fut père de plusieurs enfants dont l'un, capitaine de cuirassiers, eut le bras droit emporté par un boulet à la bataille de la Moskowa. De sa main gauche, il prit un pistolet et se fit sauter la cervelle. Incontestablement, il y avait dans cette famille un goût de l'action et de l'aventure, une force de caractère et un courage physique qui furent l'apanage de Jules Marcou. On ne les retrouve pas chez son père, qui avait d'autres qualités.

Très bon élève du collège de Salins, Philippe Marcou alla en 1812 préparer le concours de Polytechnique au lycée impérial de Dijon, puis, fin 1813, il rejoignit celui de Besançon, où il ne resta que deux mois. En janvier 1814, il rentra à Salins occupé. De son côté, vers la fin de l'année, Jean-Joseph Pasteur, futur père de Louis, d'abord tanneur chez son grand-père Claude-Etienne à Salins, puis mobilisé en 1811 contre son gré, rentrait aussi à Salins après avoir combattu en Espagne et pendant la campagne de France. Il s'installa comme tanneur à Dole, où son fils Louis vint au monde le 22 décembre 1822. Il fut ensuite de nouveau tanneur à Marnoz, près de Salins, et enfin à Arbois.

Durant l'occupation de Salins, qui dura jusqu'en 1816, Jean-Claude Marcou fut employé par le commandant de la place de Salins, Kiéravics, du régiment d'Esterhazy, dont la moitié était stationnée à Salins. Etre son employé fit-il assimiler Jean-Claude Marcou à un collaborateur ? On ne sait. Une chose est sûre, il fit de mauvaises affaires en cette *année de la misère*, *année du pain cher*, disait Jules Marcou, que fut 1816. Etant l'aîné, Philippe arrêta ses études et accepta l'emploi peu payé de secrétaire de la mairie de Salins. Il conserva son poste jusqu'en 1848 et géra la ville à la satisfaction générale, refusant des situations plus lucratives pour ne pas la quitter. La Révolution de 1848 le chassa. Le calme revenu, il fut nommé à la commission chargée de créer la ligne de chemin de fer de Salins, sa grande affaire. Il mourut du choléra le 9 septembre 1854.

En août 1816, quinze jours avant qu'elle accouche, le tanneur Jean-Joseph Pasteur épousa Jeanne-Etiennette Roqui, fille d'un jardinier originaire du village voisin de Marnoz, mais qui exerçait à Salins[7]. Jeanne-Etiennette n'était pas une beauté. Par contre, elle était une travailleuse. Philippe Marcou épousa en novembre 1820, « *la plus belle fille de Salins* », disait son fils, Jeanne-Antoinette Bordy, plus âgée que lui de presque dix ans. Après la mort prématurée de son père, prévoyant qu'elle aurait à faire vivre sa

[7] R. Vallery-Radot (1900) *La Vie de Pasteur*. Hachette, Paris. Réédité en 2009 par L'Harmattan, Paris. « Introduction », par Richard Moreau. Voir pp. 6-7.

famille, elle gagna la capitale où elle apprit la passementerie. Vers 1812-1813, elle revint à Salins et, avec ses économies, elle ouvrit un petit magasin d'articles de Paris, de nouveautés et de modes qui joua plus tard le rôle de complément de ressources dans la vie des Marcou. Le couple eut trois enfants, mais perdit les deux aînés. Né le 20 avril 1824, Jules fut donc tout pour ses parents.

La révolution de 1830 avait mis *sens dessus-dessous toute la population* (Marcou) de Salins comme d'Arbois, composée en forte proportion d'anciens soldats qui ne parlaient que de leurs campagnes depuis la Révolution de 1789 et de revanches à prendre. En 1830, Arbois fit sa révolution. On connaît la dépêche célèbre : *Arbois, Paris et Lyon sont tranquilles*[8].

Les écoles de Jules Marcou

Ce fut dans ces conditions heurtées que Pasteur et Marcou firent leurs études primaires. Jules commença chez une mégère, Mme Fernoux, *personne courte, très grosse et à figure rouge, et qui s'enluminait au moindre accès de colère, accès qui me paraissaient presque continuels*, disait-il (...) *Nous étions 40 à 50 enfants, dans une chambre, qui servait de cuisine, car tout en faisant la classe, Madame Fernoux faisait cuire son dîner* ; *et elle s'arrêtait quelquefois d'écumer son potage, pour venir gifler un garçon qui faisait trop de tapage, puis elle retournait à son pot-au-feu.* Jules avait le sang chaud : furieux d'avoir reçu une gifle de la dame, il rentra chez lui et refusa de retourner à cette « *école* ». Il fut alors placé chez Claudinette Fernoux, fille de la précédente, dans une classe de filles[9]. Louis Pasteur fut d'abord élève d'un « *instituteur* » non avare de coups à Aiglepierre, village proche de Salins, puis, à Arbois, d'une école mutuelle[10], ce qui fut un gros

[8] Voir R. Vallery-Radot, *Vie de Pasteur*, p. 11.

[9] Ces « *écoles* » étaient légion : voir R. Moreau (1991) Les prix de vertu de l'Académie française et leurs lauréats comtois au XIXème siècle. *Mém. Soc. Emul. du Doubs*, NS, **33**, pp. 97-141.

[10] Il s'agissait de la *méthode mutuelle*, mise au point par des quakers anglais sous le nom de *monitorial system*. Elle s'inspirait aussi du Suisse Johann-Heinrich Pestalozzi (1746-1827) et faisait beaucoup avec peu, grâce au monitorat. Fondée sur une morale naturelle rousseauiste, les écoles mutuelles apparurent comme des

avantage pédagogique pour lui. Il en alla autrement du collège d'Arbois qui, en 1838, en secondaire, comptait seulement une bonne trentaine d'élèves toutes classes confondues, et où l'enseignement, convenable en Lettres, était déplorable dans les disciplines scientifiques. Pour Marcou, à Salins, on ne sait pas.

Comme Jules avait été lui aussi le meilleur élève de sa classe à Salins, Philippe Marcou l'envoya au Collège royal de Besançon pour préparer les concours de Polytechnique ou de Saint-Cyr, ce qui impliquait de grands sacrifices pour les parents. On note une différence considérable entre eux et les Pasteur. Les premiers étaient des gagne-petit (700 francs par an), face au tanneur Pasteur, qui avait de bons revenus ; la preuve en est que Jules Marcou et Charles Chappuis (1822-1897), l'autre ami de Pasteur, fils de notaire, qui fit une carrière rectorale, obtinrent respectivement une demi et trois-quarts de bourse, alors qu'à ma connaissance, Pasteur n'en eut pas. En revanche, sa nomination comme maître surnuméraire lui donna un traitement susceptible de calmer son père qui ne voyait pas l'intérêt de lui payer des études. Au contraire de Jean-Joseph Pasteur, les Marcou ne pensaient qu'à l'avenir de leur fils et lui faisaient confiance, tandis que tout se ramenait à une affaire de gros sous chez les Pasteur, la vraie question pour eux étant de savoir s'il était nécessaire d'envoyer leur fils Louis au collège royal de Besançon pour préparer un baccalauréat non indispensable au tanneur qu'il fut à deux doigts de devenir. Rien de cela chez les Marcou qui avaient peu de ressources, mais qui étaient prêts à se mettre au pain et à l'eau pour que leur enfant unique réussisse, tout en l'admonestant pour ses dépenses superflues. Jules était surtout peu raisonnable quand il s'agissait de livres mais, à l'inverse de Pasteur qui se sentait obligé de solliciter la permission préalable de son père, lequel discutait tout et était souvent intraitable, Jules achetait ce que bon lui semblait, puis il demandait au sien de payer. Cela ne se passait pas toujours sans difficulté pour Philippe Marcou (lettre du

---

concurrentes pour l'establishment ecclésial de la Restauration. Elles furent à l'origine de la *première guerre scolaire* en France, car l'antagonisme avec les écoles confessionnelles désireuses de conserver leur monopole, fut violent : *Opposer à chaque école mutuelle une école de Frères*, était la consigne donnée par l'abbé Jean-Marie de La Mennais, frère du théologien (voir R. Moreau, *Pasteur et Besançon*, pp. 125-127).

8.12.1846) : *Je suis enfin parvenu à réunir 200 francs... Je vais économiser pour que tu aies au moins 100 francs par mois...*

Marcou rencontra Pasteur au collège royal de Besançon dans la « *division* » des *philosophes et ceux qui se destinaient aux écoles militaires et navales.* Auparavant, il s'était renseigné avec son père sur celui de Dijon où celui-ci avait commencé sa préparation à Polytechnique. A Besançon, il habitait une chambre sans chauffage alors que la voisine, où couchaient Charles Chappuis et Pasteur, avait un poêle ! Quand Chappuis partit à Paris à la rentrée 1841, Marcou lui succéda, travaillant le jour (le fourneau !) dans la chambre commune pendant que Pasteur surveillait les élèves de Philosophie ; la nuit, Jules dormait dans celle sans feu. Elève « *mobile* », il sortait, fumait dans les bistrots et se sentait d'autant plus libre que le proviseur, Augustin Répécaud, était un ami de son père et son correspondant. Aux « turpitudes » de Jules, il faut ajouter le chapardage de pêches à la dépense ou de raisin muscat à la suite d'une nocturne « *descente de fourrageur* » dans la treille du proviseur (Pasteur n'y participa pas, mais il en profita) ; le « *couteau-poignard* » saisi sur Marcou ; son surnom de « *frondeur* », donné par le proviseur (lettre de Philippe Marcou, 27 février 1840) en raison de sa « *franchise* » selon les uns, de sa tendance à tout critiquer d'après les autres. Cet esprit de critique permanente inquiétait Philippe Marcou comme en témoigne une lettre à son fils alors à la pension Barbet à Paris : *Je n'aime pas non plus que tu critiques tous tes professeurs, c'est un penchant dont il faut te corriger.* Cet esprit resta une caractéristique de Jules Marcou et nuisit à sa carrière universitaire. Il échoua au baccalauréat scientifique auquel il se présenta dans l'été 1842 à Dijon, tandis que Pasteur y était reçu après deux échecs. Ils partirent ensemble à Paris (trois nuits et deux jours en diligence) pour la pension Barbet où Jules arriva en octobre 1842, avec son père qui, même pauvre, lui fit visiter Paris. Rien de semblable chez les Pasteur : Louis ne pouvait compter que sur lui-même et sur ses amis.

La pension Barbet

Quelques années plus tôt, Decaisne avait été obligé d'être aide-jardinier, et Duchartre, plumitif scientifique, pour arriver à leurs buts. Il n'en fut pas de même pour les deux amis à qui leurs pères donnèrent les moyens (au minimum, celui de Pasteur bon gré, mal gré) d'étudier à Paris. Cela nous permet de découvrir un autre aspect des pratiques universitaires du temps. Jules Marcou a laissé une description inédite de la pension Barbet qui fut préférée par les Comtois, les Jurassiens au moins, du fait des origines du directeur. Il a dépeint Jean-François Barbet comme un brave homme, de capacités moyennes, honnête, facile à vivre, dévoué à son établissement, d'une conduite exemplaire, ce qui en faisait un excellent « *maître de pension* ». L'établissement disparut quand son propriétaire le vendit à la Ville de Paris. A la place, on perça la rue d'Ulm et la rue Claude Bernard.

Fondée par Brissot junior, fils du conventionnel, sur des biens nationaux, l'institution comportait trois cours et des bâtiments de trois étages. Dans la première, l'immeuble de face avait le rez-de-chaussée réservé à l'administration et au réfectoire ; le premier étage (huit ou dix fenêtres) était habité par les Barbet et le second occupé par des chambres d'élèves à raison *d'un* (monôme), *deux* (binôme) *et trois et même quatre élèves par chambre. Dans ce cas* (celui de Pasteur), *un des élèves ne couchait pas dans la chambre*, racontait Marcou, *mais dans un dortoir situé dans l'aile qui aboutissait à l'impasse. Le troisième étage servait de salle de dessin pendant la semaine, et le dimanche elle se transformait en chapelle où l'on disait une basse messe pour les catholiques*, probablement pour des raisons de surveillance. La chambre de Pasteur était humide et froide ; ce fut pourquoi il demanda une peau de chèvre à son père pour servir de tapis : *Si papa le peut qu'il m'arrange cette peau de chèvre. Notre chambre est pavée, c'est froid pour le matin*[11].

Le fonctionnement de l'Institution décrit par Marcou dans ses notes, donne une vue crue sur les concours de cette époque. Barbet était le fils d'un « *paysan-propriétaire* » de Pagnoz, village situé à côté de Salins. Son père devait avoir quelques moyens puisque son

---

[11] LP à ses parents, 12.10.1842. *Correspondance*, Flammarion, Paris, **I**, p. 75-76.

fils put poursuivre des études et entrer à l'Ecole normale supérieure vers 1820, dans la section scientifique. Après la suppression de l'Ecole par le gouvernement de la Restauration, Barbet suivait des cours à la Faculté de Médecine à Paris lorsqu'il fut mis en relation avec une famille Briot, de Saint-Hippolyte (Doubs), dont le père avait occupé un emploi à la cour de Murat, à Naples. D'après Marcou, Barbet, qui se serait « *amouraché de la fille* » (but probable de l'opération), l'épousa, abandonna ses études médicales et reprit l'ancienne pension Brissot. Les véritables chefs de pension furent sa belle-mère, *très entendue en affaires*, dit Marcou, et sa femme ; cela montre que la dot de celle-ci permit l'achat.

Entre la belle-mère, sa fille et le gendre existait un partage du travail efficace : lui s'occupait de la vie de la pension, les femmes des « *relations extérieures* ». En effet, Mme Briot et Mme Barbet tenaient *un salon tout spécial*, écrit Marcou, *dont le but avoué d'ailleurs, était de se rendre propices des personnes ayant de l'influence pour la réception aux Ecoles de gouvernement, soit comme examinateurs, soit comme employés dans les bureaux du gouvernement*. La famille pratiquait donc ouvertement la corruption de fonctionnaires pour assurer la prospérité du négoce, le couple mère-fille achetant littéralement les examinateurs ou des employés d'un certain niveau, sans doute ceux qui collationnaient les notes ; le mode d'interrogation, essentiellement oral, facilitait les adultérations. A cet effet, les Barbet donnaient chaque mercredi un dîner *de huit, dix et douze personnes, dont la majorité avaient leurs couverts mis d'office*. On peut supposer que la belle-mère Briot sut faire valoir les attaches de son mari avec le maréchal Murat auprès de fonctionnaires, militaires ou apparentés sensibles à l'aura napoléonienne.

Parmi les habitués de ces dîners, figurait « *le père Delisle* », professeur de mathématiques spéciales au Collège Saint-Louis et *examinateur pour la réception à l'Ecole navale*. Delisle amena à Barbet des examinateurs ou des fonctionnaires préposés aux concours. Assistaient aussi à ces repas un employé au Ministère de la Guerre *dans les bureaux spéciaux pour les Ecoles militaires et Polytechnique,* dont le fils était professeur de littérature française à l'Ecole militaire de Saint-Cyr, Lefébure, examinateur au concours de Polytechnique, et le Dr Bégin. Celui-ci, qui a donné son nom à l'Hôpital militaire de Saint-Mandé-Vincennes, était médecin-chef de l'Hôpital militaire du Val-de-Grâce et médecin de la Pension Barbet où, précise Marcou, *il venait tous les jours pour son service*. Ainsi s'explique probablement la réforme dont Pasteur bénéficia si facilement au conseil de révision (où il ne se présenta même pas) du printemps 1843[12].

Le trio Barbet orienta sa clientèle de manière fructueuse. A ses débuts, la pension recevait des jeunes gens de toutes origines géographiques et de toutes disciplines, notamment des étudiants en Droit et d'autres qui faisaient leur Médecine civile ou militaire, précise Marcou, ce qui explique la présence de Bégin comme médecin de l'établissement et parmi les habitués du mercredi. Après la révolution de 1830, *beaucoup de jeunes gens cherchèrent à entrer dans les Ecoles du gouvernement*, pour des raisons évidentes d'emploi : à cette époque où le baccalauréat était rare pourtant, il y avait à Arbois plusieurs bacheliers sans emploi depuis sept à huit ans ! Les résultats aux concours furent en rapport avec les « *efforts* » des Barbet : vers 1840, alors qu'il n'y avait plus d'étudiants en Droit, ni en Médecine à l'Institution, celle-ci *devint célèbre pour faire recevoir des élèves* (à) *Polytechnique, Ecole normale supérieure, St-Cyr, de la Marine, forestière*. Les résultats annuels oscillaient entre *12, 15 et 20 reçus à Polytechnique, et 2 ou 3 ou 4 à l'Ecole normale pour les sciences.* Ces révélations

[12] Sur Bégin, voir R. Moreau, *Pasteur et Besançon*, pp. 345-346. - Louis-Jacques Bégin (1793-1859) fut d'abord chirurgien à la Grande Armée et fit les campagnes de 1812 à 1814. Après Waterloo, il commença une carrière d'*« instructeur hospitalier »* qui lui permit d'accéder aux grades les plus élevés. Il acheva sa carrière au Val-de-Grâce, à Paris, où il fut professeur, puis chirurgien-inspecteur (1842). Il prit la suite du baron Dominique Larrey (1766-1842), ancien chirurgien en chef de la Grande Armée, précurseur en matière de secours aux blessés (Académie des Sciences, 1829) au Conseil de Santé des Armées. La mission de ce conseil était de surveiller et de diriger toutes les branches du Service de Santé de l'Armée française. Il le présida en 1852, en même temps qu'il était promu médecin-inspecteur. Bégin organisa l'arsenal chirurgical des armées et les ambulances, s'intéressa au régime des soldats. Il introduisit plus de variété dans leur nourriture, surveilla la qualité du pain et des subsistances et fit donner une ration de café aux militaires. Il s'occupa d'hygiène, propagea la vaccination antivariolique et s'opposa à la désastreuse « *syphilisation* », qui avait eu l'ambition de protéger de la syphilis en inoculant, à la manière de la précédente, l'agent de la maladie aux personnes saines. Cela fit d'énormes ravages ! Enfin, Bégin organisa sur le plan médical les conseils de révision du XIXème siècle. Il mourut en 1859.

déprécient les succès obtenus chez Barbet, ceux de Pasteur comme les autres. Elles font comprendre pourquoi, certainement informé par des camarades tel Chappuis, il s'acharna à y passer une année.

Les aides occultes ne faisant pas tout, il fallait tout de même que les élèves fissent preuve de quelque compétence. Pour se former, ils suivaient les cours de Mathématiques spéciales au Collège Saint-Louis, ceux de Delisle, comme par hasard, et d'un autre professeur nommé Viennet. A l'Institution, Barbet était aidé par un ancien camarade du collège de Salins, Charles Roguet. Tenté par la prêtrise, il avait abandonné le séminaire pour devenir un « *très remarquable* » professeur de Mathématiques spéciales et de Physique, auteur de manuels très prisés. Le soir, Roguet donnait des répétitions de Mathématiques aux « *taupins* », en fait un décalque des cours de Delisle à Saint-Louis. Comme tous les professeurs de l'époque, Roguet arrondissait ses fins de mois en donnant des leçons particulières : *Malgré le prix élevé qu'exige M. Roguet, si 20 leçons ne suffisent pas, prends en 40, je les payerai*, écrivait Philippe Marcou à son fils le 21 mars 1843.

Marcou et Pasteur commencèrent à suivre ensemble les cours du Collège Saint-Louis, mais, pris de « *palpitations* », Jules rentra se soigner à Salins. En mars 1844, il quitta de nouveau sa ville pour Besançon afin de suivre en externe les cours de mathématiques spéciales du Collège royal. De nouveau malade, il revint chez ses parents. Qu'allait devenir ce garçon qui avait tant d'énergie à dépenser, ce qu'il avait dû trop faire avec ses copains ? Lors de son séjour parisien, son père, renseigné par Barbet, s'était inquiété en effet de ses sorties. Cette lettre du 27 décembre 1842 donne le ton : *Lorsque tu serais avec tes camarades de St Cyr, ne faites jamais d'orgies* (sic) ; *ne vous mêlez pas avec les bambocheurs de l'école ; évitez surtout de vous rencontrer avec eux dans leur café ou leur restaurant habituels. Il faut que tu évites avec soin ces scènes soldatesques, qui dégradent l'homme en le dépravant. Ta haute stature* (Jules toisait 1 mètre 84), *ta chevelure blonde te feraient remarquer plus que tout autre et les personnes honorables qui s'intéressent à toi ne tarderaient pas à tout connaître, ce qui exercerait la plus fâcheuse impression sur eux ; car il n'est pas d'endroit où l'on tienne plus à la bonne conduite qu'à Paris* (quelles illusions !) *où l'on surveille de plus près les habitudes des jeunes gens à qui l'on s'intéresse pour s'assurer de quoi ils sont capables avant de se porter ouvertement leur protecteur.*

Heureusement, la géologie allait supplanter la bamboche dans l'esprit de Jules qui se donna du jour au lendemain à la science qu'il découvrait, comme d'autres entrent en religion. Il fut un grand explorateur de la lignée des naturalistes-voyageurs qui firent la renommée du Muséum national d'Histoire naturelle, même s'il n'en fit pas partie longtemps. Dès lors, tenu par *le diable au corps*, comme il l'écrivit de lui-même, emballé, tout d'une pièce, rebelle, teigneux, il courut le monde sans négliger son seul but : *la Géologie*. Courageux, droit, fidèle en amitié mais misanthrope, prompt à rejeter si d'aventure on le décevait ou si l'on trompait sa confiance, il fut un travailleur enragé à condition que le sujet lui plaise.

Finissons-en avec la vie collégienne. Jules Marcou quitta ses amis, parmi lesquels Pasteur. Néanmoins, ils restèrent liés leur vie durant, épisodiquement à cause des distances, mais affectueusement et fidèlement, et ils demeurèrent toujours camarades d'études et complices comme aux premiers jours de leur vie de potaches au collège royal de Besançon. Ils avaient une référence commune : des pères attentifs qui eurent la même préoccupation d'agir pour la promotion de leurs enfants, mais avec des chemins divergents. Jean-Joseph Pasteur, négociant aisé et dur, était parcimonieux de son argent, tandis que Philippe Marcou, pour qui l'argent était rare, fut peu directif et indulgent. Leurs fils furent des précurseurs, Pasteur, de la Biologie moderne, Marcou de la Géologie nord-américaine : ces deux personnalités très différentes, Marcou, chien fou issu d'une famille qui avait beaucoup vécu, Pasteur réfléchi, prudent, voire craintif, mais toujours proche des « *puissances* » politiques, firent avancer la Science de manière irréversible.

Le docteur Claude-Marie Germain, de Salins

Un jour, Jules Marcou fut conquis par la Géologie. A Salins, il s'était mis à courir dans la nature avec un ami de son père, Marcellin Garnier, qui lui fit commencer un herbier de la flore locale et l'emmena jusqu'à la Dôle (sommet au sud-est du Jura vaudois, proche des Rousses, à 1677 m. d'altitude). Le spectacle que Marcou eut de ce sommet décida de sa vocation : il serait géologue.

L'un de ses camarades d'enfance, Clément Barbet, qui étudiait la Médecine à Paris, se trouvait en vacances à Salins et avait suivi le cours de Constant Prévost[13] ; il apportait le *Traité élémentaire de géologie* de Lyell[14]. Clément Barbet et Marcou se mirent à faire des excursions géologiques autour du village des Arsures où le premier était en vacances puis, début septembre, ils décidèrent de partir à pied jusqu'à Berne. Là, Marcou tomba en arrêt devant une carte de la Suisse, un sac à dos, un marteau de géologue et un petit herbier de fleurs des Alpes qu'il ne pouvait pas acquérir car les deux amis n'avaient plus d'argent. Jules envoya un mot à son père pour lui demander de faire passer vingt francs en poste restante à Jougne, mais comment faire jusque-là, d'autant plus que les cartes, marteau, sac à dos et fleurs des Alpes étaient tentants ? Il décida d'aller emprunter cent francs à un banquier qui lui répondit en substance : *On m'a déjà fait le coup et j'ai perdu mon argent. Mais*

---

[13] C. Prévost (1787-1856) premier titulaire de la chaire de Géologie de la Sorbonne. Académie des Sciences : 1848. Quand Marcou connut Prévost en 1846, c'était d'après lui, *un invalide qui ne faisait plus de cours, un paresseux, indolent, ami peu sure* (sic), *rempli d'idées théoriques excellentes, mais rarement basées sur des faits, aimant parler de son opposition aux idées des révolutions du globe de Cuvier, aux cratères de soulèvement de Buch et d'Elie de Beaumont*, se plaignant de Lyell, qui *avait suivi son cours en 1828 et qui lui avait pris toutes ses idées sur les phénomènes actuels, et qui négligeait de lui envoyer ses livres et mémoires.* Enfin, disait Marcou, *Prévost avait au moins quinze ans de retard en géologie...*

[14] Charles Lyell (1797-1875), géologue anglais, correspondant de l'Académie des Sciences pour la section de Minéralogie : 1862. Il développa en 1833 dans ses *Principes de Géologie, Illustrations de cette science empruntées aux changements modernes de la terre et de ses habitants*, une théorie qui s'opposait au *catastrophisme* de Georges Cuvier : c'est la *théorie des causes actuelles*, que Lyell formula de manière explicite. Ses *Principes de géologie* ont fait entrer la Géologie dans son ère moderne. Partisan de la fixité des espèces, Cuvier expliquait leur disparition à chaque époque géologique par une catastrophe générale, qui aurait été suivie du repeuplement de la Terre par de nouvelles, créées par Dieu à cet effet. C'est la théorie du *catastrophisme*, qu'il exposa en 1812 dans son *Discours sur les révolutions du globe*. Cuvier s'opposait au *transformisme* de Jean-Baptiste Lamarck, qui estimait que les espèces s'étaient transformées (G. Laurent, *Paléontologie et évolution en France, 1800-1860.* Comité des Travaux Historiques et Scientifiques, Paris, 1987).

je vous crois sincère. Laissez-moi une lettre pour votre père et voici vos cent francs. Heureux temps ! Ce fut ainsi que, outre les achats prévus, les deux amis décidèrent... d'allonger leur voyage jusqu'à Fribourg ! Au retour, à Jougne, ils trouvèrent les vingt francs du père Marcou et rentrèrent à Salins par le Val de Miège. Après le retour de Jules, un médecin de Salins, le Dr Germain, dit à son père : *J'ai appris que votre fils faisait de la géologie, dites lui de venir me voir*. Comme Jules ne se pressait pas, il vint le chercher et, l'emmenant dans sa maison, lui montra *des fossiles, des minéraux, des casques, des piques, des médailles, des livres, des sabres, des peintures à l'huile, disséminés par terre, sur des cheminées, en un mot un vrai magasin de bric-à-brac*. Commença alors une amitié qui ne se démentit plus.

Qui était ce médecin dont Jules Marcou écrivait : *En 1844, il n'y avait qu'un seul géologue dans le département du Jura, le Dr Claude-Marie Germain, de Salins*, et aussi : *Les rochers, les forêts, et la campagne en général ont toujours eu un grand attrait pour moi. Je rêvois de vivre dans une grotte, en ermite. Salins est admirablement situé pour des études géologiques, et une fois le livre de la nature ouvert pour moi par le Dr Germain, je suis entré dans le domaine de l'histoire naturelle comme s'il m'appartenait par droit de naissance*. Né à Lons-le-Saunier en 1793, Claude-Marie Germain avait trois ans de plus que le père de Marcou et deux de moins que Jean-Joseph Pasteur. Tous faisaient partie de la génération des « *Marie-Louise* ». Engagé comme aide-major dans un régiment de cuirassiers, il fit les campagnes de 1813 et de 1814 auprès de Larrey. Revenu à la vie civile, il obtint à Paris en 1817 le grade de docteur en Médecine et s'installa à Censeau, puis à Nozeroy (Jura). Doué d'une grande imagination, aimant l'étude, il cultiva les muses et fut l'auteur de méditations poétiques, d'odes et d'un chant patriotique en l'honneur de Nozeroy. Il se livra à des études philosophiques avec son ami Théodore Jouffroy[15], philosophe, député du Doubs, puis il passa à l'archéologie et à la

---

[15] Théodore Jouffroy (1796-1842), ancien élève à l'Ecole normale supérieure, docteur ès Lettres en 1816, agrégé en 1817, professeur au Collège de France, député de Pontarlier, il fit connaître la philosophie écossaise développée par Adam Smith, Thomas Reid, etc. Développant l'impossibilité d'une connaissance de l'absolu, elle aboutit à un agnosticisme. Académie des Sciences Morales et Politiques : 1833.

géologie. A partir de 1836, il commença à recueillir des fossiles dans le val de Mièges (les paysans l'appelaient « *le médecin des pierres* ») et les montra en 1838 à Frédéric Gevril (1773-1856), originaire du Locle, en Suisse, conservateur du Musée d'Histoire naturelle et du Jardin botanique de Besançon, *un original*, dit le docteur Antoine Magnin, *naturaliste collectionneur enthousiaste, récoltant indistinctement tout ce qu'il trouvait d'intéressant*[16]. Et d'esprit badin avec cela : un jour, ne présenta-t-il pas à l'octroi un sac de guêpes vivantes qu'il laissa ouvrir aux employés qui y mirent la main...

En 1840, ayant décidé de s'installer à Salins, Germain commença par faire une chose assez exceptionnelle : il partit à Paris afin, comme on dit maintenant, de se « *recycler* » pendant un an. De fait, la médecine était à un tournant. Lorsqu'il avait fait ses études, légères et sur le tas, elle ne se différenciait guère de celle des médecins de Molière. En 1840 par contre, de grands noms l'avaient déjà fait évoluer. L'apparition de l'anesthésie à l'éther donna alors aux chirurgiens les moyens de réaliser des opérations de plus longue durée. En mars 1848, ce progrès était arrivé à Salins comme en témoigne une lettre du 11 mars 1847 du père de Marcou : *Madame Germain s'est soumise à l'inhalation de l'éther pour se faire arracher une dent et cela lui a parfaitement réussi* (...) *Voilà ma foi une découverte précieuse pour l'humanité et qui doit faire faire des pas immenses à la chirurgie*. Bien pensé, mais les résultats de l'anesthésie furent malheureusement péjorés gravement jusqu'à l'arrivée de l'asepsie.

Second exemple : en 1822, Bretonneau[17], de Tours, individualisa les fièvres typhoïdes en tant que maladie sous le nom de « *dothiénenthérite* » et en soupçonna la contagiosité. En 1855, divers médecins anglais, allemands, français incriminèrent l'eau et, en 1856, William Budd (1823-1891) en Allemagne, avança que chaque cas de typhoïde était rattaché épidémiologiquement à un cas précédent. Or, dès 1835, le Dr Germain écrivait dans son

---

[16] Dr. A. Magnin (1911) *Charles Nodier naturaliste. Ses œuvres d'histoire naturelle, oubliées et inédites*. Hermann, Paris, pp. 59-60.

[17] Pierre-Fidèle Bretonneau (1778-1862), médecin, il individualisa nosologiquement la typhoïde et la diphtérie. Correspondant de l'Académie des Sciences : 1835.

opuscule sur le Val de Mièges[18] : *D'après les renseignements que j'ai recueillis avec soin, il parait que les élémens délétères capables d'établir un foyer typhoïde, ne se développent point spontanément au milieu de nos montagnes : j'ai constaté pendant 2 ans que son invasion datait de l'arrivée de domestiques venus de pays contagiés par le typhus.* Germain avait donc eu les mêmes intuitions que Budd et beaucoup d'autres, mais avant eux. Il signa plus tard deux brochures sur les épidémies de typhoïde dans le Doubs et le Jura et sur celle de choléra à Salins (1854). Philippe Marcou mourut de cette maladie. Durant son séjour parisien, Germain assista aux cours de géologie de Constant Prévot à la Sorbonne et suivit des excursions géologiques. A Salins, il s'intéressa aux sources thermales et participa à la création des Thermes de la ville[19].

Jules Marcou et Germain se mirent à sortir presque chaque jour sur le terrain à partir d'octobre 1844, souvent avec Mme Germain qui voulait apprendre la géologie (rappelons-nous Mme Nodier) et d'autres personnes. Cette disponibilité ne peut s'expliquer que si Germain disposait d'une certaine fortune personnelle ; on se demande malgré tout quand il s'occupait de ses malades. Jules Marcou apprit de lui à faire des coupes géologiques et à recueillir des fossiles : pour lui, disait-il, *un nouveau monde s'ouvrait*. Les courses succédaient aux courses. Jules courait la nature, une blouse grise sur ses habits, un carnier en bandoulière pour ranger ses échantillons, un marteau[20] d'une main, un bâton de l'autre. Il prenait des notes, ramassait, mesurait. Rapidement toutefois, il s'aperçut que son maître n'avait qu'une idée imparfaite de la superposition des assises géologiques, ce qui se conçoit à l'époque et de la part d'un autodidacte. Aussi, dans une chambre de la

---

[18] Cl.-M. Germain (1835) *Aperçu médico-topographique sur le Val de Mièges, canton de Nozeroy*. F. Gauthier, Lons-le-Saunier. - Typhus : Nom souvent donné à l'époque aux fièvres typhoïdes en raison de l'état de *tuphos*, de prostration, qu'elles engendrent.

[19] Cl.-M. Germain (1854) *Sources minérales, eaux-mères sodo-bromurées de la Saline de Salins* (*Jura*). Labé, Paris.

[20] Le papier à en-tête de Marcou à Cambridge (USA) comportait comme « *armes* », un marteau de géologue et une plume d'oie entrecroisés, surmontant un petit globe terrestre entre les deux initiales J et M (BN NaF, 18105-64-65).

maison du docteur, s'efforçaient-ils ensemble de corriger les erreurs de classement de leurs récoltes étalées par terre.

Au printemps suivant, Germain emmena Jules au Musée de Besançon et lui fit connaître Just Pidancet (1823-1871), préparateur d'Histoire naturelle à la Faculté des Sciences de Besançon, qui avait suivi à Paris les cours de Géologie de la Sorbonne et du Jardin des Plantes. Notons que ce Just Pidancet voyait des failles partout (il était l'inventeur des « *faillotes* » ou soupçons de failles !) au point qu'un géologue-laboureur de La Grand'Combe-des-Bois, nommé Carteron, hésita un jour à le laisser entrer chez lui, disant : *Y vo trouva da failles dans mo mâzon* ! (Il va trouver des failles dans ma maison). En une semaine, les trois hommes explorèrent les environs de Besançon, Morre, les Buis, La Vèze... De retour à Salins, Jules se lança avec Germain sur la région de Lons-le-Saunier, de Montmorot, d'Orgelet. Just Pidancet les rejoignit pour des excursions de Salins à Nozeroy, Mont-sous-Vaudrey, en bordure de la Forêt de Chaux. Pidancet l'ayant quitté, Marcou s'installa à Moissey tandis que Germain retournait à Salins. Marcou rayonna dans la région, reconnaissant le grès vosgien et le grès bigarré du massif de la Serre. La chaleur arrivée, il rentra à Salins pensant faire la carte géologique de la région, qu'il ne réalisa jamais.

Avec Jules Thurmann[21]

En août 1845, Jules Marcou reçut à Salins la visite de Jules Thurmann qui, informé de son existence par le poète Max Buchon, leur ami commun, était venu tout exprès pour le rencontrer. Il prit la suite du Dr Germain, et fit entrer Marcou en relation avec des géologues suisses et allemands et surtout avec Louis Agassiz[22], ce qui décida de sa carrière. Joseph-Renaud-Jules Thurmann naquit le 5 novembre 1804 à Neuf-Brisach : il était alsacien, mais sa mère était née à Porrentruy où elle revint après son veuvage. Ce fut là

---

[21] Voir J. Marcou, Les géologues et la géologie du Jura, pp. 43-49, et E. Gueniat. (1964) Jules Thurmann. *Anthologie jurassienne*. Textes réunis sous la direction de P. O. Walzer. **1**, Des origines au XIXe siècle, pp. 468-477, *Société Jurassienne d'Emulation*, Porrentruy (Suisse).

[22] Sur Louis Agassiz, voir *infra*.

qu'il fit ses maturités avant de préparer l'Ecole Polytechnique au lycée de Strasbourg. Il ne fut pas reçu. En revanche, il entra à l'Ecole des Mines de Paris et suivit les cours d'Alexandre Brongniart[23], puis il revint à Porrentruy dont il acquit la bourgeoisie en 1828, car il désirait entrer dans le génie fédéral. Il travailla pendant un certain temps à Delémont à la cartographie du Jura avec le colonel Buchwalder (1792-1883). Sa santé délicate l'obligea à renoncer à la carrière de géomètre. Néanmoins, cela ne l'empêcha pas de sillonner les monts du Jura après son retour à Porrentruy en 1830. Des dissensions politiques l'ayant contraint à l'exil, il retourna à Strasbourg où une carrière scientifique s'ouvrit pour lui grâce à Philippe-Louis Voltz (1785-1840), inspecteur général des Mines, qui donnait un cours de Géologie et de Minéralogie à l'Académie de la ville. Revenu à Porrentruy, il acheva et publia la première partie des *Soulèvements du Jura*, par lesquels il fonda l'orographie de la chaîne. Il réorganisa l'enseignement du collège tout en enseignant les Mathématiques et les Sciences naturelles. Il créa également un cabinet de Minéralogie et de Géologie, puis un jardin botanique et se vit confier en 1837 la direction de l'Ecole normale d'instituteurs en constitution. Entretemps, en 1836, il avait publié la seconde partie des *Soulèvements* avec une carte géologique du Jura bernois. En 1838, la *Société géologique de France* vint tenir sa session extraordinaire à Porrentruy.

Thurmann quitta la direction de l'Ecole normale en 1843. Il poursuivit ses travaux de terrain et voyagea dans tout le Jura, voire beaucoup plus loin (vallée de la Saône, Bassin Suisse, haute vallée du Neckar, plaine et collines lorraines, Alpes souabes, Forêt Noire, Vosges, Alpes occidentales, etc...) en dépit de sa santé précaire. En 1849, il publia son *Essai de phytostatique appliqué à la chaîne du Jura*[24], ouvrage majeur dans lequel il cherchait à mettre en rapport les faits de la dispersion des végétaux et leurs causes, créant la théorie physique des sols et fondant l'écologie de la végétation et la phytosociologie. Par ce livre, il fut l'un des précurseurs de la

[23] Sur Alexandre Brongniart, voir chap. 2, note 27.

[24] J. Thurmann (1849) *Essai de Phytostatique appliqué à la chaîne du Jura et aux contrées voisines ou Etude de la dispersion des plantes vasculaires envisagée principalement quant à l'influence des roches soujacentes* (sic). Jent et Gassmann, Bern.

cartographie de la végétation. Jules Thurmann mourut du choléra le 25 juillet 1855.

Avec un pareil maître, Jules Marcou allait voyager. Frappé du travail déjà effectué par le jeune homme, Thurmann l'invita à venir à Porrentruy examiner ses collections et ses cartes, et déterminer ses fossiles ; il l'emmena aussi sur son terrain de prédilection, le Mont Terrible. Avant cette visite, Germain, dont l'esprit ne se prêtait pas aux observations minutieuses de la stratigraphie, ni aux généralisations nécessaires pour construire classifications et nomenclatures, avait compris que son jeune ami s'engageait dans une carrière où il ne pourrait pas le suivre. La lecture du mémoire de Germain sur la géologie de la région salinoise montre en effet qu'il s'évertuait à faire cadrer ses observations avec le catastrophisme de Cuvier et avec le récit et la chronologie de la Genèse, se référant en bon chrétien à l'autorité du pape Pie VII, ce qui n'était déjà plus guère de mise dans les milieux scientifiques de l'époque[25].

Dès lors, conscient des insuffisances théoriques de son maître salinois, Marcou poursuivit seul ses études avec pour but : arriver à une description détaillée de la structure géologique du Jura occidental. Germain lui laissa le champ libre, se contentant de collectionner les fossiles tout en le faisant bénéficier de ses conseils et sa connaissance de localités fossilifères qu'*il dénichait avec un flair de vieux chasseur et de médecin de campagne*.

Max Buchon précise que la collection du Dr. Germain fut vendue après sa mort en partie au zoologiste et paléontologiste suisse François-Jules Pictet de la Rive[26], à Genève, et le reste à l'Institut Polytechnique fédéral de Zurich : *Cette collection,* écrivait Buchon, *doit sa notoriété aux travaux de M. Marcou. Il est très honorable pour la Franche-Comté d'approvisionner ainsi les savants étrangers, mais il l'eût été plus encore de conserver les richesses de nos savants indigènes*. En 1889, Marcou regretta que

---

[25] Cl.-M. Germain (1853) *Aperçu géologique sur la gorge de Salins. Concordance chronologique de la faune anté-diluvienne avec les principales époques du récit de Moïse sur la création. - Alluvions.- Traces des premiers établissements humains dans la gorge de Salins*. Lons-le-Saunier.

[26] François-Jules Pictet de la Rive (1809-1872), professeur de Zoologie à l'Université de Genève. Académie des Sciences (correspondant) : 1867.

le comte d'Udressier, dernier du nom[27], ait légué ses collections au Museum de Vienne (Autriche), mais lui-même fit cadeau de ses fossiles comtois à Harvard par l'intermédiaire d'Agassiz. Sachant l'absence de gestion convenable de la plupart des collections scientifiques françaises, force est de penser que les collections de Germain, Marcou et Udressier furent probablement mieux sauvegardées à l'étranger qu'en France.

Germain resta toute sa vie le grand ami salinois. Une fois Jules Marcou installé aux Etats-Unis, il fut un second père attentif aux événements bons ou mauvais de sa vie, comme le montre la correspondance de Philippe Marcou : *M. Germain s'est empressé de nous apporter en communication la lettre que tu lui as écrite à la date du 20 de ce mois. Il ne se sentait pas de joie, les larmes étouffaient sa voix ; il n'est personne qui prenne une part plus vive que lui à tes heureux débuts. Cette lettre a été aussi pour nous des plus satisfaisante et tu dois être heureux de tes premiers succès* (lettre du 24 mai 1846). *Quant au docteur Germain, il ne t'oublie pas. Il croit vraiment que tu écris tous les jours, car il ne passe pas une seule fois devant la maison sans entrer demander si l'on a de tes nouvelles. Il ne se sent pas de joie chaque fois qu'il apprend que tu as réussi quelque chose* (Lettre du 7 janvier 1847).

---

[27] Les Udressier appartenaient à une vieille famille salinoise, remontant au moins au XVème siècle, et qui avait été anoblie après la conquête française après s'être enrichie au service des rois d'Espagne. Le dernier de la lignée, considéré comme bon, généreux, calme, judicieux, sans esprit de parti, avait été page de Louis XVI avant d'émigrer à l'armée des Princes. Il étudia la Médecine à Vienne (Autriche), puis se fixa à Besançon. Il y participa à la création de la *Société d'Emulation*. Il mourut sans descendance. Féru de lettres et de sciences naturelles, il légua sa bibliothèque à la ville de Vienne (Autriche) et une collection de fossiles du Jura au Musée impérial de cette ville, en souvenir de l'hospitalité reçue autrefois. Les armoiries de la famille d'Udressier étaient : *D'argent à deux rameaux de sinople entrelacés, fruités de pourpre.*

Jules Marcou, géologue « jurassique »[28]

Conscient de l'immensité de la tâche qu'il entreprenait, Jules Marcou désira s'allier à d'autres chercheurs. Il entra en contact avec Achille Delesse[29], ingénieur des Mines à Vesoul, démarche motivée aussi par le fait que le Conseil général du Jura avait voté une petite subvention annuelle pour faire la « *statistique* » et la carte géologique du département. Cette somme aurait arrangé financièrement les Marcou si leur fils avait pu en bénéficier. Pour des raisons administratives, Delesse refusa, ce qui ne l'empêcha pas de devenir un des meilleurs amis de Marcou. Celui-ci voulut partager la tâche avec Just Pidancet qui travaillait sur Besançon, leurs travaux se raccordant à Quingey. Pidancet ne fit pas grand-chose et mourut dans un ruisseau à Poligny en 1871, *petit professeur alcoolique* (J. Marcou). Jules fut donc obligé de se tourner entièrement vers la Suisse et Porrentruy. A ce moment, il hésita. Certes, il voulait faire de la Géologie son état, mais il savait aussi que ses parents disposaient de faibles ressources et que leurs économies touchaient à leur fin. Or il ne poursuivait ses explorations que grâce à l'abnégation de parents d'exception. Voulant gagner sa vie, à un moment donné, Jules pensa entrer dans les douanes et se faire nommer à la frontière suisse, espérant ainsi pouvoir arpenter facilement ses terrains de prédilection. Illusion de jeunesse.

En juin 1845, son ami Pasteur le poussa à venir à Paris : *Tu es privé de collections, de cours de géologie et quand tu connaîtras bien tout ce qu'il y a à étudier, sinon à explorer, il me semble que tu feras bien de gagner la Capitale et de venir y puiser des*

---

[28] Marcou se présentait souvent sous ce titre. Racontant à son ami Pasteur comment il avait failli être tué par un traîneau dans l'hiver 1890 à Boston, il concluait avec humour en septembre suivant (cité *in* R. Moreau, 1994, Jules Marcou ou « le diable au corps ». *Acad. Sci., Belles-Lettres et Arts de Besançon et Fr.-Comté, P.V. et Mém.*, **190**, pp. 153- 196) : *Le coup étoit assez fort pour assommer un bœuf* ; *mais il paraît qu'un géologue jurassique, habitué à casser de la pierre dans les deux hémisphères, est à l'épreuve des coups de marteau*, ce qui était à double sens d'ailleurs. Marcou utilisait l'orthographe ancienne (-oit pour -ait à l'imparfait).

[29] A. Delesse (1817-1881) était alors au début d'une belle carrière, qui fit de lui un inspecteur général des Mines et un professeur à l'Ecole du même nom et à l'Ecole normale supérieure. Académie des Sciences (Minéralogie) : 1879.

connaissances que tu ne pourras acquérir seul à Salins[30]. C'était un peu trop tôt. Dans l'immédiat, Marcou dut ressentir le besoin d'acquérir par lui-même culture scientifique et expérience : c'était son caractère. Néanmoins, conscient de l'immensité de la tâche et de l'impossibilité de l'accomplir seul, il dut comprendre aussi la nécessité de se rapprocher d'abord d'autres savants et, comme il était liant, cela se fit rapidement. C'était d'autant plus facile qu'en raison de l'engouement qui avait suivi les travaux de Linné, les Sciences naturelles fleurissaient un peu partout. Les amateurs éclairés comme le docteur Germain étaient nombreux ; ils se connaissaient, ils s'écrivaient, ils formaient des sortes de réseaux et n'hésitaient pas à se rencontrer à une époque où les déplacements n'étaient pas aisés : ce fut le cas de Thurmann à Salins. Cela semble avoir été assez courant : le professeur Paul Lafitte rapporte[31] qu'après *la découverte de l'eau oxygénée par Thénard, Berzélius vint tout exprès de Suède pour constater les faits dans le laboratoire même de Thénard.* En ces temps, on allait beaucoup à pied, ce qui facilitait les rencontres et les observations de terrain. Du côté helvétique, dans la partie jurassienne, une véritable tradition naturaliste existait depuis le milieu du dix-huitième siècle. Dans le domaine qui nous occupe, citons Abraham Gagnebin (1707-1800), médecin, naturaliste et paléontologue, qui contribua au *Traité des pétrifications*, de Louis Bourguet (1678-1742) et Pierre Cartier (? - 1759), publié à Paris en 1742[32]. L'invitation de Jules Thurmann tombait bien pour Jules Marcou. Deux mois après la visite du géologue helvète à Salins, le jeune homme se rendait à Porrentruy. Il préférait toujours *faire son état entièrement de la géologie*, et, écrit-il, *la visite à Thurmann* (le) *décida entièrement*.

---

[30] Lettre de LP. à J.M., 10 juin 1845, *Correspondance de Pasteur*. I. pp. 124-126.

[31] Voir la remarquable « Leçon inaugurale de M. Paul Lafitte, professeur de Chimie générale à la Faculté des Sciences, faite le 1er mars 1951 », *Ann. Université de Paris*, n° 1, pp. 5. Sur Thénard, voir chapitre 2, note 40. A noter que l'opinion du professeur Lafitte sur Thénard est élogieuse, sans rien à voir avec celle de Fortoul.

[32] M. S. Jacquat (1977, sous la direction de) *Des Sciences dans les Monts Jura*. Cahiers du MHNC, n° 6. Ed. de la Girafe, Musée d'Histoire naturelle de la Chaux-de-Fonds : cf. Abraham Gagnebin, médecin-chirurgien, botaniste, paléontologue et collectionneur, pp. 47-49, et Pierre Cartier, pasteur et paléontologue, p. 21.

La visite à Porrentruy fut payante car Marcou put consulter les *Observations géologiques sur le Jura soleurois* d'Armand Gressly[33] qu'il rencontra plus tard, et déterminer ses fossiles. En même temps, il aurait souhaité se procurer l'ouvrage de cet auteur, mais il n'en avait pas les moyens. Voyant son embarras, Thurmann lui donna une lettre de recommandation pour l'éditeur neuchâtelois Coulon, qui éditait les mémoires de la *Société Helvétique des Sciences* où étaient publiés les travaux de Gressly, et une autre pour Agassiz. L'éditeur neuchâtelois consentit à vendre au jeune géologue l'ouvrage convoité au tiers de son prix, ce qui permit à Marcou d'acheter en plus le livre d'Agassiz sur les *Echinodermes fossiles de la Suisse*, qui lui était essentiel également. Le passage à la douane française inquiétait Jules car les livres étaient très taxés et il n'avait plus le sou. Par bonheur, le chef de la douane était... amateur de botanique et le laissa passer sans le taxer !

Thurmann fut vraiment l'instrument du destin tant la visite à Agassiz, qui suivit, fut déterminante pour Jules. Jean-Louis-Rodolphe Agassiz était né en 1807 à Môtier où son père était pasteur. D'abord ichtyologue, l'année 1832 marqua un tournant dans sa vie et sa carrière, car il se rendit à Paris où il rencontra Alexandre de Humbold et Frédéric Cuvier. Il s'intéressa alors aux Poissons et aux Mollusques fossiles, puis il étudia les glaciers, leur extension et les blocs erratiques. Professeur à l'Université de Neuchâtel depuis 1832, il préparait son voyage aux Etats-Unis, où il partit en 1846. Ce fils de pasteur était anti-darwiniste convaincu

---

[33] Etonnant bonhomme ce Gressly, qui fut d'abord collaborateur de Thurmann. Il nettoyait les fossiles avec sa langue et les essuyait sur sa manche ou son pantalon. Les douaniers soleurois le prirent une fois pour un maçon. Il était habillé d'une large redingote semblable à celle de l'ami Fritz, d'un type spécial à la Forêt-Noire, ses vastes poches remplies de manuscrits, cartes, dessins de coupes géologiques, livres... Dans ses pérégrinations géologiques, il vivait en mendiant, s'arrêtant dans les fermes où il recevait la part du pauvre et couchant dans les granges. Il oubliait l'argent qui lui avait été alloué pour ses frais : ébahi, il le retrouvait au retour dans ses poches... Le professeur Carl Vogt (1817-1895), de Genève (*in* J. Marcou, *Les géologues et la géologie du Jura...* , p. 50), disait de lui : c'est *une pierre précieuse toute brute, mais comme elle est brute* ! Sur Karl Vogt, voir Jean-Claude Pont, Danièle Bui, François Dubosson et Jan Lacki (1998), *Carl Vogt, science, philosophie et politique* (*1817-1895*). Actes du colloque de mai 1995. Georg éditeur (Chêne-Bourg, Suisse). En 1887, Karl Vogt fut élu correspondant de l'Académie des Sciences (section d'Anatomie et de Zoologie).

(Marcou le fut bien sûr à sa suite) : il pensait que chaque créature était issue de Dieu. Pour lui, les homologies et similitudes anatomiques étaient des associations ou des idées de l'esprit divin, ce qui inversement ne le mettait pas si loin du Dr Germain qu'on pourrait le penser. Il reçut très bien l'apprenti-géologue, lui demanda d'expliquer ses recherches et lui proposa d'examiner ses fossiles lorsqu'il rentrerait lui-même du Nouveau Monde. Marcou tint parole avec un peu de retard : en 1848, ses Echinodermes fossiles le suivirent en Amérique. Il les donna à Agassiz et ils sont à Harvard. A Neuchâtel, Agassiz fit rencontrer au jeune homme Frédéric Dubois de Montperreux (1798-1850) qui avait été l'élève à Berlin du géologue Léopold von Buch[34] (dont Marcou fit la connaissance plus tard à Paris) et d'Alexander de Humboldt, et qui avait exploré la Russie et le Caucase, puis il l'envoya à Genève voir Pictet de la Rive. Ainsi, fut-il mis indirectement en contact avec un savant des Lumières (von Buch avait l'âge de Biot), comme Pasteur par Biot et Duchartre par Delessert. De retour à Salins après des excursions sur lesquelles je passe, et comme le lui avait recommandé Agassiz, Marcou rédigea sa première publication, une *Notice sur les diverses formations des terrains jurassiques dans le Jura occidental,* qui parut en 1846 dans le *Bulletin de la Société des Sciences Naturelles de Neuchâtel*. Cet article fut suivi un peu plus tard d'un mémoire récapitulatif : *Recherches géologiques sur le Jura salinois*, qu'il exposa devant la Société géologique de France dont il était membre depuis 1845 sur la présentation d'Alcide d'Orbigny[35]. En cette occasion, il fit

---

[34] Leopold von Buch (1774-1853), naturaliste allemand, voyagea jusqu'à l'âge de soixante-dix-huit ans dans toute l'Europe, que ce célibataire parcourut à pied, un bâton à la main, les poches pleines de notes, pierres et outils, allant des Hébrides à Ténériffe, d'Auvergne aux Carpathes. Ses observations sur le Massif Central et le Vésuve l'amenèrent à regarder certains terrains comme d'origine uniquement « *aqueuse* », et d'autres de *formation ignée*, opinion à laquelle les géologues se rangèrent peu à peu à l'orée du dix-neuvième siècle. Puisque les terrains sédimentaires s'étaient déposés couche par couche, les plus anciens étaient dessous. Il était facile de les distinguer les uns des autres puisque chaque couche renfermait des fossiles différents. Académie des Sciences, correspondant, puis associé étranger : 1815 et 1840. - Sur Humboldt, voir chapitre 2, note 55.

[35] A. Dessalines d'Orbigny (1802-1850), naturaliste, explorateur, paléontologue, premier titulaire de la chaire de Paléontologie du Muséum national d'histoire naturelle. Il fit l'inventaire de la faune paléontologique de France, dont il

l'expérience des débutants, mais il réagit de la meilleure façon : *La salle* (de la société géologique) *était pleine de monde et, à la première séance où j'eus la parole, je lus mon manuscrit ; après peu de temps, je m'aperçus de l'inattention* (sic) *générale, chacun causoit, et à peine si 3 ou 4 écoutoient. Je décrivois le Keuper (étage du Trias), où il y a beaucoup d'aridité de description, par suite de la composition même du terrain (...) Je me promis de changer à la prochaine séance, et au lieu de lire mon manuscrit assis à un coin d'un table, je m'approchois du tableau noir et là, de vive voix, sans regarder mon manuscript* (sic), *j'exposai mes recherches sur le terrain jurassique, écrivant sur le tableau la classification que j'adoptois, esquissant une carte des chaînes des Monts Jura, et faisant aussi des coupes. Cette fois j'eus l'attention de toute la société*. Il en résulta un mémoire de 151 pages[36].

Au cours de ce voyage à Paris, Marcou rencontra la plupart des géologues parisiens du moment. Malgré des déconvenues ultérieures, il demeura toujours fidèle à la *Société géologique de France*. Face aux conventions des corps constitués, il en appréciait le caractère démocratique qui mettait sur le même pied dans la discussion scientifique le simple débutant et l'académicien le plus honoré. Il y rencontra des hommes de science aussi marquants que ceux qu'il avait connus en Suisse à ses débuts, encore très proches dans le temps puisque tout se passa dans le mouchoir de poche de trois années seulement. Je citerai l'exemple de séances de la *Société*, au printemps 1847, semble-t-il : *A cette époque aussi*, racontait Marcou, *vers la fin du printemps, le vieux géologue Léopold de Buch*[37] *vint à Paris, et à une séance de la société géologique je lui fus présenté par Elie de Beaumont à qui il s'étoit informé sur moi. Je le revis à une excursion, où nous étions invités*

---

catalogua au moins dix-huit mille espèces. Partisan de la théorie du *catastrophisme* de Cuvier, il distingua vingt-huit catastrophes successives séparant des époques géologiques pour lesquelles il proposa le nom *d'étages*. La plupart sont toujours universellement utilisés. *J'ai bien aimé d'Orbigny, dont les services à la science française n'ont été ni assez reconnus, ni récompensés comme il le méritait*, a écrit Jules Marcou dans ses notes.

[36] J. Marcou (1848). Recherches géologiques sur le Jura salinois. *Mém. Soc. géol. France*, 2e sér., **III**, mém. 1, pp. 1-151, 1 carte.

[37] On francisait couramment les noms à l'époque et bien après aussi ; on parlait donc de : L. **de** Buch au lieu de L. **von** Buch, patronyme normal du géologue allemand.

pour assister à des explosions de poudre-coton, dans des carrières près de St. Germain en Layes (sic), *dirigées par le commandant du génie Leblanc. Ce vieux de Buch était un grand original, à manières brusques, peu acceuillantes* (sic) ; *très flatté par de Beaumont, qui l'appelait en publique* (id.) *son maître chéri. A la même excursion, il y avait James Forbes*[38]*, d'Edinburgh, qui avait publié déjà son livre sur les glaciers des Alpes. C'était un grand sec, très raide avec tout le monde. Pendant cette année vint aussi à la société géologique sir Roderick I. Murchison*[39]*, qui fit une communication d'un air lamentable, pour se plaindre que son ami Sedgwick*[40]*, lui enlevait une partie de son Silurien. De Verneuil, d'Archiac*[41]*, de Beaumont appuyoient fortement, et comme il n'y avait personne pour le contredire sur une question que personne ne connoisoit* (sic) *pratiquement, il dut être fort satisfait de sa soirée. C'est la seule fois que j'aie vu Murchison*. Quelles qu'aient pu être les polémiques qui se développèrent ultérieurement entre Jules Marcou et certains de ces géologues qu'il fréquenta très jeune, notamment sur le terrain, ceux qui, à leurs débuts, ont rencontré comme lui de grands naturalistes, savent d'expérience combien ces contacts, surtout s'ils sont répétés, obligent à « *sortir par le haut* ». C'est ce qui lui arriva. Cela ne l'empêcha pas de conserver un esprit très critique. Ses notes fourmillent en effet de jugements sur les géologues précédents. Citons celui sur Elie de Beaumont, qui devint plus tard l'une de ses bêtes noires : *Les*

---

[38] Jules Marcou admirait beaucoup James David Forbes (1809-1868), physicien, météorologiste et géologue, professeur à l'Université d'Edinburgh. Académie des Sciences : correspondant pour la section de Physique générale en 1842. Sa rencontre avec Agassiz le conduisit à étudier le mouvement des glaciers alpins. Il publia aussi des mémoires sur les sources thermales des Pyrénées, les volcans éteints du Vivarais. On trouvera beaucoup de renseignements sur fr.wikipedia.org/wiki/James_David_Forbes.

[39] Sir R. Impey Murchison (1792-1871), directeur du Service géologique du Royaume-Uni (*Geological Survey of Great Britain*). Académie des Sciences : associé étranger 1868. Plus tard, il fut fortement attaqué par Marcou.

[40] Révérend A. Sedgwick (1785-1873), professeur de Géologie à l'Université de Cambridge (Angleterre). Académie des Sciences : correspondant, 1858. D'abord ami du précédent, comme le dit Jules Marcou, puis ennemi (et vice-versa).

[41] Etienne-Jules-Adolphe Desmier de Saint-Simon, vicomte d'Archiac (1802-1869), ancien officier de cavalerie, puis professeur de Paléontologie au Muséum d'Histoire naturelle. Académie des Sciences : 1857. Démissionnaire en 1868. Il se suicida en se jetant dans la Seine le 30 mai 1869.

influences de Humboldt et de de Buch ont été funestes à la science française, surtout le premier qui n'a jamais prôné (encouragé) *que des nullités et des incapacités*. Il leur reprochait d'avoir fait la réputation d'Elie de Beaumont et *de l'avoir placé dans des positions où « ce monomane mathématicien » ne pouvait faire que beaucoup de mal à la géologie française*. Tout Marcou est là.

Il n'avait que 21 ans. Ses parents continuaient à financer sa formation sur le tas (un euphémisme quand on sait qu'il rencontrait la fleur des géologues du moment, mais il est vrai qu'il se forma en dehors de tout cursus universitaire) et ses travaux de terrain. Enfin, il commençait une œuvre novatrice tandis que, la même année, son ami Pasteur terminait seulement sa licence ès Sciences physiques et naturelles à l'Ecole normale supérieure. Un an plus tôt, Marcou avait demandé à son ami, qui n'en était pas encore là, de lui analyser des minéraux. Pasteur ne conserva malheureusement pas la lettre. Sa réponse candide devant les progrès de son ami mérite la lecture[42] : *J'ai appris avec autant de plaisir que d'étonnement la nouvelle de tes succès dont je commence par te féliciter. Je ne pensais pas que tu te donnerais à l'étude de la géologie avec une aussi grande ardeur, avec le désir de faire avancer cette science jeune et belle. Je la regardais comme un délassement utile pour ta santé et voilà que j'apprends avec une double satisfaction que tu es dans une parfaite santé et un vrai géologue*. Pasteur ne s'attendait pas à ce départ fulgurant et Marcou pas plus sur l'avenir de son ami à voir cette note en marge de la lettre précédente : *1ère lettre. J'en ai détruit plusieurs reçues de 1843 à 1859, en quittant Paris en 1848 pour aller en Amérique et Zurich en 1859. Je ne pouvais prévoir alors la célébrité de Pasteur*. Hélas.

Jules continua à faire, presque frénétiquement, des sorties géologiques. J'en ai donné assez d'exemples avec Michel Durand-Delga. Je citerai seulement les cinq mois de « *vacances géologiques* » du 1er mai au 1er novembre 1847, qu'il s'accorda après avoir obtenu le petit poste au Muséum national d'Histoire naturelle dont il sera question plus loin. Avant le temps des grandes

---

[42] L. Pasteur à J. Marcou, 10 juin 1845, Pasteur avait mis comme adresse : *Monsieur Marcou (Jules), membre de la Société géologique de France, Salins*. Le toujours glorieux Marcou avait dû se parer auprès de son ami de son titre tout neuf !

plaines du Far-West, ce périple témoigne de la soif de terrain, mais aussi de la sûreté d'observation du géologue (de vingt-trois ans maintenant) et, quoi qu'il ait dit, de sa santé et de ses capacités physiques. On connaît cette suite d'excursions par ses notes inédites[43]. Elle débuta par une excursion géologique autour de Nantes, sous la direction du professeur Edmond Hébert, une de ses futures têtes de Turc (Marcou était critique à l'égard de ses collègues et même des maîtres du moment), puis à Clamecy, Avallon, Auxerre, Vézelay avec le géologue allemand Oscar Fraas (lui et Marcou étaient nés la même année ; Fraas mourut en 1897, Marcou en 1898), dans le Jura salinois, en Suisse, pour saluer Thurmann à Porentruy notamment, en Forêt Noire etc., accroissant son expérience et ses connaissances, rencontrant des géologues et des minéralogistes de tous niveaux, mais aussi des personnages plus « *folkloriques* » comme, dans une auberge de Tübingen, le poète Ludwig Uhland (1787-1862), surnommé le « *Béranger* » allemand, auteur du poème *Der gute Kamerad*, mis en musique en 1825 par Friedrich Silcher (1789-1860), un peu l'équivalent de notre sonnerie *Aux morts !*, et que les Allemands chantent habituellement debout à l'instar de leur hymne national.

Au cours de cette grande vadrouille, les deux jeunes gens rencontrèrent des géologues de premier plan ou des amateurs, tel un cultivateur du Vaudioux, à côté de Champagnole, dans le Jura, un nommé Frédéric Thévenin qui, comme Carteron, le géologue-laboureur de Grand'Combe-des-Bois, ramassait des fossiles dans les marnières et les étalait dans sa cave sur des planches à fromage[44]. Jules détermina ses récoltes et fit de lui un bon observateur, à l'image, dans la Forêt noire, d'un instituteur de Blumberg qui ramassait pour Fraas *des fossiles du lias et du fer de l'oolithe inférieur.* A l'arrivée des géologues, ce régent quitta ses élèves. Plus tard, ils le laissèrent attablé dans une auberge, sans qu'il se préoccupe de son école, ce qui étonna notre Jurassien. Ces

---

[43] R. Moreau et Michel Durand-Delga, *Jules Marcou* (*1824-1898*)..., pp. 90-93.

[44] J. Marcou (1889) « Les géologues et la géologie du Jura jusqu'en 1870 ». *Mém. Soc. Emul. Jura*, **4**, n° 4, Lons-le-Saunier, p. 21, Thevenin, géologue-laboureur, et pp. 57-58 Carteron : *Comme Thévenin, c'était un géologue-laboureur, qui ne parlait que patois, mais qui avait beaucoup de flair pour dénicher de superbes fossiles, dont beaucoup ont été figurés et décrits par Alcide d'Orbigny dans sa Paléontologie française.*

personnalités sont à comparer à Pierrine Gaston-Sacaze, le berger botaniste pyrénéen ou M. Mathonnet, le douanier, botaniste également, de l'Oisans que l'on rencontrera avec le professeur Charles Grenier (notice 6, docteur Magnin). Il y avait également le hasard des diligences. Ce fut ainsi que partant pour Balingen, au bord du Neckar et *au pied de l'Albe wurtembergeois* (souabe), cité d'origine d'Oscar Fraas, dont le père était un notable, dans la nuit, à un arrêt, Friedrich von Alberti (1795-1878), *le célèbre auteur du Trias*, dit Marcou, s'installa à côté d'eux dans la voiture. Notre Salinois conservait le vivant souvenir des voyages en diligence, *par un beau clair de lune*, et *du postillon badois, tout habillé de jaune, qui, avec son cornet, jouait fort bien ; c'est une des plus belles et pittoresques nuits que j'aie passé en voyage.*

Marcou rencontra beaucoup de monde et il assista notamment avec Oscar Frass à une séance de la *Société des Naturalistes wurtembergeois* dont il raconta l'ambiance, sans rapport avec la Société géologique de France : *Assis autour d'une grande table, on fumait, buvait de la bière et les communications avaient lieu* ; *on discutait, le président donnait la parole... Tout cela avait un caractère de franche cordalité patriarchale* (sic). Marcou et son ami allèrent coucher à Hechingen, au pied du château des Hohenzollern, dont Marcou admira la base du château gothique, *un mamellon* (sic) *du Jura noir et du Jura brun, détaché de l'albe par les érosions*, puis il étudia les assises les plus supérieures du Jura blanc. Le prince de Hohenzollern-Hechingen, qui « *régnait* » sur la plus petite principauté d'Allemagne, avait une « *armée* » de vingt-sept hommes, officiers compris, raconte Marcou. Les étudiants de Tübingen venaient les désarmer, ce qui, paraît-il, faisait rire le prince, par ailleurs grand amateur de jeu de quilles avec les villageois ; on pense au père de Sissi. Et, avec les cors des postillons qui jouaient dans la nuit, on songe à Mozart.

Au retour à Salins, Marcou dirigea[45] avec le docteur Germain, « *médecin des pierres* » (et médecin des pauvres), une excursion *jurassique*, qui mena *la caravane de géologues à toutes les localités du Jura les plus riches en fossiles et les plus faciles à étudier de Boisset et Laffenet pour le Trias, de Pinperdu et d'Aresche pour le Lias, de la Rochepourrie et du fort Saint-André*

[45] J. Marcou, « Les géologues et la géologie du Jura...», p. 26.

pour l'Oolite inférieure, de Clucy et d'Arc-sous-Montenot pour l'Oxfordien, et de la Chapelle et d'Aiglepierre pour le Jura supérieur, toutes localités des environs de Salins dès ce moment devenues classiques. Cette excursion *montra l'importance de Salins pour la géologie du Jura et fut la première réunion d'observateurs qui a été suivie et est encore suivie de bien d'autres.* Elle s'acheva à Censeau où Marcou *fit voir les superpositions, les faciès et la classification du Néocomien, qu'il y avait établie l'année précédente.* Et le 1er novembre 1847, il était de retour au Muséum, à Paris.

On doit à Thurmann la conclusion de la période jurassienne de Marcou (lettre du 1er janvier 1850, *in* J. Marcou, 1889) : *Avez-vous donc totalement oublié cette pauvre vieille Europe ? Et ce pauvre petit Jura ?... Et cependant ici, parmi vos amis les ermites du Jura, vous êtes en plein succès scientifique ! **Votre travail est désormais le point de départ en matière de géologie jurassique**.*

Déceptions parisiennes

Dans sa lettre de 1845, Pasteur, qui avait fait un peu de Géologie en licence, expliquait à son ami l'intérêt qu'il aurait à *gagner la Capitale et de venir y acquérir des connaissances* (qu'il ne pouvait) *acquérir seul à Salins.* La grande affaire de Philippe Marcou, et on le comprend au vu de ses ressources, était que son fils se place. Comme Jean-Joseph Pasteur, il comptait sur celui qui apparaissait à tort ou à raison comme la providence des Jurassiens, le physicien Claude Pouillet, qui fut député du Jura de 1837 à 1848[46]. Cette confiance était assez mal placée, car Pouillet n'avait pas assez de caractère pour imposer ses protégés. Professeur au Conservatoire des Arts et Métiers et à la Sorbonne, membre de l'Académie des Sciences (1837) il fut mis à la retraite par Napoléon III à qui il avait refusé de prêter serment avec un certain courage. Plus encore que celle de Jean-Joseph Pasteur, la correspondance de Philippe Marcou regorge de recommandations

[46] Ph. Pluvinage (1984) « Quelques épisodes de la carrière d'un grand physicien comtois Claude-Servais-Mathias Pouillet ». *Mém. Soc. Emul. Doubs*, N.S., **26**, pp. 59-76.

incessantes, d'injonctions permanentes à son fils qui devait aller faire la cour à celui dont beaucoup de Jurassiens espéraient qu'il procurerait des carrières à leurs enfants.

On a vu ce qu'il en était des concours. On pensait aussi que l'appui des « *grands* » était la clé des situations, ce qui n'était probablement pas inexact. S'étant entremis, Claude Pouillet fit prendre Jules Marcou comme préparateur par Delafosse[47], professeur de Minéralogie à la Sorbonne. Delafosse avait été le professeur de Pasteur qui, selon une méthode déjà vue avec Duchartre, chercha rapidement à le devancer à l'Académie des Sciences, ce à quoi il ne réussit pas malgré l'appui de Jean-Baptiste Biot. Marcou retrouva donc ses amis à Paris, notamment Pasteur qui était agrégé-préparateur de Jérôme Balard à l'Ecole normale supérieure. Dans son poste, Jules touchait soixante-six francs cinquante par mois ; avec les cent francs mensuels de son père, il vivotait, mais il était heureux de cette position qui réjouissait aussi le Dr Germain, car il pouvait manier les minéraux de la collection et suivre les cours de l'excellent cristallographe qu'était son patron. Delafosse apprécia si bien Jules qu'il l'introduisit au Jardin des Plantes où le jeune géologue fut également employé à titre temporaire à raison de cinquante centimes de l'heure pour classer les collections de Géologie, avant d'être engagé à plein temps. Cette « *béquille* » lui permit de survivre. En effet, Jean-Baptiste Dumas, alors doyen de la Sorbonne et soutien de Pasteur, ne renouvela pas Marcou à son poste en raison de... sa propre hostilité à l'encontre de Pouillet et des « *discussions* » (ce qui est probablement un euphémisme) que les deux hommes avaient eues. C'est ce qui ressort d'une lettre de Philippe Marcou du 11 mars 1848. Le commentaire du père de Jules est lucide et rejoint à distance celui de Joseph Bertrand en 1879 à propos de la duplicité du même Dumas dans l'affaire de la première candidature de

[47] Gabriel Delafosse (1796-1878), professeur de Minéralogie à la Faculté des Sciences de Paris et au Muséum national d'histoire naturelle, Académie des Sciences, section de Minéralogie : 1857. Ce précurseur de Pasteur en cristallographie était le dernier élève de René Just Haüy (1743-1822), fondateur avec Jean-Baptiste Romé de L'Isle (1736-1790), de la cristallographie géométrique. René Just Haüy, chanoine de N.-D. de Paris, fut professeur de Minéralogie au Muséum national d'histoire naturelle et à la Faculté des Sciences de Paris. Académie des Sciences à différentes fonctions depuis 1783.

Pasteur à l'Académie française[48] (en réalité elle fut non officielle) ; il rejoint aussi le jugement de Maxime du Camp à propos du « *petit côté* » de Jean-Baptiste Dumas[49] : l'ambition d'être partout le premier, ce qui l'amenait à introduire quelques détours dans la rectitude de son tracé. Voici ce qu'écrivait le père de Marcou : *Si c'est le motif vrai, le motif unique de l'échec que tu as éprouvé, M. Dumas s'est procuré une bien mesquine satisfaction en te rendant victime des discussions auxquelles tu es complètement étranger. Cela prouverait une fois de plus que les hommes à talent ont toujours leurs travers d'esprit et leur côté faible, mais il est bon que les personnes destinées à se trouver en relation avec elles le sachent pour agir en conséquence* (...) *Dans une précédente lettre, tu m'as dit que, sur le conseil de M. Pouillet, tu attendais ta nomination pour aller voir M. Dumas et le remercier en même tems. Il est possible qu'il ait regardé sa dignité de doyen* (*il est beaucoup d'hommes ainsi faits*) *comme froissée par le peu d'empressement que tu mettais à lui rendre visite depuis ton entrée à la Sorbonne et qu'il se soit offusqué de ce que tu mettais toute ta confiance dans le crédit de M. Pouillet sans rechercher le sien. Ce qu'il t'a dit de M. Pouillet lors de ta visite du Nouvel an, et que tu as fort bien remarqué, me porte à le croire. S'il a le caractère ainsi fait, M. Pouillet qui doit le connaître à fond t'aurait mal conseillé dans cette circonstance, et il faudrait alors à l'avenir ne jamais manquer aux convenances avec un pareil Doyen, qui peut bien avoir ce petit travers et être excellent pour tout le reste.*

De la part de Philippe Marcou, c'était bien jugé et son fils, qui n'avait pas le doigté de Pasteur dans ses relations avec les puissants, trébucha. J. B. Dumas se servit donc de lui pour tirer une vengeance, basse et petite, de Pouillet ; avec le jeune géologue, le grand courageux qu'était Dumas ne risquait rien. Jules aggrava son cas en participant avec quelques amis, dont Pasteur, à la fondation

---

[48] Voir R. Moreau (1992) « Les deux candidatures de Pasteur à l'Académie française ». *P.V. et Mémoires, Acad.Sci., Belles-Lettres et Arts de Besançon et de Franche-Comté*, **189**, années 1990-1991, pp. 47-83. - Joseph Bertrand (1822-1900), mathématicien, professeur à l'Ecole Polytechnique et au Collège de France, Académie des Sciences : 1856, président (1874), puis secrétaire perpétuel pour les Mathématiques : 1874, membre de l'Académie française.

[49] Voir Maxime du Camp. « Les académiciens de mon temps ». Ms.3746, 3747, 3748. Bibliothèque de l'Institut de France.

d'une *association démocratique* pour l'*Avancement des Sciences physiques et naturelles* qui s'attaqua au cumul des postes auquel excellaient les hommes en place, Dumas, Pouillet, Biot et d'autres. Pasteur embrassa cette cause sans dommage car il était agrégé-préparateur de Balard, membre de l'Institut (l'influence de ce titre était alors considérable), découvreur d'un élément chimique nouveau, le brome, ce qui avait mis le savant montpelliérain dans la situation d'un prix Nobel moderne. Pasteur disposait aussi du soutien de Biot, savant de plus grand poids encore. Jules Marcou n'avait même pas le baccalauréat et était seul, livré au bon vouloir des puissants. Toutefois, pas plus que Pasteur, il n'abandonna ses opinions au sujet du cumul des postes : l'un dans un texte présenté aux Tuileries en mars 1868[50], l'autre dans son ouvrage sur l'*Etat de la Science* en France (1877)[51].

Une fois encore, la chance sourit aux audacieux. C'est ce qui arriva à Jules. Le vieux professeur de Géologie du Muséum national d'Histoire naturelle, Cordier[52] lui offrit une place de « *naturaliste-voyageur* », d'explorateur, ce qui n'était pas une sinécure car son prédécesseur, d'Osery, venait d'être assassiné au Pérou (décembre 1846). Marcou accepta d'enthousiasme un poste qui lui assurait 8.000 francs par an, frais de voyage, conservation et transport des collections récoltées compris. Cordier aurait voulu le voir aller au Moyen-Orient, mais Marcou insista pour aller

---

[50] L. Pasteur (1868) « Suppression du cumul dans l'enseignement des sciences physiques et naturelles. Opinions présentées par M. Pasteur dans la réunion du 16 mars 1868, au Palais des Tuileries ». Repris en 1871 dans : « Quelques réflexions sur la science en France », Gauthier-Villars, Paris. *In Œuvres de Pasteur*. **VII**. *Mélanges scientifiques et littéraires*. Masson, Paris, pp. 199-204.

[51] J. Marcou (1869) *La Science en France. 1 - Le Corps impérial des Mines, la carte géologique de France ; 2 - L'Académie des Sciences de l'Institut impérial de France ; 3 - Le Muséum d'Histoire naturelle ou Jardin des Plantes*. 324 p., C. Reinwald, Paris.

[52] Pierre-Louis-Antoine Cordier (1777-1861), pair de France, inspecteur général des Mines, professeur de Géologie au Muséum national d'histoire naturelle, où il succéda à Faujas de Saint-Fond (1741-1819) premier titulaire. Cordier avait accompagné Dieudonné Gratet de Dolomieu (1750-1801) lors de l'Expédition d'Egypte. Académie des Sciences (Institut national) à partir de 1808 (correspondant). En 1822, il succéda à René Just Haüy comme membre titulaire à la section de Minéralogie. - Dolomieu, géologue et minéralogiste, professeur au Muséum national d'histoire naturelle, correspondant de Daubenton (chapitre 2, note 15), membre de l'Institut national en 1795.

retrouver Agassiz aux Etats-Unis. Il eut gain de cause. Le plus dur fut d'annoncer la nouvelle aux Marcou, à Salins. Le père accusa le coup, mais accepta. Que faire d'autre d'ailleurs ? Encore fallait-il faire comprendre la chose à sa femme et le Dr Germain s'entremit certainement. Un temps, ce fut la loi du silence. Puis, avec précaution, on envisagea un voyage en Angleterre ou en Ecosse. La mère de Jules l'admit et l'on n'en parla plus. Le 23 février 1848, je souligne la date, un repas eut lieu à Besançon chez Répécaud, le proviseur du Collège royal de Besançon, puis Jules partit, traversant avec désinvolture le Paris révolutionnaire, et s'embarqua au Havre sur un paquebot américain à voiles le 1er avril 1848 (!) avec un mois de retard en raison des troubles. Deux jours plus tôt, ses amis parisiens, dont Pasteur, lui avaient fait fête. Jules fut enthousiasmé par sa traversée : le nombre de celles qu'il fit ensuite entre l'Amérique et la France et vice-versa, de 1848 à sa mort, démontre son goût pour la navigation et sans doute aussi la difficulté qu'il éprouva à choisir entre les deux régions du globe où il avait laissé une partie de son cœur. A l'aube de la soixantaine et malgré sa vie familiale douce, comblée et sans heurt, il écrivit à Pasteur ces lignes révélatrices : *Il faut être à 2.000 lieues dans un autre Hémisphère, dans le Nouveau Monde, sans espoir de revoir le Jura, Poupet, pour sentir battre son cœur au souvenir du passé, et connaître les amertumes de l'exil*[53].

La révolution de 1848 effraya tant Mme Marcou qu'elle n'eut dès lors qu'une idée : son fils devait vite quitter la France et aller le plus loin possible ! Les Etats-Unis lui convinrent, mais on ne la tint pas au courant des aventures et des dangers que son fils y courut par la suite. Les amis salinois de Jules, dans leur ensemble, étaient-ils d'ailleurs capables de les imaginer ? Je ne le pense pas. Quand on lit le point de vue que Jean-Joseph Pasteur donna au même moment à son fils : *Souhaite à Marcoux* (sic) *un bon voyage de ma part. Puisse-t-il bien réussir. Je crois qu'au fond il y a fort peu de danger, la distance seule effraie, la protection du gouvernement les couvre partout où ils se présentent, les maladies seules offrent des dangers*[54]. Le père de Pasteur oubliait les Indiens d'Amérique du Nord et quelques autres dangers accessoires.

---

[53] Lettre de J.M. à L.P., BN NaF 18105-70-71.

[54] Partie de lettre de Jean-Joseph Pasteur à LP, BN NaF 18105-438.

Au cours de sa période parisienne, Jules raconte que le hasard le mit en contact pour la première fois avec la famille d'Orléans. Un jour d'ouverture des galeries du Muséum au public, deux dames vinrent visiter celle de Minéralogie et de Géologie où, à ce moment, Marcou classait et rangeait des fossiles. La plus jeune visiteuse lui demanda les noms des minéraux qui composent le granite car, dit-elle, (ses enfants lui faisaient) *souvent des questions auxquelles* (elle) *ne sais que répondre*. L'aide-géologue satisfit sa curiosité. Un instant plus tard, son patron, arrivé tout échauffé, apprit au jeune homme qu'il avait renseigné la duchesse d'Orléans, belle-fille du roi Louis-Philippe, et sa « *belle-mère d'Allemagne* », la princesse Augusta, troisième épouse de son père, le duc de Mecklembourg-Schwerin, née Hesse-Hombourg, ce qui n'émut pas notre Jurassien. Quatorze ans après, aux Etats-Unis, Jules Marcou devint l'ami de l'aîné de ces enfants si curieux de science, Louis-Philippe d'Orléans (1838-1894), le futur comte de Paris. Cette amitié partagée fut contractée au cours de la guerre de Sécession : accompagnés de leur oncle, le duc de Nemours, lui-même vice-amiral, le comte de Paris et son frère, le duc de Chartres, servirent comme officiers de liaison auprès de l'armée des Nordistes en ayant chacun une commission de capitaine. Auparavant, Louis-Philippe d'Orléans avait vu sa formation confiée au général américain Whipple (1818-1863, voir plus loin), qui fut tué pendant la guerre et qui était l'ami de Jules Marcou depuis leur mission commune vers l'Ouest. Whipple les présenta. L'amitié entre le comte et Marcou eut pour origine leur passion commune pour la nature : *Ses goûts le portèrent vers l'histoire naturelle, mais on ne lui a pas permis de les développer* ; *alors il s'est rabattu sur l'histoire qu'il a traité scientifiquement à la Taine et à la de Tocqueville*, a noté Marcou, *puis sur la géographie et la topographie, deux sciences qu'il affectionnait, et enfin vers l'économie politique et morale*. Amateur de paysages, de forêts, de beaux arbres, le prince ne put se livrer finalement qu'à une seule passion naturaliste, *la culture des orchidées, dans laquelle il* (fut) *un adepte de première force*. Néanmoins, aussitôt établi au château d'Eu, note encore Marcou, *une de ses premières préoccupations a été de faire venir d'Amérique des plants des beaux arbres des forêts de Virginie, qui l'avaient frappés pendant sa campagne avec l'armée du Potomac*. Jules Marcou a laissé du comte le portrait d'un homme attiré par l'esprit d'initiative et de liberté et le respect des opinions politiques, religieuses et sociales d'autrui, tels qu'il les avait connus aux Etats-Unis, mais aussi par l'esprit juridique yankee. Cette attirance se manifesta quand il demanda à Marcou de le conseiller en vue d'une installation éventuelle aux USA, peut-être dans un ranch au Texas à l'image de Victor Considerant. La mort du comte de Chambord le fit renoncer par devoir car il devenait le chef de la Maison de France. Marcou note que *Pariss*, comme leurs amis américains appelaient le comte, et *Chartress* auraient été bien accueillis et que *Pariss* aurait fait un excellent citoyen américain. Il remarquait la différence qui existait entre le *Pariss* détendu qu'il connaissait aux Etats-Unis, et le comte de Paris, gêné, ennuyé par son entourage, qu'il retrouvait à Londres lors de ses voyages en Europe.

Le géologue « jurassique » aux Amériques

Voici Jules Marcou rendu sur le sol américain à 24 ans, sans connaître un mot d'anglais, ni d'espagnol. Son premier soin fut de retrouver Agassiz à Boston, puis de partir avec lui dans des canots d'écorce de Bouleau explorer le pourtour du Lac Supérieur. Ils étaient conduits par des « *Bois-brûlés* », métis canadiens-anglais de mères indiennes : après Sissi et Mozart en Allemagne, c'était Fenimore Cooper. Marcou quitta Agassiz afin de rester plus longtemps dans les mines de cuivre de la Pointe Kievenan, puis il s'en alla étudier les bords du Lac Huron, rejoignit le Niagara, redescendit sur New-York d'où il expédia ses récoltes de roches et de fossiles à Paris. De là, il partit pour Philadelphie en 1849, étudia la géologie du New Jersey et de la Pennsylvanie, passa avril et mai aux environs de Richmond en Virginie, pour explorer les mines de houille et d'or, franchit les Monts Alleghanys en juin, alla visiter les Mammouth Caves dans le centre du Kentucky. Fuyant la chaleur et le choléra qui sévissaient dans le bassin du Mississipi, il remonta au Nord en visitant le Nouveau-Brunswick et la Nouvelle-Ecosse et atteignit enfin l'embouchure du Saint-Laurent. De là, il se dirigea vers Québec, Montréal, les grands lacs et rejoignit Agassiz à Boston en octobre 1849. Là, il classa ses récoltes, contracta la fièvre typhoïde et épousa une riche héritière, Jane

Belknap, union féconde (trois enfants) qui le fit pénétrer dans la société très aisée de Boston. Ce mariage mit Salins en émoi : *Te dépeindre l'effet que cette lettre, annonçant ton mariage à peu près arrêté, a produit sur ta mère et sur moi est impossible ; nous n'avons pas fermé l'œil de la nuit*. Philippe Marcou s'interrogea et hésita avant de parler du projet aux Germain ; que diraient-ils ? Miracle, ils approuvèrent le choix de Jules avec chaleur : dans sa même lettre du 20 mars 1850, le père écrivait en effet : *Cette nouvelle leur a causé le plus grand plaisir, parce qu'ils sont convaincus que tu n'agis pas en étourdi et que tu fais un bon choix également sous tous les rapports*.

Tenu au courant de ce que Jules voulait bien dire de sa carrière américaine, Germain frémissait d'impatience et de regret et vivait intensément les aventures de son jeune ami. Peu de temps avant sa mort par le choléra, en 1854, Philippe Marcou écrivait ces lignes à son fils à propos d'un de ses ouvrages, rédigé en américain (le seul possible cette année-là est : *A Geological Map of the United States*, petit opuscule de 92 pages avec huit planches et une carte, paru à Boston en 1853) dont il lui avait envoyé trois exemplaires : *J'en conserve un pour moi* ; *le second, je l'ai envoyé à M. de Grimaldi et le troisième je l'ai donné au docteur Germain pour ses étrennes le 1er janvier en allant dîner chez lui avec ta mère. Tu ne verras jamais un homme aussi heureux que lui dans ce moment là et de l'aventure je ne serais pas étonné de le voir apprendre la langue anglaise. Par suite, le dîner a été des plus gais et jusqu'à ce que nous nous séparions on n'a parlé que de toi, de Jenny et de la petite Julie. Je crois vraiment que si le docteur Germain était plus jeune, il abandonnerait sa femme et ses enfants pour aller te rejoindre dans les déserts du Nouveau Monde*.

De fait, dans une lettre du 30 novembre 1849, Germain écrivait à Jules (*in* J. Marcou, 1889) : *Si la géologie m'a procuré les jouissances les plus pures, elle m'a laissé aussi un profond regret. C'est d'avoir commencé trop tard cette étude qui a pour moi tant d'attrait* ; *supposons que j'eusse commencé mes recherches sur les terrains du Jura il y a vingt ans, avec de l'instruction et une direction plus éclairée, peut-être, mon cher Marcou, nous n'aurions jamais été séparés par les mers ; amis et compagnons de voyage, nous ferions ensemble les mêmes excursions scientifiques ; nos jouissances auraient doublé à la découverte de ces riches minerais et des beaux fossiles que vous rencontrez dans ces magnifiques contrées.* Il pouvait toujours rêver...

En raison des aléas politiques en France et comme ses appointements n'arrivaient plus, Jules, à l'abri du besoin grâce à son mariage, démissionna de son poste de naturaliste-voyageur et vint en Europe avec sa jeune femme dans le courant d'août 1850, à la grande joie des Salinois qui se demandaient comment une chose aussi incroyable pouvait arriver. En 1851, de retour aux Etats-Unis, il visita la Nouvelle Angleterre, puis il rédigea une synthèse sur la géologie des Etats-Unis, revint cinq mois en France en 1852, retourna aux Etats-Unis en 1853. Le gouvernement fédéral lui offrit alors de faire partie d'une des trois grandes expéditions scientifiques chargées d'explorer les Montagnes Rocheuses et les déserts de Californie, comme géologue et ingénieur des mines. Marcou fit le bon choix en décidant de se joindre à la mission qui partait du 35ème parallèle. En effet, une autre avait eu dix hommes tués et scalpés, les Indiens ayant profité d'une halte-déjeuner pour attaquer. Mis au courant par sa belle-fille Jenny, Philippe Marcou envoya des conseils de prudence à son fils qui n'avait aucune chance de les lire avant son retour. Près de dix mois furent nécessaires pour parcourir, dans des conditions plus ou moins héroïques, quatre mille kilomètres à travers ces régions souvent désertiques et parcourues par des tribus d'Indiens insoumis. Le voyage de Marcou réussit. Parti de Boston le 5 juin 1853, il rejoignit son groupe à Napoléon (!), sur le Mississipi, à l'embouchure de la rivière Arkansas. Le chef de la mission était le capitaine et géographe Whipple. Lui et Marcou étaient accompagnés d'un médecin, d'un botaniste, d'un zoologiste, d'un dessinateur, d'une escorte de trente fantassins et de vingt-cinq artilleurs. Un trappeur servait de guide. Quinze fourgons, un ponton suivaient, ainsi qu'un troupeau de soixante-dix bœufs et de huit cents moutons, provision ambulante de viande destinée à éviter les dangers de la chasse, car l'expédition, que Max Buchon raconta en 1865 dans *Le Salinois*, devait traverser les territoires Comanches, Apaches et Navajos. La troupe arriva au Pacifique le 25 mars 1854, non loin du *pueblo de Los Angeles*, sans rencontrer d'obstacles majeurs. Marcou revint à Boston par le Panama, après être allé à San Francisco, d'où il remonta le Rio Sacramento pour s'informer sur la situation géologique des mines d'or qu'il visita. Il dit d'ailleurs avoir hésité à les quitter, (on peut se demander si la fièvre de l'or n'aurait pas gagné - pourquoi pas - le géologue flamboyant qu'était Marcou[55]) mais l'insalubrité de la zone était telle qu'il contracta une « *grave maladie* », dont on ne connaît ni les symptômes, ni le nom. Durant l'été 1854, cette maladie le força à revenir en Europe en quête d'un meilleur climat : le moins que l'on puisse dire est qu'il avait une épouse compréhensive. Sans que l'expédition Whipple-Marcou l'ait su, le philosophe Victor Considerant, accompagné d'un phalanstérien américain, Albert Brisbane, l'avait devancée de quelques jours et avait traversé sans dommage le territoire indien[56]. A Salins, Philippe Marcou était mort du choléra le 9 septembre 1854. Mme Marcou mourut dix ans plus tard, le 29 février 1864.

De retour à Boston (1854), Marcou tomba une fois de plus gravement malade[57], puis il regagna Salins, d'où il fut nommé professeur de Géologie paléontologique au Polytechnicum de

---

[55] Le 7 janvier 1849, le père de Marcou lui avait écrit : *J'ai été surpris de ce que tu ne parles pas des mines d'or découvertes dans la Californie. Le Message du Président au Congrès américain, le rapport du colonel Masson, gouverneur de la Californie, que j'ai lu dans les journaux, font cependant de ces mines des descriptions qui paraissent fabuleuses.* Plus tard, Jules Marcou publia un article sur la « Distribution géographique de l'Or et de l'Argent aux Etats-Unis et au Canada ». *Bull. Soc. Géogr.*, pp. 3-14.

[56] J. Marcou (1894) Notice biographique sur Victor Considerant. *Le Salinois. Journal de l'Arrondissement de Poligny.* n°5, 6 et 7 des 4, 11 et 18 février 1894. - Voir aussi Michel Vernus (1993) *Victor Considerant, 1808-1893. Le cœur et la raison.* Ed. Canevas, Dole-Saint-Imier (CH). Marcou et Considerant s'étaient connus à Salins par Max Buchon. Jules conseilla le philosophe quand il voulut créer un phalanstère au Texas. Pour clore ce point sur ses relations avec l'autre salinois qu'était Victor Considerant (1808-1893), voici ce que Marcou écrivit de lui en 1880 dans ses notes : *Je l'ai revu à Paris en 1870, et à Salins en 1880 ; vieux et vaincu dans sa lutte contre la société du 19ème siècle, il ne parle plus de phalanstère et semble un homme écrasé par l'insuccès. Il ne se plaint jamais toutefois, et parle de tous ceux qu'il a connu* (sic) *avec bienveillance. C'est un vaincu dans le combat de la vie.* A noter que le patronyme Considerant s'écrit sans accent aigu sur le **e** : *Il n'y a pas d'accent aigu sur mon e*, écrivit-il. *J'ai lutté vainement plus de soixante ans depuis que mon nom s'imprime pour l'en défendre.* Cité par Louis Bertrand (1906) *Histoire de la démocratie et du socialisme en Belgique depuis 1830.* Dechenne, Bruxelles, I, p. 28.

[57] La maladie jalonna toute la vie de ce voyageur et explorateur impénitent. Le 10 août 1874 (BNF NaF 18105-64-65), il écrivait à Pasteur : *Pendant près de deux années, ma santé qui n'a jamais été bonne, a été mauvaise ; mais depuis une année, je vais réellement bien.*

Zurich le 21 mars 1856 : il n'avait pas trente-quatre ans. Il y resta jusqu'en 1860. De retour aux Etats-Unis, il s'installa définitivement à Cambridge où Agassiz lui demanda de l'aider à organiser et à enseigner au Museum de Zoologie comparée qu'il avait créé à Harvard College. Marcou y resta deux ans, tout en faisant des voyages dans le Vermont, au lac Champlain, sur le Missouri, aux Montagnes Rocheuses, en Californie. Il continua ses explorations jusqu'en 1875, l'un des derniers ayant eu pour but le sud de la Californie. Depuis longtemps, il était sans fonction universitaire du fait de ses relations orageuses avec l'Université de Cambridge. Dans une lettre du 27 juillet 1881[58], il parle de *la jalousie, l'envie et même les calomnies de beaucoup de mes contemporains qui - malgré que je ne leur ai jamais barré le passage pour les places et les honneurs - ne me pardonnent pas de ce que mes travaux sont de plus en plus cités et restent dans l'histoire des progrès de la géologie* ; *tandis que les leurs sombrent vite, ou s'en vont à vau-l'eau sur le fleuve Oubli. Ainsi sont faits les hommes. Mais avec le temps, tout prend son niveau vrai et final*. Desservi par son caractère entier et son franc-parler, Marcou l'était encore plus par son absence totale de diplômes qui, on le sait, est impardonnable surtout si l'on possède un certain génie. La fortune de sa femme y suppléant, il put continuer à se livrer à sa passion.

Pendant plus de quarante ans, Marcou fut l'objet de violentes attaques des géologues universitaires américains, sans que cela l'empêche de rester conscient de sa valeur. Ainsi, en 1867, il écrivait : *Quant à la géologie du Nouveau Mexique, on n'en connaissait pas le premier mot, et je suis le premier géologue qui ait abordé le centre du continent de l'Amérique du Nord*[59]. On partage son enthousiasme quand, ayant atteint les sommets, à 13.200 pieds, d'une « *Sierra de Sandia* », il jeta un regard sur le magnifique panorama qui s'étalait à ses pieds *dans une atmosphère si pure que tout était inondé de lumière*. Au cours de son expédition dans le Far West, on l'imagine traversant les immenses surfaces de grès rouges de l'actuel Monument Valley et des abords

[58] BN NaF 18105-70-71.

[59] J. Marcou (1867) « Une ascension dans les Montagnes Rocheuses ». *Rev. Cours scient. France et Etranger*, n° 22, 4e année (27 avril 1867).

de la Colorado River, qu'il plaça sans hésiter dans le *Nouveau Grès Rouge*, connu en Europe. Il y signala une *petrified forest dans un Lithodendron Creek*[60]. Un siècle après, ces gisements sont devenus des buts touristiques fréquentés.

L'œuvre de Marcou est trop vaste pour qu'on puisse la résumer en peu de lignes. Au reste, cette notice est consacrée à la naissance d'un géologue. On notera seulement que l'œuvre ouest-américaine de Marcou, jointe à ses résultats antérieurs dans le Jura, explique la proposition qui lui fut faite, à lui si jeune et sans diplôme, d'enseigner pendant près de quatre ans à l'Ecole Polytechnique Fédérale de Zurich. Il en profita pour publier sa *Geology of North-America* dans cette ville. A lui seul, son *Résumé explicatif d'une carte géologique des Etats-Unis* eut un impact considérable en Europe... et lui valut la hargne des géologues des Etats-Unis sachant de plus que cette carte fut publiée à Paris[61]. L'ensemble de l'œuvre scientifique de Marcou et les polémiques qui l'accompagnèrent, a été résumée et commentée par R. Moreau et Michel Durand-Delga. On s'y reportera pour plus de détails[62].

Marcou revint en Europe et visita l'Exposition Universelle de 1867. Pasteur lui fit décerner la croix de chevalier de la Légion d'honneur (14 août 1867). Avant de rentrer aux Etats-Unis et à défaut de rencontrer Pasteur, il lui envoya le 23 octobre 1867 des cadeaux géologiques et une lettre pleine d'humour[63] : *Un géologue ne peut offrir que des cailloux. Voici un vase ou plutôt un vrai pot, en porphyre brun avec cristaux et veines de feldspath rouge de la Scandinavie, que je prie Madame Pasteur de bien vouloir accepter en souvenir de l'Exposition Universelle de 1867, et aussi un peu en souvenir de Jules Marcou. Pour toi mon viel* (sic) *ami Louis, il m'a semblé remarquer que, dans ton cabinet d'études, il y avait*

---

[60] J. Marcou (1888) *American geological classification and nomenclature*. Cambridge (Mass.), the author, 75 p.

[61] J. Marcou (1855) « Résumé explicatif d'une carte géologique des Etats-Unis et des provinces anglaises de l'Amérique du Nord, avec un profil géologique allant de la vallée du Mississipi aux côtes du Pacifique, et une planche de fossiles ». *Bull. Soc. géol. France*, (2), **XII**, p. 813-936, 1 carte.

[62] M. Durand-Delga et R. Moreau (1996) Jules Marcou, précurseur français de la géologie nord-américaine. *Vie des Sciences* (*Acad. Sci.*) **13**, n° 1, pp. 59-83. - Et surtout R. Moreau et M. Durand-Delga (2002) *Jules Marcou* (*1824-1898*), *précurseur français de la géologie nord-américaine*. L'Harmattan, Paris.

[63] JM à LP, BN NaF 18105-62.

beaucoup de piles de papiers et de brochures, sans presse papiers dessus pour les empêcher de voltiger à tous les vents. Afin d'y remédier dans une certaine mesure, je t'envoie cinq presse papiers ; l'un et le plus beau est en porphyre vert de la Suède ; un autre est un fragment d'un arbre fossile que j'ai trouvé il y a quinze années dans mon voyage dans les Montagnes Rocheuses ; un troisième est un Poisson fossile que j'ai recueilli à Oningen près de Zurich ; le quatrième est une hache fossile de la célèbre localité de St Acheul, qui a fait tant de bruit depuis quelques années ; enfin le cinquième est une ammonite du Lias que j'ai ramassée d'Angleterre. Voilà bien des pierres ; mais un casseur de pierres de mon espèce n'a guère autre chose à son service ; et je désirais te prouver combien j'étais touché des marques d'amitié que tu n'a (sic) *cessé de me marquer depuis mon retour d'Amérique.*

Une vie de passion scientifique

Jules Marcou fut un « *grand explorateur* » dans la lignée des naturalistes-voyageurs qui firent la renommée du Muséum national d'Histoire naturelle même s'il n'en fit pas partie longtemps. Tenu par « *le diable au corps* » comme il l'écrivit lui-même, Jules Marcou a fait son propre portrait en ces termes : *J'ai toujours eu horreur des mensonges et de la vie factice du monde* ; *avec cela une indépendance de caractère rare, tenant par dessus tout à ma dignité personnelle, et à former mon jugement en toute chose par un examen direct, et sans influence autoritaire. Si j'avais une définition à donner de mon caractère à 24 ans, je dirais que je cherchais la vérité, et que lorsque je croyais l'avoir trouvée, je la disais avec loyauté et indépendance. J'ai, dès lors, et toujours depuis, aimé le travail isolé, aimant qu'on me laisse tranquille à ma tâche* ; *et, une fois le travail commencé, je ne m'arrête plus qu'il ne soit achevé. Le bruit et les hommes m'ont toujours effrayé ; j'ai toujours évité de me mettre en évidence sur une plateforme de réunion publique. Comme écrivain, je parais dur, rigide, impitoyable, ayant le tranchant de l'acier. Comme Agassiz me l'a dit, dans les discussions, « j'assomme mes adversaires ». Comme homme, et dans la vie je suis doux, simple, modeste et cordial. Les jeunes savants m'ont toujours aimé, parce qu'ils savent que je suis toujours du côté du progrès et contraire aux routines et aux procédés autoritaires et despotiques, ce qu'on appelle le « red tape » des Anglais. Par contre, les ambitieux m'ont toujours eu en horreur s'apercevant vite qu'ils ne peuvent rien tirer de moi pour arriver à leur fin, ils me lâchent, se tournent contre moi, et s'allient avec leurs semblables* : « *Qui se ressemble, s'assemble* », *le vieux proverbe est vrai. Je n'ai jamais aimé la science pour les profits, les honneurs, les positions qu'elle peut procurer, mais uniquement pour les progrès accomplis ou à accomplir.* Il termina son auto-portrait par ces lignes : *Travailler au progrès d'une science est le bonheur parfait sur cette Terre, rien des joies de la vie ne pouvant entrer en ligne de comparaison avec le travail.* On croirait entendre Pasteur, du moins pour la première partie de la phrase suivante qu'il prononça en 1883 lors de l'inauguration d'une plaque sur sa maison natale de Dole[64] : *Les deux grandes choses qui ont fait à la fois la passion et le charme de ma vie : l'amour de la science et le culte du foyer paternel.* Deux pensées du carnet de Pasteur d'août 1876 à 1880 donnent une clé valable pour l'un et l'autre[65] : *Le travail, l'énivrement de créer, voilà le seul refuge de l'âme qui souffre*, et : *Assieds-toi là* ! *Travaille* ! *Il n'y a que le travail qui confère de la saveur dans la vie. En elle-même, elle ne vaut rien.* Conduits l'un comme l'autre au doute, le déiste Pasteur se noya dans le travail et l'incroyant Marcou aussi. Sans complaisance pour la nature humaine, sans illusion sur le devenir des œuvres terrestres, Pasteur et Marcou furent imprégnés cependant par la profondeur historique d'événements particuliers et l'importance du destin de certains hommes.

Marcou jugeait bien le Comtois passionné, emballé, tout d'une pièce, rebelle parfois, un peu « *teigneux* », qu'il était. Courant en chien fou, sans jamais négliger son seul but : la Géologie, courageux, plutôt misanthrope, très droit, fidèle dans ses amitiés mais, comme tout Comtois, prompt à rejeter si d'aventure on le

---

[64] L. Pasteur (1883) Allocution prononcée le 14 juillet 1883, à l'occasion de l'apposition d'une plaque commémorative sur la maison natale de Pasteur, à Dole. *Œuvres*, **VII**. *Mélanges scientifiques et littéraires*. Masson, Paris, p. 360.

[65] Cité d'après M. Durand-Delga et R. Moreau, Jules Marcou, précurseur français de la géologie nord-américaine, *La Vie des Sciences*, *l.c.*

déçoit ou si l'on trompe sa confiance, il fut un travailleur enragé pourvu que le sujet lui plaise. Les biographes américains, élogieux à son égard, soulignent son incroyable ardeur à collecter des échantillons sur le terrain et louent sa production scientifique considérable (188 publications, dont plusieurs ouvrages), notamment au cours de ses « *années d'or* », entre 1857 et 1862 environ, lorsqu'il publia ses *Lettres sur les roches du Jura*, sa *Géologie de l'Amérique du Nord* et sa *Carte géologique mondiale*. Ils remarquent aussi son ton inhabituel pour l'époque, que l'on trouve dans ses textes sur l'état de la Science en France. Ils notent surtout son ton dépassionné, moderne, au contraire de celui de Pasteur, pour présenter les travaux de ses contemporains, comme cela ressort de sa *Vie, lettres et travaux de Louis Agassiz,* parus en deux volumes en 1895. Il en était de même de sa franchise dans les controverses. Son amour de la clarté et de la vérité ne pouvait manquer de plaire outre-Atlantique où il est plus courant qu'en France de trouver des hommes de science d'esprit indépendant. Marcou différa par ses idées politiques de Pasteur comme de son père ; il fut républicain et tenté par le socialisme, mais les utopies de Victor Considerant le firent s'en éloigner. Ses opinions ne l'empêchèrent pas de recevoir des récompenses du monde entier. Enfin il fut un amateur de livres rares : sa bibliothèque de Cambridge était renommée. A la soixantaine, il montrait une figure de patriarche pittoresque, arborant une longue barbe qui le faisait ressembler à un quaker. Il mourut le 17 avril 1898 à Cambridge. On l'enterra au *Mount Auburn Cemetery*. Son monument représente une ammonite de deux pieds de haut.

Jules Marcou, géologue européen flamboyant, parti à l'assaut du Nouveau Monde, fut un explorateur de terres vierges et l'auteur des audacieuses premières cartes synthétiques des Etats-Unis et du Monde. Son apport à la stratigraphie des terrains secondaires du Jura et de l'Ouest du Missisipi, ses publications sur le Primaire ancien des Appalaches ne doivent pas non plus être occultés[66]. En conclusion, ce lutteur ne peut être mieux défini que par les derniers mots de ses notes inédites : *Fais ton devoir. Advienne que pourra* !

[66] Conclusion reprise de R. Moreau et M. Durand-Delga, *Jules Marcou (1824-1898), précurseur français de la géologie nord-américaine*, *l.c.*, p. 177.

5

Joseph-Jean Therry
(1833-1888),
confection pour dames et mycologue[1]

Naissance d'un naturaliste autodidacte

La mycologie a toujours été un terrain de choix pour des amateurs souvent éclairés qui, pour une part, ont fait cette science, les Narcisse Théophile Patouillard (1854-1926), Lucien Quélet (1832-1899), Emile Boudier (1828-1920), le docteur Robert Henry (1906-2001)[2], qui pharmaciens, qui médecins installés, tous en théorie célèbres, ou du moins connus chez les naturalistes pour leur apport à la Science. Mais il y eut aussi de nombreuses « *petites mains* » restées dans l'ombre, dont l'œuvre ne fut pas négligeable pour autant, au contraire même parfois. C'est pourquoi j'ai tenu à leur rendre hommage à travers la vie d'un naturaliste oublié et destiné à l'être, comme le sont la quasi-totalité des naturalistes amateurs (et professionnels aussi !). Ce mycologue, Joseph-Jean Therry, fut formé sur le tas, de manière improbable dans la mesure où, fils de paysan isérois, son métier était un commerce d'articles pour dames à Lyon. A force de travail et de passion, il devint un *observateur laborieux et perspicace à qui l'on* (doit), *surtout en cryptogamie, des découvertes importantes qui lui ont donné une notoriété européenne, principalement comme mycologue*, écrivait de lui le docteur Antoine Magnin en 1907. Therry mourut trop tôt pour publier ses textes, des synthèses sans doute, des manuscrits qui ont disparu. En 1872-1873, il avait été l'un des fondateurs de la *Société botanique de Lyon*, absorbée en 1922 par la *Société*

[1] Par Richard Moreau, professeur émérite de Microbiologie à l'Université de Paris XII.
[2] Voir le site mycofme.free.fr/publications/mycologues_franc_comtois.php.

linnéenne de Lyon. Cette notice est tirée de l'hommage que le docteur Antoine Magnin, professeur de Botanique et doyen de la Faculté des Sciences de Besançon, a rendu à Joseph-Jean Therry en 1907. J'ai extrait un certain nombre de passages caractéristiques et résumé le reste de ce qui est probablement la seule synthèse existante sur ce mycologue d'exception[3].

Joseph-Jean Therry naquit à Cour-et-Buis, dans le canton de Beaurepaire (Isère), le 14 février 1833. Son patronyme véritable était Terri, du moins c'est ce qu'indique l'état-civil, mais il signa toujours Therry. Etant l'aîné d'une famille de douze enfants, la situation modeste de ses parents l'obligea à s'instruire lui-même : *Véritablement fils de ses œuvres*, note Magnin, *Therry a toujours été un autodidacte, depuis l'instruction primaire jusqu'à l'étude difficile de la cryptogamie : c'est là un point important à retenir, si l'on veut se rendre un compte exact du caractère de l'homme, de sa manière d'étudier et d'observer, si l'on veut avoir une idée juste de la somme considérable de travail qu'il a dû entreprendre et de la valeur des résultats scientifiques auxquels il est arrivé.*

Son abord, au moins dans les années qui suivirent la fondation de la *Société botanique de Lyon*, semble avoir été assez rustique. Magnin a évoqué une parole lourde, diffuse, sans charme, en contraste frappant avec l'élocution élégante, le ton plein d'urbanité ou la précision de la plupart de ses collègues et confrères. *Mais on s'habituait vite à ce langage peu académique et le premier moment de surprise passé, on était bientôt vivement intéressé par l'exposé original que notre collègue faisait de ses recherches. Pour compléter le portrait, on pourrait rappeler ses apostrophes, ses interruptions, les véritables coups de boutoir lancés inopinément au milieu d'une discussion ; disons le mot, Therry était souvent un*

---

[3] Dr Antoine Magnin (1907) *Notice biographique sur J.-J. Therry, mycologue lyonnais, membre fondateur et ancien vice-président de la Société botanique de Lyon* Pour avoir des détails sur les botanistes lyonnais, on se reportera à la série d'articles publiés par le docteur Antoine Magnin (1906) « Prodrome d'une histoire des botanistes lyonnais (première partie) ». *Bull. Soc. Bot. Lyon,* n° 32, pp. 1-72, 1-4 - *Id.* (1907a) « Prodrome d'une histoire des botanistes lyonnais (deuxième partie) ». *Bull. Soc. Bot. Lyon,* n° 33, pp. 1-68. - *Id.*, (1907b) « Additions et corrections au prodrome des botanistes lyonnais ». *Bull. Soc. Bot. Lyon,* n° 33, pp. 103-141, et *Id.* (1910) « Additions et corrections au prodrome des botanistes lyonnais, 2ème série ». *Bull. Soc. Bot. Lyon,* n° 35 : 13-80. - Sur le docteur Antoine Magnin, voir la notice suivante.

gêneur, surtout dans les réunions électorales ou politiques où l'on redoutait beaucoup son intervention... Mais avec cela, malgré ses petits travers, et c'est bien de Therry qu'on peut le dire, c'était le meilleur cœur du monde ! Un ours mal léché donc, mais gentil. En excursion, il se montrait chercheur infatigable, bon camarade, égayant l'herborisation par des grosses boutades qui contrastaient avec les « *fines* » plaisanteries ou les remarques « *humouristiques* » (*sic*) d'autres. Therry faisait aussi de la politique de gauche. Malgré

Joseph-Jean Therry (1833-1888). Coll. part.

ses opinions avancées, ses idées et des allures très indépendantes, il se montrait, à l'occasion, plus qu'affable avec des confrères d'opinions différentes ; en voici un exemple. Lors de l'herborisation organisée dans le Bugey par les Sociétés botaniques de France et de Lyon en 1876, Therry se trouva logé, à Hauteville, dans la même chambre que l'abbé Chaboisseau, prêtre botaniste du diocèse de Grenoble. Sachant les idées « *avancées* » de Therry et ses ripostes un peu brusques, on pouvait craindre des boutades désagréables pour son compagnon de chambre. Or, tout se passa très correctement ; s'il y eut discussion, la querelle prit fin avec une plaisanterie botanique du spirituel abbé qui, le lendemain matin, faisant allusion à la « *pénurie du mobilier* », c'est-à-dire à la présence dans la chambre d'un certain meuble indispensable, mais *en un seul exemplaire*, accusa Therry d'avoir, *pendant toute la nuit*, tenu le *Poa distans*... Rappelons que les *Poa* sont des Graminées et que le *P. distans* en est l'une des espèces. Magnin disait entendre encore Therry répéter, en riant de sa grosse voix « *bon enfant* », cette astuce botanique un peu risquée du joyeux prêtre dauphinois.

Notons enfin que la générosité de son caractère l'entraîna dans la politique militante et dans des aventures où, contrairement à beaucoup de ses compagnons de lutte, précise Magnin (qui partageait ses idées), *Therry ne voulut jamais profiter des événements ou de ses relations pour en retirer un avantage quelconque, fonctions honorifiques ou rétribuées, ni se dérober quand il s'agissait de payer de sa personne*. Ayant accepté les fonctions « *dangereuses* » (Magnin *dixit* !), de gérant d'un journal de combat, la *République*, dans la période difficile du premier *Ordre moral*, il fut poursuivi avec ce journal et condamné, le 8 août 1871, à trois mois de prison et 1.000 francs d'amende. Ses amis parvinrent à ce qu'il passe sa détention pour raisons de santé, *dans un établissement hydrothérapique* avec parc, dont il lui était interdit de sortir.

Débuts dans la botanique

D'après sa famille, Joseph-Jean Therry se serait occupé de Botanique dès l'âge de vingt ans, mais de façon probablement superficielle puisque, en 1864 (il avait trente et un ans), quand le botaniste et jardinier lyonnais Victor-Joseph Viviand-Morel[4]

---

[4] Victor-Joseph Viviand-Morel (1843-1915), d'abord sous-chef à l'Ecole botanique du Parc de la Tête-d'Or, fut engagé par Alexis Jordan (1814-1894) au service duquel il resta pendant trente ans comme jardinier-chef d'un jardin expérimental dans lequel étaient cultivées des formes connues jusque-là comme de simples variétés dont les différences étaient ténues, afin de vérifier qu'elles ne s'hybridaient pas entre elles et pouvaient donc être considérées comme des

(1843-1915) le rencontra pour la première fois au Parc de la Tête-d'Or, Therry faisait encore ce qu'il appelait un « *petit herbier de demoiselle* ». Cependant, d'après Magnin, il avait déjà la passion de la collection et une vive curiosité pour les Sciences naturelles. Il s'occupa d'abord de Phanérogames avec un collègue de Viviand-Morel au jardin botanique, le jardinier Brun, qui employait ses dimanches à herboriser dans les Monts du Lyonnais. Puis, probablement sous l'impulsion de Viviand-Morel et d'un autre jardinier, Reynaud, Therry se lança dans l'étude des Cryptogames. A la même époque, il entra en relation avec les botanistes lyonnais, le docteur Jacques-Louis Hénon[5], pour les Champignons, Debat pour les Mousses, Thévenin, un vieux pharmacien botaniste[6]. Outre les difficultés qu'il rencontrait du fait de sa formation insuffisante, Therry était ralenti par les exigences de son commerce. Depuis 1872 en effet, il tenait un magasin de confection pour dames. Néanmoins, il réussit à concilier le tout par un travail incessant, arrivant à lire les ouvrages de Botanique, y compris en latin ou en langues étrangères. Son commerce lui fut d'ailleurs utile à certains égards, car Therry profita de ses nombreux voyages professionnels, notamment dans le Midi et dans l'Est de la France, pour récolter d'abondants matériaux.

C'est leur communauté de goûts pour la Botanique, notamment pour la Cryptogamie, qui réunit Magnin et Therry à la fin de 1869. *Quoique Therry ne se lia jamais qu'avec une certaine réserve, nous nous mîmes aussitôt à étudier, souvent ensemble, tous les cryptogames qui nous tombaient sous la main, particulièrement ceux qui se développaient au Jardin botanique et qui nous étaient signalés par notre ami commun, Viviand-Morel, puis ceux que nous récoltions dans les environs de Lyon*, se souvenait Magnin.

---

espèces distinctes (jordanons). Viviand-Morel fut secrétaire général de l'*Association horticole lyonnaise* et rédacteur en chef du *Lyon horticole*. Il publia avec Ellen Willmott (1858-1934), un ouvrage resté célèbre sur les roses. - Sur les horticulteurs lyonnais, se reporter au site Internet http://www.jardin-botaniquelyon.com/jbot/sections/fr/historique/patrimoine_horticole_lyonnais/zoom/les_horticulteurs_lyonnais/?&view_zoom=1.

[5] Le docteur Jacques-Louis Hénon (1802-1872) fut député républicain du Rhône et maire de Lyon. Il fut l'auteur de belles recherches sur les Iridées, les Liliacées, etc.

[6] M. Thévenin mourut le 28 janvier 1879, à 84 ans. Pharmacien, il s'institua professeur libre de Botanique et forma de nombreux élèves.

Que de longues séances, non sans discussions parfois vives, dans les ateliers de notre commerçant, au milieu des cartons et des fleurs artificielles, de travail et de temps perdus, faute de direction et des livres nécessaires ! Les années 1870 et 1871 furent cependant bien employées mais tout en nous occupant tous les deux de botanique, l'un de nous préparait un concours (l'internat en Médecine pour Magnin). Les mois où, par force, Therry séjourna (du 8 septembre au 26 novembre 1871) dans un établissement hydrothérapique tenant lieu de prison politique, ne furent pas perdus pour la Science. En effet, Therry les employa à se familiariser avec le microscope et à étudier un grand nombre de cryptogames microscopiques. Sous les ombrages du parc, il fit d'abondantes récoltes de champignons épiphytes sur les troncs d'arbres, les branches et les feuilles mortes tombées à terre. Le jeune médecin Magnin allait lui tenir compagnie souvent. Plusieurs fois, après avoir passé des heures à examiner des champignons au microscope, quittant l'établissement à la nuit pour rentrer à Lyon, il entraînait son ami, par plaisanterie risquée, à franchir l'enceinte du parc, dont la justice avait interdit à Therry de sortir...

La Société botanique de Lyon

L'enthousiasme de la jeunesse m'entraînait moi-même d'un autre côté, écrivait Magnin dans sa notice sur Therry. *Séduit par les idées nouvelles de transformisme qui commençaient à se répandre, j'avais fait le projet de former, avec mes camarades d'études et d'excursions, une Société darwinienne, qui eût réuni tous les jeunes gens désirant s'occuper de sciences naturelles en prenant la doctrine de l'évolution pour guide et pour drapeau ! Je m'en ouvris naturellement à Therry, puis à des amis communs, comme Viviand-Morel ; mais ils me firent abandonner ce projet, quoique j'en eusse déjà rédigé les statuts, et en adopter un autre, d'allure moins combative, plus modeste, mais mieux défini, partant plus pratique et réalisable.* A la suite de quoi, au mois d'avril 1872, fut fondée la *Société Botanique de Lyon* avec l'appui notamment du docteur Jean-Baptiste Saint-Lager (1825-1912), auteur d'une *Flore du Lyonnais*[7]. Therry amena des naturalistes amateurs, et procura le premier local de la société dans l'atelier d'un menuisier-emballeur ! Les membres étaient groupés sur les bancs autour des établis de l'atelier, raconte Magnin.

L'histoire de la vie scientifique de Therry se confondit dorénavant avec celle de la *Société botanique* et son activité se manifesta à chaque page de ses *Annales*. Dans sa notice, le docteur Magnin donne une longue liste des découvertes mycologiques, majoritairement des Champignons micromycètes, que fit Joseph-Jean Therry depuis le Parc de la Tête-d'Or jusqu'à Gap et au Mont Viso (Alpes italiennes), à l'occasion notamment de la session tenue par la *Société botanique de France* en juillet 1874, signalant notamment des espèces qui n'avaient pas été mentionnées par Pier Andrea Saccardo, soit comme espèces, soit comme habitat[8]. De 1873 à 1879, Joseph-Jean Therry continua à faire des excursions cryptogamiques aux environs de Lyon et dans les Monts du Lyonnais avec le docteur Magnin, mais seul également, dans l'Est et dans le Midi de la France au cours de ses déplacements professionnels. Il amassa ainsi des matériaux en grande quantité, déterminant, dessinant... Il s'intéressa aussi aux Algues vertes, mais, note le docteur Magnin son ignorance des techniques de laboratoire évidemment réelle, ne permit pas à ce touche-à-tout de génie sans doute, mais d'abord mycologue, d'aller bien loin.

La découverte du mildiou en France et autres travaux

Avec l'année 1879 commença la belle période des découvertes de Therry. D'abord, il fut le premier ou l'un des premiers à signaler

---

[7] A comparer avec le docteur Claude-Marie Germain, de Salins, dit le « *médecin des pierres* », le géologue amateur, qui initia Jules Marcou : comme lui, le docteur Saint-Lager consacra l'essentiel de son temps à l'Histoire naturelle et surtout à la Botanique. - Bien que Therry ait été l'un des principaux fondateurs de la *Société botanique de Lyon* et qu'il ait aidé considérablement à son recrutement par sa propagande incessante, qu'il lui ait fourni pendant seize ans de nombreuses communications, il n'accepta jamais d'autre responsabilité que celle de vice-président en 1882.

[8] Pier Andrea Saccardo (1845-1920), professeur de Botanique et directeur du jardin botanique de Padoue, fut l'auteur d'un monumental inventaire de tous les champignons alors connus : *Sylloge fungorum omnium hucusque cognitorum.*

la présence sur la vigne, du Mildiou, parasite américain jusque-là inconnu dans l'ancien continent. Magnin en donne pour preuve la communication à la *Société botanique de Lyon* du 11 novembre 1879 où Therry présenta des échantillons du parasite récoltés dans les environs de Lyon, de Genève, en Savoie, en Isère et dans la Drôme, et déjà observés en 1878 à l'*Ecole des vignes* du Jardin botanique de Lyon. Dans la *Revue mycologique* (n° 2, avril 1881, p. 7), Therry mentionna ses trouvailles de Mildiou dans douze départements, principalement l'Est de la France. Plus tard, il affirma que ses échantillons avaient été les premiers récoltés sur les vignes de France et d'Europe ; le baron Félix von Thümen (1839-1892), de la station de recherches de Klosterneuburg, près de Vienne, qui recevait des *exsiccata* du monde entier, reconnut cette antériorité dans son *Mycotheca universalis*. C'est donc une injustice, protestait le docteur Magnin, de ne pas associer *au moins* le nom de Therry à celui de Jules-Emile Planchon à qui, seul, a été attribuée la découverte du Mildiou en France[9]. Therry prit part aux sessions extraordinaires de la Société botanique de France à Gap (1875), à Lyon (1876), à Fontainebleau (1881) et récolta un nombre considérable d'échantillons qu'il distribuait libéralement aux cryptogamistes, à ses amis, à ses correspondants. Il fournit ainsi de nombreux matériaux aux *Exsiccata* de Roumeguère (voir *infra*), de Thümen, de Saccardo, de Rabenhorst-Winter[10], les communiquant sans réserve. En retour, ces mycologues le consacrèrent par de nombreuses dédicaces de formes spécifiques ou génériques nouvelles. Citons le genre *Therrya* Sacc., dont le

---

[9] Jules-Emile Planchon (1823-1888), professeur d'Histoire naturelle à l'Ecole supérieure de Pharmacie de Montpellier, puis à la Faculté de Médecine et directeur du Jardin des Plantes. Il est connu pour la découverte du Phylloxéra en France avec Gaston Bazille, avocat et agronome (1819-1894) et Félix Sahut, horticulteur pépiniériste (1835-1904), et dont il eut tendance à s'attribuer la paternité de la découverte (voir Jean Boulaine et Jean-Paul Legros, 1998, *D'Olivier de Serres à René Dumont. Portraits d'agronomes*. Lavoisier, Paris, pp. 162-164). Il publia en 1879 une note à l'Académie des Sciences sur le « Mildew ou faux oidium américain dans les vignobles de France » (*C.R.*, **89**, pp. 600-603). La coïncidence des dates donne raison à Magnin.

[10] Ce mycologue allemand publia des centuries (séries de cent échantillons de la même espèce) de champignons desséchés et rares d'Europe et des deux Amériques.

type *Th. gallica* Sacc. et Peuz. a été établi par Therry sur une écorce de Pin immergée, à Malesherbes (Loiret).

En 1880, Therry commença à collaborer à la *Revue mycologique* de Casimir Roumeguère (1828-1892)[11], industriel en pâtes alimentaires toulousain, dont les revenus lui permettaient de financer ses passions, pour les Champignons notamment. Il avait été formé à la Botanique par le professeur Moquin-Tandon (voir chapitre 2). Entre 1880 à 1887, Therry, qui ne demandait qu'à partager ses trouvailles[12], donna à Roumeguère des articles et une grande quantité d'échantillons pour la publication des *Fungi gallici exsiccati*. Pendant la même période, Magnin cite les recherches de Therry sur un *Collybia*, sur le genre *Phoma*, l'*Exoascus deformans* du Cerisier, les genres *Corticium* et *Telephora* des environs de Lyon, les *Peronospora* et *Cystopus*, les *Phragmidium* et les *Triphragmium* de la flore lyonnaise, etc. Therry avait réuni également une belle bibliothèque botanique et un herbier considérable. Voici ce que Magnin en disait en 1876 lors de la session lyonnaise de la Société botanique de France : *L'herbier de M. Therry, bien que de formation récente, se compose de 50 cartons in-fol. de Phanérogames et de 130 cartons in-4° de Cryptogames. Chaque échantillon, parfaitement desséché et empoisonné, sur un fort papier blanc et la plupart du temps accompagné, s'il s'agit d'un Champignon, d'un dessin colorié représentant, soit le Cryptogame de grandeur naturelle, soit les caractères donnés par l'analyse microscopique. Les Coniomycètes, les Urédinées, les Sphaeriacées et les Lichens surtout sont bien représentés. Ces cryptogames proviennent en grande partie de récoltes personnelles dans le Lyonnais, l'Est et le Midi de la France. Depuis 1865 seulement, M. Therry est parvenu à réunir environ 1.200 volumes concernant la botanique ; cette collection, à laquelle manquent malheureusement les grands ouvrages illustrés, est surtout riche de flores locales. Notons aussi une cinquantaine de volumes consacrés à la poétique*. Therry était en effet à l'affût de toutes les curiosités bibliographiques, botaniques ou autres.

---

[11] Voir « l'Historique de la Mycologie dans la région toulousaine », dans le site www.associationmycologiquetoulouse.ups-tlse.fr/spip.php?article8.

[12] Cette pratique était très courante. Charles Grenier, professeur à la Faculté des Sciences renaissante de Besançon, fait état de réseaux de naturalistes qui échangeaient des parts d'herbier : voir la notice 6 (A. Magnin).

Assidu aux ventes de bibliothèques et bouquinant sur les quais, il avait fait augmenter la valeur des flores, prétendait le docteur Magnin, par ses demandes réitérées aux marchands. Enfin, il composa une véritable collection d'ouvrages de poésies sur les fleurs. De plus, Therry avait complété ses observations et enrichi ses collections de nombreux dessins d'abord assez gauches, puis exécutés avec une exactitude et un talent de plus en plus grands, selon son biographe.

En 1887, Therry publia encore dans la *Revue mycologique* la plus grande partie de la XLIIIème centurie des *Fungi gallici excsiccati*, puis sa production scientifique ralentit à cause de la maladie. Malgré deux opérations successives, il succomba à Lyon, le 17 septembre 1888. Sa bibliothèque fut vendue et ses collections de Cryptogamie achetées par la ville de Lyon qui les déposa au Conservatoire de botanique du Parc de la Tête-d'Or. Therry laissa aussi des manuscrits, notamment : *Herborisations mycologiques* (1873-1884), carnet de ses herborisations, formant un gros volume petit in-4°, que Roumeguère eut entre les mains, et *Les Stations de fait des Champignons*, huit fascicules in 4°, en collaboration avec Roumeguère. Ces manuscrits n'ont pas été retrouvés après sa mort. Evoquant d'autres observations de Therry, Magnin s'exclamait : *Quels progrès les recherches de Therry auraient fait faire à la mycologie et aux autres branches de la cryptogamie dont il s'était aussi occupé* (Algues, Lichens, etc.), *s'il avait pu les poursuivre avec méthode et les terminer lui-même.*

Tel qu'en lui-même

Voici les termes par lesquels Casimir Roumeguère annonça dans la *Revue mycologique* la mort de son collaborateur : *Nous avons la douleur d'annoncer la mort prématurée de notre bien dévoué collaborateur J. Therry. Cet infortuné confrère s'est éteint à Lyon, le 17 septembre, âgé de 56 ans* ; *Therry représentait, avec quelques botanistes bien connus, l'élément mycologique dans le sein de la Société botanique de Lyon, qui a publié beaucoup de notes de lui dans son bulletin. Il laisse dans cette Société savante un grand vide, tout comme dans nos travaux, dont il était le pourvoyeur généreux et assidu. Peu de botanistes ont réuni, en quelques années (ses excursions continues sur le sol de France datent de l'année 1873), une aussi grande quantité de matériaux qu'il se faisait un plaisir de mettre à la disposition des éditeurs d'exsiccata. Les recueils de MM. Saccardo, Thümen, Rabenhorst-Winter, etc, et particulièrement le nôtre, montrent ses préparations en abondance. Therry revit maintenant par les genres et les très nombreuses espèces qu'ont fait connaître, pour honorer sa perspicacité, divers descripteurs.*

Néanmoins, ce qui manqua à Therry pour être un véritable homme de science, observait Antoine Magnin, fut *« l'instruction première »*, les connaissances scientifiques générales qu'il n'acquit à force de travail que de façon incomplète, et les méthodes de recherche que l'on apprend dans les laboratoires. Avec son génie de l'observation, notait Magnin, son activité dans ses recherches, son coup d'œil, sa ténacité, sa curiosité qui le faisait s'intéresser à tout ce qu'il rencontrait et lui paraissait digne d'observation, Therry aurait produit des travaux d'une grande valeur et acquis une notoriété scientifique encore plus grande que celle, honorable, à laquelle il était arrivé. Il amassa des matériaux considérables, enrichit la plupart des exsiccata de cryptogamie parus durant une quinzaine d'années, laissa des observations inédites. Le résultat ne fut peut-être pas en rapport avec la somme d'efforts, la quantité de temps et d'argent dépensés, indiquait aussi Magnin. Néanmoins, le genre *Therrya* et d'autres plantes qui portent son nom perpétueront le souvenir de ce travailleur acharné, mais ils ne rediront pas *quel cœur excellent était caché sous cette écorce un peu rude, quel bon camarade, quel ami dévoué Therry fut pour beaucoup de confrères. Puisse cette notice,* concluait le docteur Magnin, *y contribuer dans une modeste part et conserver la mémoire du botaniste zélé et infatigable, de l'excellent collègue dont elle retrace la vie et résume les travaux !* Et nous, en lui faisant écho, de contribuer aussi à perpétuer le souvenir de ce bon ouvrier de la Science.

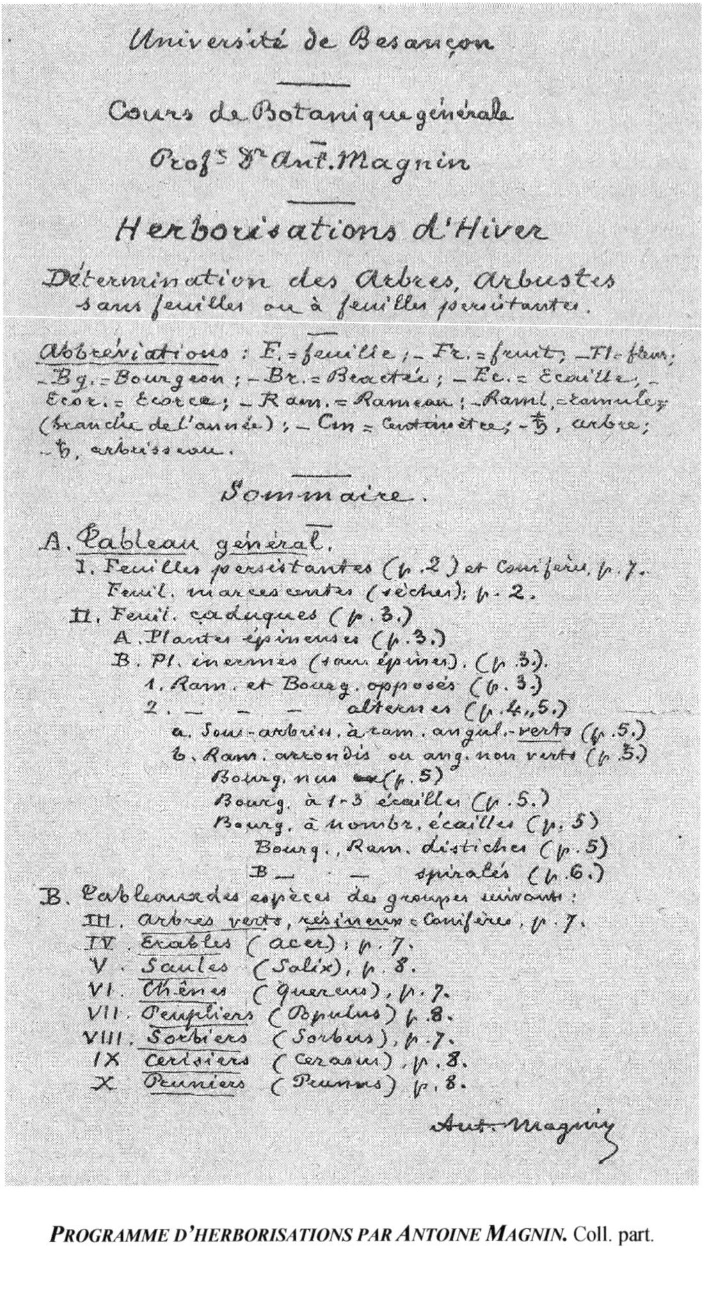

Université de Besançon

Cours de Botanique générale

Prof[r] Dr Ant. Magnin

Herborisations d'Hiver

Détermination des Arbres, Arbustes sans feuilles ou à feuilles persistantes.

Abréviations : F. = feuille ; – Fr. = fruit ; – Fl. = fleur ; – Bg. = Bourgeon ; – Br. = Bractée ; – Ec. = Ecaille ; – Ecor. = Ecorce ; – Ram. = Rameau ; – Raml. = ramule (branche de l'année) ; – Cm = Centimètre ; – ♄, arbre ; – ♄, arbrisseau.

Sommaire.

A. Tableau général.
- I. Feuilles persistantes (p. 2) et Conifères, p. 7.
  - Feuil. marcescentes (sèches) ; p. 2.
- II. Feuil. caduques (p. 3.)
  - A. Plantes épineuses (p. 3.)
  - B. Pl. inermes (sans épines). (p. 3.)
    - 1. Ram. et Bourg. opposés (p. 3.)
    - 2. — — — alternes (p. 4., 5.)
      - a. Sous-arbriss. à ram. angul.-verts (p. 5.)
      - b. Ram. arrondis ou ang. non verts (p. 5.)
        - Bourg. nus (p. 5)
        - Bourg. à 1-3 écailles (p. 5.)
        - Bourg. à nombr. écailles (p. 5)
          - Bourg., Ram. distiques (p. 5)
          - B — — spiralés (p. 6.)

B. Tableaux des espèces des groupes suivants :
- III. Arbres verts, résineux = Conifères, p. 7.
- IV. Erables (Acer) ; p. 7.
- V. Saules (Salix), p. 8.
- VI. Chênes (Quercus), p. 7.
- VII. Peupliers (Populus) p. 8.
- VIII. Sorbiers (Sorbus), p. 7.
- IX Cerisiers (Cerasus), p. 8.
- X Pruniers (Prunus) p. 8.

Ant. Magnin

PROGRAMME D'HERBORISATIONS PAR ANTOINE MAGNIN. Coll. part.

6

Le docteur Antoine Magnin
(1848-1926),
hygiéniste, naturaliste et biogéographe[1]

Botanistes « jurassiques » avant Antoine Magnin

La floristique et la biogéographie végétales jurassiennes eurent une époque faste, glorieuse, au XIXème siècle et au début du XXème. Le docteur Antoine Magnin, botaniste lyonnais touché par la grâce jurassienne, fit une œuvre vaste et diverse. Il fut aussi un précurseur en matière de biogéographie. Avant lui, les interventions de savants avaient été peu nombreuses à l'*Académie des Sciences, Belles-Lettres et Arts de Besançon*. Au milieu du siècle, on y trouve cependant Henri Sainte-Claire-Deville[2], dont le nom est lié à l'industrialisation de l'aluminium, mais que je cite parce que, lorsqu'il fut reçu membre-résident (1845) de l'Académie, il fit, dans son discours consacré à l'analyse chimique de l'eau, un rappel sans équivalent à l'époque sur le couple

---

[1] Par Richard Moreau, professeur émérite de Microbiologie à l'Université de Paris XII. Repris en partie d'une conférence de l'auteur à l'*Académie des Sciences, Belles-Lettres et Arts de Besançon* en 1997 (*P.V. et Mém.*, **192**, pp. 341-366).

[2] Henri Sainte-Claire Deville (1818-1881) découvrit la préparation industrielle de l'aluminium, la dissociation thermique de la vapeur d'eau, du gaz chlorhydrique, du gaz sulfureux et réalisa la fusion du platine au chalumeau oxhydrique. Professeur de Chimie, doyen de la Faculté des Sciences de Besançon en 1845, puis maître de conférences de Chimie à l'Ecole normale supérieure (1851), professeur à la Sorbonne. Académie des Sciences : 1861. - Cf. Roger Perrot (1974), Sainte-Claire Deville, illustre chimiste et restaurateur de la Faculté des Sciences de Besançon. *Ac. Sci., Belles-Lettres et Arts de Besançon et de Fr. Comté, P.V. et Mém.*, **180**, pp. 5-27. Voir également le beau portrait de Sainte-Claire Deville par le professeur Paul Lafitte, dans sa leçon inaugurale du 1er mars 1951 (n° 1 de 1951 des *Ann. de l'Université de Paris*, pp. 14-17).

réduction-oxydation dans les cycles de la vie, celui des végétaux chlorophylliens producteurs de matière vivante et celui des organismes consommateurs hétérotrophes. En 1847, le botaniste Charles Grenier (1808-1875) fut élu associé-résident de l'Académie.

On ne peut pas évoquer le docteur Magnin sans parler des deux principaux naturalistes jurassiens qui l'ont précédé, Grenier et Thurmann, tant leurs œuvres sont complémentaires. Né à Besançon, docteur en Médecine et docteur ès Sciences, Grenier était professeur d'Histoire Naturelle (Botanique et Zoologie) à la Faculté des Sciences de Besançon[3] depuis 1845 (il existait aussi une chaire de Géologie et Minéralogie), et futur doyen. Il était également professeur à l'Ecole de Médecine et conseiller municipal de Besançon. A une petite rue près, qui lui a été dédiée, il n'en est pas moins un inconnu dans sa ville et oublié par Emile Fourquet[4]. Or, Grenier avait consacré sa thèse de doctorat ès Sciences, présentée en 1844 devant la Faculté des Sciences de Strasbourg, à la *Géographie botanique du Doubs*, ce qui a fait de lui un des pionniers en ce domaine après Girod-Chantrans, et publié une *Flore de France*. Pour sa réception à l'Académie de Besançon, il disserta longuement sur la végétation des Alpes du Dauphiné avec un entr'acte, que l'on ne peut pas éluder compte-tenu de son originalité, d'une cinquantaine d'alexandrins de sa composition qui racontent les amours d'une Hydrocharidacée dioïque, la Vallisnérie (*Vallisneria spiralis* L.), plante aquatique dont les fleurs femelles sont pourvues d'un long pédoncule enroulé en spirale[5]. A la floraison, celui-ci se déroule, et la fleur vient s'épanouir à la surface de l'eau. Au contraire, les fleurs mâles, dont les pieds sont fixés au fond comme les précédentes, ne sont que brièvement pédonculées. Pour la fécondation, elles rompent leur pédoncule, montent flotter à la surface, s'y épanouissent, puis elles

[3] On a vu qu'en 1809, Charles Nodier avait été candidat à cette chaire première version, mais qu'elle échut à Désiré Ordinaire (1773-1847). Ce dernier en fut le titulaire de 1810 jusqu'à la suppression de la Faculté des Sciences en 1815.

[4] E. Fourquet (1929) *Les hommes célèbres et les personnalités marquantes de Franche-Comté du IVe siècle à nos jours*. Sequania, Besançon.

[5] Ch. Grenier (1848) « Fragment de voyage botanique dans les Alpes du Dauphiné ». *Académie des Sciences, Belles-Lettres et Arts de Besançon*, pp. 12-39 ; « Amours de la Vallisnérie », pp. 40-41 ; « Deuxième fragment », pp. 43-87.

meurent après avoir libéré leur pollen qui va féconder les fleurs femelles. Celles-ci rétractent alors leur pédoncule et mûrissent leurs graines au fond de l'eau. Le poème de Charles Grenier commence ainsi : *Lorsque naît le printemps, sous l'onde ensevelie, / Captive tu gémis, triste Vallisnérie, / Loin de ce soleil dont les feux créateurs / Rajeunissent nos champs parés de mille fleurs. / Tu voudrais vainement, en spirale pliée, / Elancer hors des*

ANTOINE MAGNIN (1848-1926). Coll. part.

eaux ta tige déployée. Il s'achève lorsque la fleur mâle se « *sacrifie* » pour assurer la pérennité de l'espèce : *Car ce suprême effort, avec la fin du jour, / Dont les rayons font naître et mourir leur constance, / Aura tranché le fil de leur frêle existence. / Ils ne sont plus, hélas ! Et le fleuve en son cours / Entraîne les époux victimes de leurs amours. / L'épouse déjà veuve au jour de l'hyménée, / Déplorant son malheur, gémit abandonnée. / Elle hait la lumière, et roulant ses anneaux, / Seule elle va mûrir son fruit au fond des eaux.* Heureuse époque où un universitaire de niveau national, dont la grande œuvre fut la *Flore de France et de la Corse*, avec Alexandre Godron[6], troussait en vers le « *sacrifice* » des fleurs mâles de cette plante aquatique de la moitié sud de la France[7]. Soixante ans plus tard, le docteur Magnin reprit le thème des amours de la Vallisnérie et republia le poème de son prédécesseur à l'occasion d'une conférence à la *Société d'Emulation du Doubs*. La Vallisnérie était à la mode : le cahier de notes du cours de Botanique (le professeur fut sans doute Adrien de Jussieu) de Pasteur contient un bon dessin sur le sujet.

En Suisse, Jules Thurmann, dont nous avons fait connaissance avec Jules Marcou (voir chapitre 4), était connu pour son ouvrage sur les *Soulèvements du Jura*, où orographie et géologie étaient traitées de concert, et pour son *Essai de Phytostatique appliquée à la Chaîne du Jura et aux contrées voisines*, publié en 1849, dont on a vu qu'il était l'un des fondements de l'écologie et de la biogéographie végétales. Dans ces deux tomes, illustrés de cartes et basés sur une documentation de première main, car Thurmann parcourut la chaîne jurassienne en tous sens, ce dernier décrivait

---

[6] Charles Grenier publia en 1848, avec Alexandre Godron, le premier des trois tomes de la *Flore de France et de Corse,* ouvrage de référence, entre la *Flore* de Lamarck, publiée au début du dix-neuvième siècle, et celles de Gaston Bonnier et de l'abbé Costes au début du vingtième. - Alexandre Godron (1807-1880), docteur en Médecine et docteur ès Sciences, fut professeur à l'Ecole de Médecine, professeur et doyen de la Faculté de Sciences de Nancy, et recteur à Besançon en 1853-1854. Outre la *Flore de France* avec Grenier, il fut l'auteur d'une *Flore de la Lorraine*. A noter que le doctorat en Médecine obtenu d'abord assurait une certaine sécurité.

[7] A rapprocher, un siècle et demi plus tôt (10 mai 1717), des lignes par lesquelles, lors de leçon d'ouverture (*Sermo de structura florum*) de son cours annuel au Jardin du Roi, dont il était le directeur des cultures, Sébastien Vaillant (1669-1722), Académie des Sciences, 1716, décrivit en latin, la sexualité et le rôle fécondant des grains de pollen du Pistachier, arbre dioïque dont seul un exemplaire mâle existait au Jardin du Roi : *Dans cet instant, ces fougueux qui semblent ne chercher qu'à satisfaire leurs violents transports, ne se sentent pas plutôt libres que, faisant brusquement une décharge générale, un tourbillon de poussière qui se répand et porte partout la fécondité, et, par une étrange catastrophe, ils se trouvent tellement épuisés que, dans le même instant qu'ils donnent la vie, ils se procurent une mort soudaine* (note d'Yves Delange).

les rapports entre les plantes et les roches sous-jacentes à l'échelle d'une chaîne de montagne, comparée avec les régions voisines : Forêt Noire, Vosges, Bourgogne, Préalpes calcaires, qu'il visita aussi. Il démontra que *les grands faits de dispersion* (des premières) *ne sont pas le résultat de l'influence chimique directe des roches, mais le plus souvent de l'état mécanique des détritus de ces mêmes roches*, autrement dit des sols constitués.

Charles Grenier adopta des limites voisines, du Jura souabe à la Grande Chartreuse. Il insista sur la répartition écologique des Phanérogames dans sa *Flore de la chaîne jurassique* et, comme Thurmann, sur l'influence chimique des sols sur la répartition des plantes. Il préfigura également la cartographie de la végétation. Publiée par livraisons par la *Société d'Emulation du Doubs* depuis 1864, sa *Flore* fut réunie en un volume sans l'*Introduction* (en 1865) chez F. Savy, à Paris[8]. Outre ses observations, Grenier s'appuyait sur les travaux de botanistes tels Philibert Babey (1786-1848), auteur d'une *Flore jurassique* (1845)[9], à qui il reprochait d'avoir été trop élaborée en cabinet et d'être vieille à la parution, sur les travaux de Charles Contejean (1824-1907)[10], qui avait soutenu sa thèse à Besançon en 1859, professeur de Géologie à la

[8] Autres temps : cette *Flore* était donnée comme prix. Je tiens mon exemplaire de mon arrière-grand-père Richard Vuillecard, instituteur, qui le reçut vers la fin du XIXème siècle comme récompense octroyée par la Société d'Agriculture du Doubs.

[9] Voir www.herbier-besancon.fr/.

[10] Voir fr.wikipedia.org/wiki/Charles_Louis_Contejean. De 1856 à 1859, il avait été titulaire de la pension Suard, fondée par Amélie Suard (1750-1830), femme de lettres et « *salonnière* » connue au Siècle des Lumières, veuve de Jean-Baptiste Antoine Suard (1732-1817), secrétaire perpétuel de l'Académie française, d'origine bisontine. Mme Suard était la sœur du libraire-imprimeur Charles-Joseph Panckoucke (1736-1798). Une rente à 5 pour cent de 1.500 francs devait être attribuée par l'Académie de Besançon *pour trois années consécutives à celui des jeunes gens du département du Doubs, bachelier ès Lettres ou ès Sciences, qui aurait été reconnu pour montrer les plus heureuses dispositions soit pour la carrière des lettres ou des sciences, soit pour l'étude du droit ou de la médecine*, de conduite irréprochable et faisant preuve de son attachement aux Bourbons (!). S'il se rendait à Paris ou dans une autre ville pour perfectionner ses études, un correspondant désigné par l'Académie devait surveiller sa conduite. Enfin le portrait de Suard serait montré au pensionnaire élu (Jean Cousin, 1954, *L'Académie des Sciences, Belles-Lettres et Arts de Besançon. Deux cents ans de vie comtoise* (*1752-1952*). Jean Ledoux éd., Besançon, p. 135).

Faculté des Sciences de Poitiers, Eugène Michalet (1829-1862) en France, Georges-François Reuter (1805-1872) en Suisse, etc.

Herborisations dans les Alpes du Dauphiné

Au contraire de ce qu'il reprochait à Babey, Charles Grenier fut tout sauf un savant de cabinet, comme le montre son texte sur les Alpes du Dauphiné (*l.c.*). Homme de terrain, il le fut très tôt : ainsi, en 1836, il passa l'été dans les Pyrénées afin d'explorer la région d'Eaux-Bonnes[11]. Il fut envoyé par un pharmacien nommé Casaux à un berger de moutons, Pierrine Gaston-Sacaze (1797-1893), étonnante personnalité, botaniste autodidacte, qu'il rencontra près du col de l'Aubisque le 15 juillet 1836 et avec qui il herborisa. Rentré à Besançon, il rédigea des « Souvenirs botaniques des environs des Eaux-Bonnes », publiés dans le *Bulletin de la Société Linnéenne de Bordeaux* en 1837.

Sa très longue communication à l'Académie de Besançon sur les Alpes du Dauphiné renseigne sur ses habitudes de terrain, où il faisait preuve d'une audace et d'une ardeur souvent imprudentes, sur les conditions de vie en montagne et sur le « *maillage* » de botanistes locaux qu'il utilisait. Il en résulte une « *photographie* » du mode de travail d'*un botaniste qui travaill*(ait) *à sa Flore de France*, dont il précise qu'il en avait lu les épreuves sur les Légumineuses avant de partir. On retrouvera la même ardeur chez le docteur Antoine Magnin, son « petit-successeur », et plus tard chez Joseph Virieux (voir sa notice ci-dessous), l'élève de celui-ci. Il m'a donc semblé utile de résumer l'essentiel de cette longue herborisation qui était loin d'être la première pour Grenier, faite par des gens que peu de choses effrayaient, pour se trouver plongé dans la Botanique de terrain au milieu du XIXème siècle.

Il n'est que de lire le début de ce texte pour être fixé sur l'homme : *2 août 1848. Trois heures du matin venaient de sonner, lorsque notre voiture s'arrêta sous un vaste hangar de la petite*

---

[11] Voir le site www.pierrinegastonsacaze.com/botanique/botanistes/charles-grenier/ et le livre d'Antonin Nicol (1989) *Pierrine Gaston-Sacaze, berger-phénomène, 1797-1893*, Editions Marrimpouey, Pau. Comme Therry, Pierrine Gaston-Sacaze apprit le latin seul (en fait avec l'aide du curé du pays), pour lire l'œuvre de Linné !

capitale de l'Oisans. Après trois jours et autant de nuits passés en voiture, il nous sembla doux de prendre nos sacs et nos bottes, et de commencer notre pédestre pérégrination. La nuit était des plus sombre, et la faible lueur des étoiles suffisait à peine à guider notre marche. Le but de notre voyage était d'explorer le mont Pelvoux, de tenter l'ascension de son sommet, et d'étudier, après l'illustre botaniste Villars[12]*, la végétation de la vallée de la Bérarde. Le Pelvoux, ce superbe rival du Mont-Blanc, dont le sommet nous était signalé comme dominant tous les autres sommets français, commandait une visite spéciale à un botaniste qui travaille à la Flore de France.* Ces heures matinales étaient courantes : en montagne, il vaut mieux aller vers le jour que vers la nuit[13]. Grenier était accompagné par Victor-Alexandre Puiseux[14], professeur de Mathématiques, nommé aussi à la re-création de la Faculté des Sciences de Besançon en 1845. Le 2 août 1848, voilà nos deux alpinistes-botanistes partis sur le terrain, sans prendre une minute de repos, en habits d'été et sans provisions, pour une exploration botanique qui les mena au Lautaret par la voie la plus courte, mais aussi la plus dangereuse, puis à Gap.

---

[12] Dominique Villars (1745-1814) est un exemple, comme Decaisne et Duchartre plus tard, de promotion personnelle dans la science et dans la société : de petit pâtre au Villard, hameau de la commune du Noyer, dans les Hautes-Alpes, il devint médecin, directeur du jardin botanique, professeur de Matière médicale à l'Hôpital civil et militaire de Grenoble, professeur de Botanique de l'Ecole de Médecine de Strasbourg (1805), dont il fut doyen. Son œuvre principale est une *Histoire des plantes du Dauphiné*, publiée de 1786 à 1789, où plus de deux mille sept cents espèces sont décrites. Son herbier et ses archives sont au Muséum d'Histoire naturelle de Grenoble. Voir fr.wikipedia.org/wiki/Dominique_Villars.

[13] Lorsque j'herborisais en montagne dans les années 1960 avec M. Henri de Leiris (1903-1991), ingénieur général du Génie maritime et botaniste de valeur, le départ à trois heures du matin était chose courante pour éviter les orages de l'après-midi.

[14] V.A. Puiseux (1820-1883), ancien élève de l'Ecole normale supérieure, agrégé de Mathématiques à vingt ans, mathématicien et astronome, professeur aux Facultés des Sciences de Rennes, Besançon et Paris. Académie des Sciences : 1871 (à l'unanimité). Membre du Bureau des Longitudes. Botaniste et alpiniste de talent, il fut l'un des membres fondateurs du Club alpin français. Une pointe dans le massif du Pelvoux porte son nom. Voir Félix Tisserand (1884) « Notice sur Victor-Alexandre Puiseux ». *Bull. Sci. math. et astr.*, 2ème série, 8, n°1, pp. 234-245.

Au départ de Bourg d'Oisans, vers 700 mètres d'altitude, leur premier objectif était de visiter la végétation de la Bérarde, village situé à 1.727 mètres d'altitude, et du Pelvoux. Partis de nuit, ils herborisèrent dès potron-minet, dans le vallon de Saint-Christophe-en-Oisans, le long du Vénéon, torrent qu'ils remontèrent, passant rapidement d'une végétation et de cultures, avec vergers et noyers, de type collinéen, au montagnard et au subalpin. L'objectif était de *trouver quelques-unes de ces raretés végétales que les eaux arrachent aux flancs des montagnes pour les rejeter ensuite sur les grèves de la vallée* (qualifiée de « *terre de désolation* » depuis les Etages !). A noter que l'on parle plutôt de *délaissés* de torrents, de même que l'on appelle *éboulis* ce que Grenier nomme *chaos de blocs et de débris de roches*. Quoi qu'il en soit, le désir des deux Bisontins fut bientôt satisfait : *nous commençâmes par rencontrer en abondance le charmant petit trèfle des rochers* (*Trifolium thymiflorum* Vill[15]), *qui descend jusqu'au confluent du Vénéon et de la Romanche. Cette jolie plante était mélangée à quelques autres espèces alpines que nous avions plaisir à retrouver*. On apprend à cette occasion que Grenier était venu sur les lieux un an avant, mais dans la suite de cette très longue herborisation d'août 1848, on apprend également que pour d'autres localisations d'espèces, il en était à son cinquième passage sur plusieurs années, ce qui atteste du sérieux de ses investigations. Ce trèfle était accompagné d'espèces courantes descendues de plus haut également, tels *Linaria alpina* L (Miller) et *Epilobium Fleischeri* Hoechst. Au-delà, ils ne trouvèrent rien que de commun. Après un repas « *lacédémonien* », spartiate en un mot, chez l'habitant certainement, à Saint-Christophe, ils continuèrent par Les Etages pour atteindre le village de La Bérarde. Après trois nuits et quatre jours de fatigues non interrompues, ils dînèrent (c'est beaucoup dire) dans une cabane ou un chalet (la « *hutte* », dit Grenier !) de lait, d'un peu de lard et d'un vin q*ui aurait pu rivaliser avec du jus de prunelles*, puis ils dormirent dans du foin frais. Le lendemain matin 3 août, dès cinq heures, *lestés d'un peu de soupe au lait*, ils montèrent explorer la région du glacier de Bonne-Pierre avec,

[15] Voir la *Flore complète portative de la France, de la Suisse et de la Belgique*, de Gaston Bonnier et Albert de Layens, Librairie générale de l'Enseignement, Paris, p. 79.

comme seules provisions, du pain et un reste de lard rance. Pour boire, il y aurait l'eau qui sort du glacier. L'exploration ne leur ayant rien montré d'intéressant, sauf *Myosotis nana* Vill., actuellement *Eritrichium nanum* (All.) Schrader, et des Saules nains, et, au terme d'une marche longue et difficile, enfonçant dans la neige jusqu'à mi-jambe (*assis ou à cheval sur la neige dans laquelle nous avions pénétré*) pour atteindre une zone déneigée, où ils trouvèrent des Androsaces, *Gnaphalium* et autres espèces communes en zones alpine et nivale, *les riches herborisations que nous nous étions promises sur les flancs du Pelvoux, ne devaient plus être comptées qu'au nombre de nos rêves*, écrit Grenier. Il incriminait le substratum géologique cristallin, *par comparaison avec la vallée du Lautaret, qui n'est qu'un des versants du massif exploré, mais qui jouit d'une fertilité devenue proverbiale chez les botanistes, due aux schistes argilocalcaires*, rares ou absents dans la vallée.

La constitution géologique ne laissant plus l'espoir de voir les fatigues des deux hommes rémunérées par de satisfaisantes récoltes décida Grenier et Puiseux à prendre la route du Lautaret *en franchissant des cols élevés conduisant à des vallées voisines*, leur objectif étant *de sortir promptement de leur prison de granit*. Ils dormirent une seconde nuit dans la « *hutte* » où deux touristes les avaient rejoints ; l'un, *désireux de franchir un col élevé et de parcourir un glacier*, demanda à les accompagner ; il allait être servi. Grenier et Puiseux choisirent la voie passant par le vallon du Châteleret, le col de la Cavale et le glacier du Clot des Cavales et le vallon de l'Arp. De mémoire des gens du pays, personne à La Bérarde n'avait franchi ce passage difficile. Seul un homme dont le père avait suivi cette « *route* » autrefois pour aller à La Grave, savait qu'arrivé au col, il fallait, pour redescendre, se diriger à gauche ! Le matin du 4 août, après un violent orage dans la nuit et de grandes pluies, le brouillard enveloppait tout. Vers huit heures, un vent froid dissipa les nuages qui, jusque-là, empêchaient tout départ. Malgré un temps plus qu'incertain (de surcroît, il avait neigé), *la crainte de l'ennui que leur promettait le séjour dans ces lieux sans ressources* décida les deux Bisontins à prendre la route du Lautaret. Ils se trouvèrent rapidement dans le brouillard, puis sous des averses de neige, sur des pentes allant jusqu'à cinquante degrés, ce qui les obligea à faire, *avec les mains fixées dans la neige autant d'efforts qu'avec les pieds*, tout cela pour trouver seulement un *Lycopodium alpinum*. Après une heure et demie de cette marche, transis de froid dans leurs habits d'été, le groupe atteignit le col. A la redescente, très rapide, le pied manqua soudain à Puiseux qui, au grand effroi de ses compagnons, glissa à grande vitesse sur une centaine de mètres pour disparaître dans une crevasse... dont il ressortit vite car, s'écria-t-il, il l'avait comblée avec la neige que sa chute avait entraînée ! Elle était donc peu profonde, heureusement. Rassurés, ses deux compagnons se laissèrent glisser à leur tour... Le reste du trajet fut sans histoire et le groupe arriva à Villar d'Arêne. Là, l'auberge de Mme Clot, *auberge très bonne*, les accueillit. Auparavant, ils avaient observé *une végétation dont la vigueur annonçait la région des schistes argilo-calcaires*.

Le lendemain 5 août, Grenier passa la journée avec un Pierrine Gaston-Sacaze alpin, M. Mathonnet, ancien douanier à la retraite depuis plus de trente ans (il atteignait quatre-vingts ans et mourut l'année suivante), *vieux doyen des botanistes, que le goût de la Botanique avait pris quand il avait soixante ans, mais chez qui l'amour de la Botanique avait éclaté comme une passion : il se relevait la nuit*, raconte Grenier, *prenait un morceau de pain et s'élançait sur les cimes voisines. Il y récoltait par centaines les rares espèces qui y végètent et les prodiguait aux botanistes qui lui faisaient visite*, comme on a vu Therry le faire également. *La journée entière se passa à glaner dans les énormes provisions du vénérable botaniste. Mais quand la nuit fut venue, je pensai que le meilleur moyen d'utiliser la soirée était de recueillir de la bouche de notre vieux doyen tous les renseignements botaniques qu'il possède sur les montagnes voisines, et d'en composer en les réunissant à ceux qui pouvaient m'être* (ce qui montre qu'il était déjà passé par là), *un itinéraire sûr, à l'usage des botanistes qui viendront après nous explorer cette riche contrée*. Cette visite allait orienter les herborisations de Grenier et Puiseux, qui étaient arrivés dans une terre promise pour botanistes. Le reste du récit est consacré à des herborisations entre Villar d'Arêne jusqu'au-delà de Gap, faites sans désemparer, le maximum dans le minimum de temps. Le texte de Grenier (l.c., pp. 43-87) est rempli de détails sur des itinéraires qu'il connaissait déjà, et de listes de plantes, avec d'abord six excursions, dont le Lautaret et le Galibier. Puis ils quittèrent l'auberge de Mme Clot pour Monestier de Briançon (Monestier-les-Bains en 1893), où ils déposèrent leurs bagages à l'auberge, *très satisfaisante*, de M. Armand. Auparavant, par un service de mulets, il avait fait venir au Monestier les rames de papier destinées à *faire face aux exigences de tant et de si belles récoltes*, rames qu'il avait laissées à Bourg d'Oisans. Un autre service de mulets servirait à porter les paquets de plantes à son correspondant, M. Blanc, à Gap, qui s'en occuperait. En résumant beaucoup, les deux compagnons explorèrent la Vallouise, puis ils se séparèrent : Puiseux tenta l'ascension du Pelvoux avec un guide, étant entendu qu'en cas de réussite, il rédigerait les résultats botaniques de son entreprise. Pendant ce temps, Grenier rebroussait chemin pour traiter ses plantes au Monestier, ce qu'il fit une partie de la nuit avant d'en repartir au matin, car il manquait de papier, pour Briançon (en herborisant tout au long de la route : il allait constamment à pied) chez un M. Allemand, où il avait ses habitudes. Le 11 août, il était au Mont Viso pour la troisième fois, puis il herborisa autour de Briançon. Le col de l'Izoard ne semble pas avoir eu de secrets pour lui. Le 16, il parcourut pour la cinquième fois la montagne de Séuse et revint à Gap le 17 août 1848, chez son ami M. Blanc. Pour finir, il rendit visite avec lui à un colonel Serres, retiré à Gap, mais qui avait été longtemps Toulousain. Il avait été lié avec Lapeyrouse fils qui lui avait donné des parts de presque toutes les espèces créées par son père. Bon connaisseur aussi de la flore pyrénéenne, Grenier en examina certaines et rejoignant de Candolle, il les jugea... problématiques. Enfin, il explora le Mont Aurouze pour la quatrième fois. Pour finir, il précisa qu'il s'était borné à *des indications générales sur les espèces les plus curieuses de chaque localité*, pensant avoir été utile aux botanistes qui, *n'ayant que peu de temps à dépenser, désireraient récolter la plupart des bonnes espèces de nos Alpes dauphinoises*. Belle modestie pour ce qui était un véritable manuel de terrain !

La carrière universitaire d'Antoine Magnin

Charles Grenier était mort depuis quelques années lorsque le docteur Antoine Magnin arriva à Besançon (1884). Une bonne décennie « *blanche* » avait passé pour la « *botanique jurassique* », si l'on excepte l'activité d'amateurs éclairés comme Justin Paillot (1828-1891), Xavier Vendrely (1837-1908), tous deux pharmaciens, et quelques autres. Thurmann lui-même était mort en 1855. Grenier qui avait quitté sa chaire en 1874, plus tôt en réalité, pour des raisons de santé, et était mort en 1875, avait eu comme successeur un jeune naturaliste, Georges Le Monnier[16], qui opta pour la Faculté des Sciences de Nancy dès 1875. Un M. Joyeux-Laffuie ne fit que transiter par Besançon et s'en alla à Caen. Enfin, un zoologiste, Charbonnel-Salle (1853-1932), resta jusqu'à sa retraite en 1923. Rappelons qu'il s'agissait d'une chaire d'Histoire naturelle. Lorsqu'en 1884, Magnin bénéficia de la création d'une maîtrise de conférences de Botanique à la Faculté des Sciences de Besançon[17], il fut le véritable successeur de Charles Grenier. Simplement, il restreignit son aire de recherches au Lyonnais et au Jura géographique. Né à Trévoux, dans l'Ain, le 15 février 1848, il avait fait ses études scientifiques et médicales à Lyon, une double formation qui marqua sa carrière. Interne des Hospices de Lyon en 1871, licencié ès Sciences naturelles en 1875, docteur en Médecine de la Faculté de Paris en 1876 (thèse sur le paludisme dans la Dombes), Magnin se présenta en 1878 au concours d'agrégation (Sciences naturelles) avec comme *thèse d'agrégation*, une monographie sur les bactéries, sujet imposé qu'il eut un mois pour rédiger et faire imprimer. Ce volume de 179 pages, sans doute la première synthèse sur le sujet, fut traduit en américain en 1880, puis en russe. Une seconde édition, augmentée par le médecin-général Georges-M. Sternberg (1838-1915), parut à New-York en 1884[18]. Cette notoriété internationale valut à Magnin d'être nommé

[16] Georges Le Monnier (1843-1931), premier titulaire de la chaire de Botanique de la Faculté des Sciences de Nancy, mais également adjoint au maire de la ville (1892-1900). Il fut responsable de l'édition de 1883 de la *Flore de Lorraine* de Godron, avec Paul Fliche (1836-1908), professeur de Botanique à l'Ecole des Eaux et Forêts de Nancy, paléobotaniste, correspondant de l'Académie des Sciences : 1904.

[17] Il s'agissait du premier grade professoral, ce qui n'est plus le cas aujourd'hui.

[18] Le bactériologiste allemand Robert Koch (1843-1910, prix Nobel de Physiologie ou Médecine 1905), le surnomma le « *père de la bactériologie américaine* ».

vice-président de la section d'Hygiène du Congrès International de Médecine à Washington en 1887.

Enfin Magnin, dont on a vu qu'il avait parcouru toute la région lyonnaise avec des botanistes comme le docteur Saint-Lager et qu'il avait beaucoup publié dans les *Annales de la Société botanique de Lyon*, réunit ses observations en thèse de doctorat ès Sciences Naturelles sur la *Géographie botanique du Lyonnais*. Il la soutint devant la Faculté des Sciences de Montpellier en 1879 et la publia en un volume de 159 pages, avec deux cartes en couleurs chez Baillière, à Paris. Il élargit son travail à une *Végétation de la région lyonnaise et de la partie moyenne du bassin du Rhône, comprenant le Lyonnais, le Beaujolais, la Dombes et le Bas-Dauphiné*, fort volume in 8° de 513 pages et 7 cartes, qui parut chez Georg, à Lyon, en 1884. Chef de travaux pratiques de Matière Médicale et de Botanique à la Faculté de Médecine de Lyon de 1877 à 1883, il fut chargé des fonctions d'agrégé d'Histoire naturelle, puis il suppléa le professeur titulaire en 1879-1880 après un échec assez obscur au concours d'agrégation des Facultés de Médecine de 1878[19]. Il est possible que son cours libre de Cryptogamie médicale (sans doute Bactériologie médicale) à la Faculté de Médecine en 1876-1877, lui ait aliéné des sympathies. S'étant mis en valeur dans le domaine nouveau de la Microbiologie naissante, sa réussite put lui permettre de postuler à court terme un poste correspondant à cette spécialité montante, mais poste sans doute réservé à un membre de la galaxie Rollet (1824-1894), le premier professeur d'Hygiène de la Faculté de Médecine avec qui Magnin travailla après les épidémies de fièvre typhoïde de Lyon en 1874. Or, Joseph Rollet appartenait à une vieille famille lyonnaise et Magnin, non. Il faut ajouter que ce dernier était un travailleur acharné et qu'il publia beaucoup et bien, ce qui ne crée pas que des amis. Chargé d'un cours de Botanique à la Faculté des Sciences de

[19] Amédée Latour, rédacteur en chef de *l'Union médicale*, écrivit dans le numéro du 3 septembre 1878 de son journal : *Je n'ai à apprécier en aucune façon la décision du jury de ce concours, qui n'a pas jugé M. Magnin digne d'être agrégé de la Faculté de Lyon. Des épreuves que ce candidat a eu à subir, je ne connais que sa thèse, mais je ne peux m'empêcher de m'étonner que l'auteur d'un travail aussi recommandable se soit montré tellement inférieur dans ses autres épreuves que sa nomination soit devenue impossible. Hasard et mauvaise chance des concours...* On ne saurait mieux dire.

Lyon pour l'année universitaire 1881-1882, secrétaire de la Société Botanique de la ville depuis sa création en 1872, Magnin prit en charge la direction du Jardin botanique de Lyon, au parc de la Tête-d'Or, en 1881. Il la conserva jusqu'à son départ pour Besançon en 1884, professa la Zoologie et la Zootechnie à l'Institut agricole d'Ecully (entre 1879 et 1884), donna des leçons sur les Lichens et sur les Champignons comestibles et vénéneux, des cours d'Horticulture au Conservatoire de Botanique de la Tête-d'Or, que sais-je encore, tout en accumulant travaux de terrain, livres et publications (une centaine en tous genres, en moins de dix ans). En mai 1884, le médecin-botaniste lyonnais fut promu maître de Conférences de Botanique à la Faculté des Sciences de Besançon. Désormais, il serait Bisontin, mais il resta Lyonnais de cœur : la liste de ses publications montre que sa participation aux travaux de la *Société Botanique de Lyon* ne ralentit guère après sa nomination.

On s'est interrogé sur ce départ. Une balourdise assez extraordinaire courait vers 1955-1960 ; elle me fut rapportée à l'époque par André Quantin, maître de conférences de Pédologie et de Botanique agricole à la Faculté des Sciences de Besançon. D'après ce qui n'était en fait qu'un ragot, Magnin aurait été franc-maçon, ce qui était son droit et était même probable, mais il aurait été aussi le gendre de Pasteur, ce qui n'était pas bien connaître l'histoire de ce dernier. Une certaine légende faisant du savant un catholique convaincu, Pasteur aurait « *puni* » son gendre putatif en l'envoyant croupir à Besançon. C'est ignorer que c'était impossible. En effet, ayant perdu trois filles sur cinq enfants, Pasteur n'en avait plus qu'une à marier, Marie-Louise, future Mme René Vallery-Radot. Par ailleurs, Pasteur, qui avait quitté la pratique religieuse vers l'âge de vingt ans et qui était ouvertement déiste, n'attachait guère d'importance, sinon du point de vue social, à la religion catholique[20]. Pour lui, dans les établissements scolaires, l'assistance obligatoire aux offices n'était qu'un « *mouvement* » de l'emploi du temps. Il est plus vraisemblable que Magnin ne s'entendit pas avec Joseph Loir (1817-1899), chimiste, doyen de la Faculté des Sciences de Lyon, beau-frère de Pasteur.

---

[20] Voir R. Moreau (2000) *Préhistoire de Pasteur*. L'Harmattan, Paris, pp. 210-214.

Cela expliquerait qu'il n'ait été chargé de cours qu'un an à cette Faculté. Si donc il eut maille à partir avec un membre de la galaxie pasteurienne, ce fut peut-être avec le doyen Loir. J'ai plutôt tendance à croire qu'à trente-six ans passés et du fait de la rareté des postes, il préféra être le premier chez lui que le second chez un autre.

A la Faculté des Sciences de Besançon, Magnin, plus âgé et certainement plus titré que son collègue Charbonnel-Salle, ne pouvait pas rester longtemps en sous-ordre. En 1886, il occupa le poste de professeur-adjoint de Botanique, à la suite du dédoublement de la chaire d'Histoire naturelle, puis il obtint une chaire de Botanique générale en 1894. En 1885, il avait été chargé du cours d'Histoire naturelle à l'Ecole de Médecine, qu'il dirigea après le docteur Léon Chapoy (1850-1928)[21]. Il quitta cette direction en accédant au décanat de la Faculté des Sciences, en 1907.

Antoine Magnin, médecin et hygiéniste

On distingue trois périodes d'importance inégale dans l'œuvre du docteur Magnin. La première, médicale, correspond à sa vie hospitalière : étant interne aux Hospices civils de Lyon, il publia des observations cliniques. Cette période n'ayant pas eu de suite dans sa carrière, j'en resterai là. Les deux autres montrent une remarquable continuité. La plus ancienne tient au passage de Magnin dans le service d'Hygiène du professeur Joseph Rollet (1824-1894), à la Faculté de Médecine de Lyon. Elle concerne la pollution microbienne du milieu souterrain dans un siècle où, à Lyon comme partout, on mourait beaucoup de la fièvre typhoïde. Rappelons que le bacille responsable de cette affection fut découvert par Karl-Joseph Eberth (1835-1926) en 1880. Cependant, depuis une cinquantaine d'années déjà, on commençait à penser que l'eau était responsable de la transmission de la

[21] Voir Jean-Pierre Maurat et Jean Royer (1997) *L'enseignement médical et pharmaceutique en Franche-Comté. Dole-Besançon, 1422-1997*, Cêtre, Besançon.

maladie par des germes d'origine fécale[22]. Dès 1856, William Budd (1811-1880) estimait que chaque cas de fièvre typhoïde était rattaché épidémiologiquement à un cas précédent et qu'une « *toxine spécifique* » était disséminée avec les fécès des malades. L'année avant, Max Von Pettenkofer (1818-1901), à Munich, avait établi une corrélation entre l'apparition d'une épidémie de choléra et les mouvements de la nappe souterraine. Les épidémies avaient toujours paru survenir à la suite de l'abaissement notable, succédant à une forte élévation de la nappe, d'où la formule de la *Grundwassertheorie* de l'Ecole de Munich : *La fièvre typhoïde monte comme le niveau de la nappe baisse*. On admettait que cet abaissement mettait à nu *les matières excrémentielles* qui imprègnent le sol et en *démasquait et activait* l'action toxique. Cette théorie de Pettenkofer-Budd eut rapidement la faveur des médecins « *d'esprit scientifique* », écrivait Magnin dans une synthèse sur l'hydrographie souterraine qu'il publia en 1902 dans le *Bulletin de la Société d'Histoire Naturelle du Doubs*.

Après l'épidémie de fièvre typhoïde de 1874 à Lyon, Magnin avait entrepris des recherches sur les conditions météorologiques du moment et constaté que, dans les semaines qui avaient précédé les premiers cas, la nappe lyonnaise, qui alimentait de nombreux puits, avait subi de fortes oscillations. Il confirma ainsi la théorie de Pettenkofer et conclut que les mouvements de la nappe souterraine avaient remis en suspension des germes pathogènes d'origine humaine qui avaient sédimenté et qui l'avaient atteinte à travers le sol. Le problème de la contamination des eaux souterraines, du pouvoir épurateur des sols et de la plus ou moins longue viabilité des germes pathogènes dans les milieux naturels était posé. Plus tard, en se basant sur ses observations à Beynost, localité de l'Ain située au pied de la falaise méridionale de la Dombes, où il avait sa maison de famille et où vivaient ses parents, et sur celles du docteur Ballivet à Thoiry, dans le Pays de Gex, Magnin débroussailla la question des mécanismes de pollution bactériologique des nappes dans les terrains perméables en petit et

[22] Voir R. Moreau (1982) *La pollution des eaux souterraines : hygiène et épidémiologie*. Journée d'étude sur la protection des eaux karstiques organisée par la Société Nationale des Distributions d'Eau et la Commission Nationale de Protection des Sites Spéléologiques, Bruxelles.

en grand et battit en brèche le prétendu pouvoir épurateur des sols, panacée de trop d'hydrogéologues, qu'Emile Duclaux avait déjà mis en doute dans son *Traité de Microbiologie* (Masson, Paris, 1898).

A peine arrivé à Besançon sur un poste de Botanique à la Faculté des Sciences, Magnin fut nommé membre du Conseil d'Hygiène, élu conseiller municipal et adjoint au Maire, Claude François Vuillecard, dont il fut le premier adjoint. A ces titres, il s'occupa des épidémies quasi-annuelles de fièvre typhoïde qui atteignaient la ville. L'idée d'une cause bactériologique des maladies entériques était si peu présente qu'il dut lutter contre l'opposition de ses collègues de l'administration municipale et des médecins de la ville. Violemment pris à partie dans la presse locale par un certain « *docteur San Grado* », d'autant plus agressif qu'il se cachait derrière un pseudonyme, Magnin réussit malgré tout à faire interrompre des distributions d'eau sans attendre les résultats d'analyses bactériologiques dont l'utilisation débutait. Avec le docteur Eugène Gauderon, il batailla pour faire reconnaître le rôle de la contamination des sources qui alimentaient Besançon depuis le plateau, dans les épidémies bisontines[23], et il participa aux opérations de coloration à la fluorescéine qui y furent faites et dont il rendit compte à la *Société d'Emulation du Doubs* (1894).

Par ailleurs, depuis 1890, le professeur de Botanique de la Faculté des Sciences de Besançon s'était engagé dans une vaste étude sur les lacs du Jura, leurs émissaires souterrains, les relations de ceux-ci avec les sources vauclusiennes et l'hydrographie souterraine du Jura géographique. Examinant avec François Hétier, un industriel botaniste d'Arbois, les bassins fermés occupés par des tourbières ou des lacs, Magnin, qui était aussi excellent géologue (on devrait dire naturaliste complet) avait l'intention d'étendre ses recherches aux bassins fermés plus ou moins desséchés de la région, quand, en 1896, Eugène Fournier (1871-1941), pionnier de la spéléologie, arriva à la Faculté des Sciences comme chargé de

---

[23] Le docteur Gauderon (1849-1935), qui fut professeur à l'Ecole de Médecine de Besançon, consacra un discours au thème : « Des progrès de la médecine par les doctrines pastoriennes » (Dodivers, Besançon), lors de la rentrée solennelle de l'Université de Besançon, le 12 novembre 1896. Auparavant, il avait publié en 1894 : *De la fièvre typhoïde à Besançon. Description et origine des trois épidémies observées à Besançon en 1885 et 1886.* Paul Jacquin, Besançon.

cours de Géologie. Magnin collabora avec lui, avec comme résultat des publications communes sur les systèmes karstiques de la région, dans l'organe de la *Société française de Spéléologie*. En 1899, Magnin présenta à la *Société d'Emulation du Doubs* un mémoire sur les sources intermittentes. Il y étudie Fontaine-Ronde, entre Pontarlier et Les Hôpitaux (Doubs), la fontaine du Moulinet à Syam et les sources de Combe-Noire près de Cinquétral, toutes dans le département du Jura, la Fontaine des Merveilles, près d'Hautecombe, en Savoie, vers le lac du Bourget, à l'extrémité du Jura géographique. Le docteur Magnin acheva cette partie de son œuvre en 1902 lorsque Fournier fut nommé professeur titulaire de Géologie. Il publia alors, un peu en solde de tout compte, le mémoire cité plus haut sur l'hydrographie souterraine, les sources vauclusiennes et les eaux d'alimentation dans leurs rapports avec les épidémies de fièvre typhoïde. Désormais, Magnin ne serait plus que botaniste, ce qu'il n'avait pas manqué d'être déjà au plus haut niveau quand il s'occupait d'eau et de sources.

Les lacs du Jura

L'hydrographie des lacs du Jura ne pouvait qu'amener le maître de la Botanique bisontine à l'étude de leur végétation. Le résultat fut la publication en 1904, chez Klincksieck, à Paris, de sa *Végétation des lacs du Jura*, fort volume de 426 pages, illustré de 210 figures dans le texte et de 19 planches. Ce livre, fruit d'un travail considérable, résumait douze années d'observations et de récoltes et des milliers de sondages, exécutés seul ou avec la collaboration d'élèves ou d'amis comme Hétier, avec qui il envisagea un moment de rédiger une monographie des tourbières du Jura, qui ne vit pas le jour, à deux courts articles près, parus dans la *Revue de Franche-Comté* en 1907. Auparavant, selon son habitude, Magnin avait publié une quarantaine d'articles et de monographies de limnologie jurassienne. L'ouvrage sur les lacs reçut en 1907 le prix Milne-Edwards, de la Société de Géographie de Paris, sur rapport du prince Roland Bonaparte. Il n'a jamais été réédité.

Dans son travail, l'auteur examine soixante-quatorze lacs, de Chaillexon à Saint-Point, de Nantua à Aiguebelette et au Bourget.

La première partie comprend les monographies botaniques des lacs avec notamment la carte des profondeurs et la description des populations végétales de chacun. La seconde commence par ce que l'on appelait la « *statistique* », c'est-à-dire par une synthèse sur la végétation lacustre jurassienne. Magnin y énumère les espèces rencontrées et en décrit quelques-unes qu'il considère comme nouvelles, tel le *Nuphar juranum*, plus méridional et qui croît dans des eaux plus profondes que le *Nuphar luteum* Sm. habituel. Il semble que ce soit un hybride *N. luteum* x *pumilum*. La suite du texte énumère les zones circum-lacustres de végétation, parmi lesquelles Magnin distingue d'abord les zones extérieures, dont la végétation peut exercer une influence sur la flore du lac à la suite de phénomènes d'eutrophisation, par exemple : bords rocheux, grève exondée avec sa saulaie habituelle, grève inondée périodiquement recouverte de plantes amphibies, bords marécageux et tourbières. Partant des bords et en allant vers le centre, il décrit ensuite quatre zones concentriques de végétation littorale :

- la phragmito-scirpaie ou région palustre, ceinture de Roseaux et de Joncs, mélangés de beaucoup d'autres plantes. Commune autour de la plupart des lacs, elle est très développée pour certains comme celui de Saint-Point ou encore celui de l'Abbaye, ce qui leur donne, écrivait Magnin, *une physionomie particulière, impression de monotonie et de tristesse* ;

- la zone des nénuphars, appelée *zone stagnale* par l'auteur, ceinture de feuilles et de fleurs nageant sur la surface et parfois un peu élevées sur elle, peuplée majoritairement de *Nuphar luteum* Sm, dont les rhizomes s'étendent jusqu'à une profondeur de 4 à 5 mètres, les autres espèces, Renoncules d'eau (à fleurs blanches), *Hippuris*, *Potamogeton*, *Chara*, étant plus accidentelles ;

- dans la zone suivante, la surface du lac est nue ou, du moins, elle ne se laisse traverser que pendant quelques jours de l'année par des épis fleuris de *Potamogeton* et de *Myriophyllus*, plantes aquatiques dont les feuilles sont découpées en lanières très fines. C'est la zone lacustre, dont la profondeur ne dépasse pas 6 mètres. Les Nénuphars, s'ils existent, sont réduits à des feuilles submergées. Ils sont accompagnés épisodiquement par de rares autres Phanérogames, telles des Renoncules d'eau et des Utriculaires ;

- la dernière zone littorale occupe les profondeurs de 6 à 15 mètres et n'est habitée que par des Cryptogames, principalement des Mousses et des *Chara* ;

- enfin, des plantes flottantes (Utriculaires, *Ceratophyllum demersum* L., dont les feuilles sont découpées en lanières fines ; du point de vue systématique, elles sont relativement proches des *Nuphar* et différentes des Myriophylles). Ces sociétés peuvent être disséminées à la surface de parties nues des lacs, dans des espaces laissés libres par les associations des groupes I, II et III.

Le jardin botanique et l'éducation populaire

Magnin caressa rapidement le projet de s'engager pour le Jura géographique, dans une œuvre d'envergure, comme celle à laquelle il avait collaboré à Lyon dans sa jeunesse sur la Botanique du Lyonnais et des régions limitrophes. Persuadé de la nécessité d'étudier la distribution géographique des plantes et des animaux pour comprendre leur biologie, il préconisa la cartographie de la végétation de la chaîne jurassienne. Cependant, l'ambition était ici plus vaste et Magnin était plus seul qu'à Lyon, où existaient une Société Botanique active, des structures et des herbiers. La réalisation de son projet exigeait qu'il acquière au préalable une connaissance aussi complète que possible de la flore jurassienne. Ne pouvant suffire à tout à une époque où le mode de transport le plus courant était le chemin de fer, Magnin pensa utiliser les botanistes amateurs, dont il chercha à accroître le nombre par l'éducation populaire, considérée alors comme une tâche prioritaire. Au printemps de 1905, dans le *Bulletin de la Société d'Histoire Naturelle du Doubs* (n° 11), il définit avec netteté la place des naturalistes amateurs, dans un texte d'une vingtaine de pages intitulé *Aperçu des Recherches d'Histoire naturelle à entreprendre dans le Massif du Jura, particulièrement dans le département du Doubs* et qui concernait la Botanique et la Zoologie et dont voici deux citations essentielles. Dans la première, il indiquait qu'il n'était *pas nécessaire d'être un naturaliste de profession pour entreprendre des recherches d'histoire naturelle. L'amateur, le collectionneur qui ne se préoccupe que de la récolte des espèces plus ou moins rares de la région qu'il habite, peuvent rendre de réels services, en fournissant aux naturalistes qui les mettront en œuvre, des matériaux souvent d'un grand intérêt ; mais à la condition de savoir observer, de tout noter avec exactitude : conditions géographiques (et géologiques, si possible), climatiques, variations diverses de l'espèce et de leurs conditions d'existence (sinon de leur production), phases du développement (plantules, larves, chenilles, nids, œufs)*, etc. *C'est à ce rôle, déjà si étendu, mais si intéressant que doit se borner le chercheur isolé qui ne possède pas les instruments de travail nécessaires pour entreprendre des études micrographiques, des recherches de morphologie ou d'anatomie comparée, ou même pour déterminer avec certitude les formes affines des groupes (genres, espèces, etc) critiques ; devant les difficultés de plus en plus grandes de la spécification, qui ne peut plus se faire actuellement qu'avec l'aide de collections comparatives complètes, il est préférable, pour l'observateur isolé, de faire déterminer ses récoltes par des spécialistes ; on trouvera dans le cours de cette notice, des indications sur les principaux naturalistes à qui on peut s'adresser dans chaque branche.* Cette liste va du Nord du Jura jusqu'à Grenoble. Outre la collaboration entre naturalistes amateurs et professionnels, Magnin proposa une autre voie aux chercheurs, celle qu'offrait *une branche nouvelle des sciences biologiques*, la biométrie : *Le naturaliste ne se contente plus de constater, avec plus ou moins de soins, ces modifications de l'individu, mais il les compte, leur applique les méthodes statistiques et les soumet au calcul ; nous ne conseillerons évidemment pas à nos jeunes observateurs de pousser leurs recherches jusqu'au calcul des polygones de variation et des courbes de variabilité ; mais nous pouvons les engager à recueillir des matériaux, à faire des comptages portant sur un très grand nombre de variations, de même nature, observées pour le même organe, dans une même station : données qui seront utilisées et mises en œuvre plus tard par des biométriciens.* Magnin donnait l'exemple du professeur Robert Chodat (1865-1934), de Genève, qui avait su le faire *avec le concours d'un certain nombre de correspondants, pour les variations des taches du labelle de l'Orchis Morio, dans l'Europe occidentale*, un *exemple suggestif* de ce que l'on pouvait entreprendre sur les variations des plantes et des animaux.

Le résultat espéré ne pouvait pas être atteint sans disposer à Besançon de locaux suffisants, d'ouvrages de référence et d'une collection de plantes vivantes. La Faculté des Sciences ne pouvant pas l'offrir, la construction d'un Institut botanique et l'organisation d'un jardin botanique place de Chamars, comparables en petit à la Tête-d'Or ou au Laboratoire de Gaston Bonnier à Fontainebleau, seraient la clé du système, et faisaient partie du projet d'agrandissement des Facultés, sur lequel Magnin avait donné les indications nécessaires. La Ville de Besançon s'en chargea. Les plans furent présentés au Conseil Municipal en 1891, approuvés par celui-ci en 1892 et 1893 et par le préfet cette même année. Les travaux commencèrent en mai 1896. Magnin raconte à ce sujet qu'un employé de mairie nommé Colin et l'entrepreneur de travaux publics Sourioux vinrent placer les piquets de délimitation du bâtiment sans tenir compte de ses observations. Les élections municipales étant imminentes, Magnin s'y présenta à nouveau et fut élu le 10 mai. Le jour suivant, écrit-il, le tracé définitif s'établissait selon ses désirs ! L'entrée en possession eut lieu le 1er avril 1898 et le premier cours fut donné le 20 avril suivant. L'Institut Botanique (où j'ai encore suivi des cours et des travaux pratiques en 1955) comportait une salle de Musée, garnie de vitrines inutilisées provenant de l'Ecole de Médecine, une galerie d'herbiers, une bibliothèque, une salle de Mycologie comprenant des moulages de Champignons, une salle de Géographie botanique, un amphithéâtre d'une cinquantaine de places, une salle de travaux pratiques et des laboratoires, dont celui du Professeur. Le jardin botanique fut dessiné par un architecte paysagiste, Henri Michel, en collaboration avec Magnin. Sa caractéristique était d'être organisé en plates-bandes disposées non pas en séries rectilignes ou circulaires, mais en groupes irréguliers, où les familles s'enchevêtraient selon leurs affinités botaniques. Des allées larges limitaient les groupes naturels, familles, ordres, classes et embranchements. Divers aménagements complémentaires furent apportés ensuite : construction de serres, en 1896-1897, d'un bassin pour plantes aquatiques et d'un canal pour Monocotylédones aquatiques également, d'une orangerie (malheureusement non chauffée), d'une rocaille pour les plantes caractéristiques du Jura. En 1900, Magnin essaya aussi avec un certain résultat (j'en ai vu les restes) de recréer une petite tourbière avec Sphaignes, *Carex*, Vacciniées (Raisin d'Ours, Myrtille, *Oxycoccos*) et le *Betula nana* L. de Mouthe, avec peu de résultats pour celui-ci. L'erreur fut de ne pas cultiver cette relique de la toundra jurassienne en pleine terre.

A peu près en même temps, se souvenant de ses cours d'Ecully, le docteur Magnin fonda un enseignement, d'abord municipal, de Botanique agricole. Il en chargea un ancien instituteur, alors professeur au collège de Baume-les-Dames, Paul Parmentier (1860-1941), rapidement surnommé, bien sûr, le *Père Patate*, pour qui une chaire spécifique fut créée en 1905. Après la retraite de Magnin, Parmentier, devenu titulaire de la chaire de Botanique, directeur de l'Institut botanique, fit compléter les installations du jardin par une roseraie et un arboretum. Le chauffage de l'orangerie permit de cultiver des Caféiers, Théiers, Vanilliers, Poivriers, Câpriers et même de la Coca et du Quinquina. Cette organisation subsistait encore globalement en 1956, même si les difficultés de la guerre n'avaient pas permis de conserver les plantes tropicales. Sitôt ouvert, l'ensemble constitua pour Magnin un puissant moyen d'éducation populaire, en permettant l'organisation de démonstrations publiques avec la collaboration d'anciens élèves, comme le docteur Joseph Faney (1870-1902), chef de clinique obstétricale à l'Ecole de Médecine, premier président de la Société d'Histoire Naturelle du Doubs, et d'amateurs formés sur le tas. L'un de ceux-ci, Louis Hillier (1869-1962), correcteur d'imprimerie au journal *Le Petit Comtois*, le *père Hillier* (on a vu que l'on parlait aussi du *papa Magnin*, du *Père Patate* ou encore du *père Paillot*) devint le spécialiste incontesté des Mousses et des Sphaignes de Franche-Comté sur lesquelles il publia trois livres : en 1912, *Promenades bryologiques dans les Monts-Jura* ; en 1943, un *Catalogue raisonné des Sphaignes de la Franche-Comté et des zones limitrophes* ; et tardivement (1954), un *Catalogue des Mousses du Jura*. Devenu conservateur des collections du Jardin Botanique après la guerre de 1914, Louis Hillier rédigea avec le professeur Philippe Eberhardt, second successeur de Magnin, un *Vade-Mecum des étudiants et des visiteurs du Jardin Botanique de Besançon*. Grâce à son cahier de photographies, ce volume est probablement le seul témoin des installations disparues. Jusque dans les années 1950, Louis Hillier resta un fidèle animateur des expositions mycologiques. J'ai encore connu ce petit homme aux cheveux blancs, toujours vif et actif. Après le transfert en 1956 de l'Institut Botanique dans Besançon à la place Leclerc, entre des voies passagères et celles du chemin de fer d'ailleurs, le bâtiment de Chamars fut détruit et les emprises annexées par le Centre hospitalier régional (Hôpital Saint-Jacques). On sacrifia ainsi un témoin de l'âge d'or de la Botanique « *jurassique* » et de l'enseignement populaire à Besançon au début du vingtième siècle.

La Société d'Histoire Naturelle du Doubs et les Archives de la Flore jurassienne

Dès qu'il eut à sa disposition des locaux suffisants, Magnin s'efforça de fédérer les nombreux naturalistes amateurs de la région en créant la Société d'Histoire naturelle du Doubs, destinée à leur permettre d'apprendre à travailler et à se réunir facilement pour « *causer familièrement de leur étude favorite* ». Cette société put apparaître concurrente de la *Société d'Emulation du Doubs* pour les sciences naturelles. En 1906[24], répondant sans doute à des critiques, Magnin, qui présidait la seconde, précisa qu'il avait voulu créer un lieu de rencontre « *modeste* » entre naturalistes pour qui la *Société d'Emulation* apparaissait souvent comme une *société polytechnique* de haut niveau, *auxiliaire de la Faculté des Sciences*, pour reprendre la formule citée, et donc inaccessible. De fait, *« l'Emulation »* joua longtemps ce rôle puisque, rien qu'en Botanique, elle publia les travaux de Charles Grenier, Justin Paillot, Xavier Vendrely, du lichénologue Camille Flagey (1834-1898), de Magnin, Hétier, etc. Magnin précisa que des travaux d'importance devaient continuer à y être présentés, tout en remarquant que, si les communications de ce genre devenaient plus rares à « *l'Emulation* », ce n'était point tant du fait de la concurrence que pouvait faire la *Société d'Histoire naturelle*, qu'à cause de l'apparition de revues scientifiques nationales qui commençaient à assurer aux spécialistes une diffusion rapide de

[24] A. Magnin (1906) « Du rôle des naturalistes dans la fondation et le développement de la Société d'Emulation du Doubs ». *Mém. Soc. Emul. Du Doubs*, 6ème série, **I**, six pages.

leurs travaux. Il donnait l'exemple négatif des *Lichens de Franche-Comté* de Flagey, publiés par la *Société d'Emulation du Doubs* entre 1882 et 1901, travail cité partout avec éloges, mais dont la diffusion était empêchée par l'absence de tirages à part et de tables. Les réunions de la *Société d'Histoire naturelle du Doubs* furent consacrées à des présentations de fossiles, de plantes et d'animaux, et à des séances de déterminations. Elles eurent lieu naturellement à l'Institut Botanique de Chamars. Néanmoins, de nombreuses communications fondamentales arrivèrent aussi, dont regorgèrent les premiers numéros du bulletin et même, longtemps après, ceux qui suivirent. Le bulletin ne suffisant pas à publier les nombreuses observations de terrain que recevait le directeur de l'Institut Botanique, celui-ci y remédia en créant les A*rchives de la Flore jurassienne,* qui parurent par livraisons de 1900 à 1906. Cette «*feuille*», un peu assimilable au futur *Monde des Plantes* du chanoine Paul Fournier (1877-1964), l'auteur des *Quatre Flores de France* (Lechevalier, Paris), recevait aussi les analyses d'ouvrages du lecteur infatigable que fut également Magnin. Les *Archives de la Flore jurassienne*, dont l'ensemble des numéros correspond à un fort volume, mais qu'il est rare de trouver, sont un exemple de la manière dont un botaniste ardent réussit à faire tendre de nombreux botanistes français ou étrangers[25] vers l'étude de la végétation du Jura souabe au Jura méridional savoyard. Cette intense activité avait pour prolongement la constitution d'herbiers d'un grand intérêt. En même temps, Magnin constituait un musée botanique, dont on serait curieux de savoir ce qu'il en reste.

Donnant constamment de sa personne, le docteur Magnin entraînait ses fidèles (ils étaient nombreux) dans des excursions botaniques régulières, à la belle saison bien sûr, mais aussi en hiver pour les Lichens et les arbres, en tout cinq-cent-cinquante-cinq herborisations durant sa période bisontine, soit une moyenne de quinze à seize par an, avec des minimums de quatre à cinq au début, et des maximums de vingt-quatre (en 1910 ou en 1911). Auparavant, il en avait dirigé cinquante-six dans la région

[25] Pour la végétation du Jura helvétien, Magnin était en correspondance avec des botanistes comme Sam Aubert, de la Vallée de Joux, Auguste Barbey (1872-1948), en Pays de Vaud, le docteur Heinrich Christ (1833-1933), à Bâle, John Briquet (1870-1931) et le professeur Chodat (1865-1934) à Genève, le forestier vaudois Moreillon, etc., tous noms connus de la Botanique suisse.

lyonnaise. Ces sorties duraient une journée ou parfois plus et conduisaient une cohorte d'amateurs et d'étudiants du Nord (en fait depuis le Ballon d'Alsace et même depuis Gérardmer !) au Sud de la chaîne « *jurassique* ». En 1924, Magnin récapitula les quinze excursions qu'il avait conduites (il atteignait alors ses soixante-dix ans) entre le 17 mars, à Miserey, à côté de Besançon, et les 6-7 et 8 juillet 1918, dans la vallée du Dessoubre. Deux-cent-cinq personnes, dont de nombreuses dames, car Magnin promut la formation supérieure des femmes, les avaient suivies. Parmi les assistants, Magnin citait des professeurs, dont son gendre Jean-Jules Beauverie (1874-1938), alors professeur à la Faculté des Sciences de Clermont-Ferrand, en attendant de revenir à Lyon, des étudiants (dont vingt Serbes), des officiers, un conseiller à la Cour d'Appel de Besançon, un adjoint au maire de la ville, quinze dames et cent dix jeunes filles, celles-ci étant majoritaires en raison de la guerre. Les excursions les plus proches comptaient jusqu'à soixante assistants. Pour chaque sortie, Magnin rédigeait un programme détaillé autographié de plusieurs pages chaque fois, dont on trouve parfois encore des exemplaires chez les bouquinistes, et dans lesquels il mentionnait l'itinéraire, l'horaire, les points d'arrêt et de repas, les coupes géologiques et les localisations de plantes à rechercher. Ainsi, les 12 et 13 juillet 1914, il dirigea une excursion dans le Haut-Doubs : départ à la gare de la Mouillère (Besançon), le 12 juillet, à 9 heures 28, pour Pontarlier, par Gilley, avec repas tiré du sac dans le train ; tramway pour Mouthe jusqu'à Chaon. Excursion à la Source bleue, puis étude de la flore lacustre du lac de Saint-Point. Coucher à Malbuisson. Le 13, déjeuner à 5 heures 1/4 du matin ; départ par le tramway jusqu'à Mouthe où l'on arriva à 6 heures 45. Entre 7 heures et onze heures, montée à pied au Mont Saint-Sorlin (1240 mètres), qui domine les Pontets (Mouthe-Les Pontets : 3 kilomètres environ, Les Pontets-col de Saint-Sorlin : 4 à 5 kilomètres, sans compter la montée dans la forêt jusqu'au crêt, autant en aller et retour) ; visite de la tourbière et du lac du Lisseau, entre Les Pontets et Reculfoz (environ 2 kilomètres dans chaque sens). Retour à Mouthe et repos d'une demi-heure, puis « *dîner* » (repas de midi) à l'Hôtel du Commerce. A 14 heures, excursion à la source du Doubs ; herborisation dans la tourbière du Goulu jusqu'à 16 heures (au moins 3 kilomètres dans chaque sens, sans compter les zigzags qu'impose la recherche des plantes). Départ par le tramway pour Pontarlier à 17 heures 15, arrivée à 19 heures 04. Train pour Mouchard à 19 heures 57. A Mouchard, souper *ad libitum*, précise le livret-guide ; train pour Besançon à 22 heures 01 et arrivée à 23 heures 08 ! Le directeur de l'Institut Botanique, âgé de 66 ans, était dans la lignée de Grenier et n'amusait pas son monde.

Magnin publia d'assez nombreux textes sur la végétation du Jura, comme les *Annotations et Additions aux Flores du Jura et du Lyonnais*, avec Hétier, et les *Archives de la Flore jurassienne*, documents irremplaçables. Par contre, il n'eut pas le temps de rédiger un volume comparable à sa *Végétation du Lyonnais*. Cependant, son œuvre de géobotaniste fut reconnue en 1907 par l'Académie des Sciences (prix Saintour). Enfin, le couronnement de son œuvre fut l'organisation, en juillet-août 1919, de la *Session extraordinaire de la Société Botanique de France*[26], dont il était vice-président. Il fit faire aux congressistes le tour des sites botaniques caractéristiques de la partie centrale du Jura. Partant de Besançon, les botanistes visitèrent les marais de Saône, la reculée d'Arbois, la tourbière des Rousses, la Dôle, la forêt du Massacre (Haut-Jura), l'ensemble des tourbières de Pontarlier et de Frasne, la région du lac de Saint-Point, le Chateleu, les tourbières de la Brévine, le lac de Chaillexon et en supplément l'exploration du Ballon d'Alsace.

On ne peut pas terminer sans évoquer un aspect important de l'activité du docteur Magnin : l'Histoire des Sciences. Conscient de l'importance des archives et de l'exemple de ses prédécesseurs, ce qui échappe à trop de nos contemporains, il publia à Lyon en 1906, 1907 et 1911, trois fascicules d'un *Prodrome d'une Histoire des Botanistes lyonnais*, de 140, 39 et 68 pages[27], où il regroupa de nombreuses notices et indications d'archives sur des botanistes de sa région d'origine, dont le plus ancien vivait au seizième siècle. Enfin, son œuvre la plus originale et la plus aboutie fut son *Charles*

---

[26] La précédente *Session extraordinaire* dans le Jura avait été celle de Pontarlier du 12 au 21 juillet 1869. Franco-suisse en réalité, elle fut présidée par le professeur Charles Grenier. Les congressistes herborisèrent au Creux-du-Van, au Mont d'Or, dans la vallée de Joux, au Mont-Tendre, du lac de l'Abbaye aux Rousses, à la Dôle et au Reculet.

[27] Cf. chapitre 5.

Nodier naturaliste (voir notice 1), ouvrage illustré de 347 pages dont, comme d'habitude, Magnin avait fait paraître des extraits dans les *Mémoires de la Société d'Emulation du Doubs* et dans le *Bulletin de la Société d'Histoire naturelle du Doubs*. Il s'y montre érudit et... entomologiste, car telle était la spécialité de Nodier. Le livre fut présenté à l'Académie française par le mathématicien Henri Poincaré (1854-1912). Il mériterait la réédition.

La Légion d'honneur de Magnin et les joies de l'amitié

Magnin fut nommé chevalier de la Légion d'honneur en 1911. A cette occasion, un hommage lui fut rendu par l'Université de Besançon, ses anciens élèves et ses amis. Il mérite que l'on s'y arrête car il montre la popularité de Magnin chez les naturalistes locaux. A cette occasion, on lui remit une œuvre d'art d'un sculpteur nommé Rossé, à la suite d'une souscription dont la Société d'Histoire naturelle du Doubs avait pris l'initiative et qui s'adressa à toute la France, « *sans oublier la Corse* », précisa le capitaine Rivet, président annuel de la Société. Très caractéristique de l'époque, ce bronze représentait une femme nue, debout sur un rocher et censée représenter... une fleur des Alpes ! C'était, déclara Magnin dans son discours de remerciements, *le symbole à la fois de la Vérité, par l'absence de tout voile, de la vérité que nous poursuivons tous, à quelque opinion philosophique que nous appartenions, et symbole de l'étude des fleurs, de la science aimable qui a été* ***la passion de ma vie****, je pourrai dire bientôt, toute entière*. J'ai souligné « *la passion de ma vie* », car Pasteur utilisa les mêmes termes[28] pour parler de son amour pour la Science. Frédéric Bataille (1850-1946), instituteur et poète-mycologue[29], lut un poème de sa composition, intitulé : *Au botaniste Antoine Magnin*. Il ne comprend pas moins de neuf quatrains d'alexandrins, dont on appréciera les deux premiers : *Les*

---

[28] *La science a été la passion maîtresse de ma vie. Je n'ai vécu que pour elle... In* Louis Pasteur (1882) Discours prononcé le 6 mai 1882, aux fêtes d'Aubenas. *Œuvres*, **VII**, *Mélanges scientifiques et littéraires*. Masson, Paris, p. 352

[29] Voir mycofme.free.fr/publications/mycologues_franc_comtois.php. Frédéric Bataille fut vice-président de la Société mycologique de France et lauréat de l'Institut (Académie des Sciences) pour ses travaux de Mycologie.

jardins, les vergers, les sentiers du village, / Les champs, les prés, les bois, la montagne et la plage, / Le val et le rocher, la lande et le marais, / T'ont donné leurs trésors et livré leurs secrets./ Les bourgeons, quand tu vas au rendez-vous de Flore, / Se hâtent de s'ouvrir et les boutons d'éclore ; / *L'abeille te connaît et dit aux buissons verts : / C'est notre ami* : *le rossignol lui fait des vers.* Etc... Ce n'était pas d'excellente poésie, mais elle sortait du cœur. L'assistance fut si nombreuse à cette remise de décoration que Magnin et son épouse durent donner deux réceptions pour recevoir tous ceux qui leur avaient manifesté leur sympathie.

Au cours de ces *soirées charmantes* (23 et 25 mars 1911), les invités entendirent des membres de la société bisontine, dames et messieurs, dont M. Nicklès, exécuter *divers morceaux de diction, de chant ou de piano* et être *chaleureusement applaudis*. Nicklès était un pharmacien bisontin qui, sous l'anagramme Ménélik, publia une relation enlevée[30] et « *humouristique* » (*sic*) d'herborisations organisées par le « *papa Magnin* ». Son texte est un témoignage de l'esprit parfois espiègle, qui prévalait dans ces sorties, ce qui n'empêchait pas de faire avec ardeur de la bonne botanique, « *entendre la rize* », plaisanter, n'ayant jamais empêché de travailler sérieusement. Van Tieghem a d'ailleurs relevé que travailler *avec plaisir* fut l'une des qualités de Pierre Duchartre. Seuls les esprits chagrins peuvent le contester. C'est ce que Magnin écrivait en 1892 dans sa préface à ce texte : *Peut-être quelques esprits grincheux trouveront-ils bien peu select les plaisanteries à la bonne franquette, les gros calembours qui émaillent vos récit d'excursions* : *laissez dire et continuez à éloigner les gens moroses et chagrins* ; *la gaîté et la bonne humeur ne sont pas incompatibles avec l'étude et la science*.

Epilogue

Arrivée la guerre de 1914-1918, la période faste était finie et la majorité des élèves de Magnin étaient sous les drapeaux. En 1918,

[30] Ménélik (1892) *Promenades et excursions botaniques faites en 1891 dans les environs de Besançon, le Doubs et les Vosges*, avec une préface par le Dr. Ant. Magnin. Abel Cariage, Besançon.

âgé de 70 ans, il avait atteint l'âge de la retraite et perdu au combat son seul fils, le docteur Léonce Magnin (1889-1916), et son élève le plus doué, Joseph Virieux (notice 8). Brisé, le docteur Magnin se retira en 1919 dans sa maison familiale de Beynost, où il mourut en 1926. Ses anciens élèves maintinrent le flambeau jusqu'après la guerre de 1939-1945, mais les temps étaient passés. En 1993 (avec un supplément en 1996), le professeur Georges Nétien, professeur émérite de Botanique à la Faculté mixte de Médecine et de Pharmacie de Lyon, a publié une *Flore lyonnaise*, synthèse des travaux de ses prédécesseurs, dont les docteurs Saint- Lager et Magnin, soixante-dix ans après la mort de celui-ci. Ce travail reste à faire pour la chaîne « *jurassique* ». La synthèse de Nétien fut rendue possible grâce aux collections et archives lyonnaises. Rappelons ce qu'écrivait Flourens de l'herbier Delessert : *Sans ces collections, la science n'existerait pas.*

La bibliographie de l'œuvre, sans équivalent depuis, du docteur Antoine Magnin est considérable : 800 à 900 numéros, qui vont de la notule à l'ouvrage de 500 pages, publiés, pour les articles, dans des revues dont les principales furent la *Société Botanique de Lyon*, la *Société d'Emulation du Doubs*, la *Société d'Histoire Naturelle du Doubs*, les *Archives de la Flore jurassienne*, l'*Association pour l'Avancement des Sciences*, la *Société Botanique de France*, les *Comptes-rendus de l'Académie des Sciences*, etc. Une référence permet de s'orienter : A. Magnin (1923) *La Botanique à Besançon de 1691 à 1920. Bull. Soc. Hist. Nat. Doubs*, **33**, pp. 32-107.

7

Gaston Bonnier
(1853-1922), le savant qui fit aimer le monde des fleurs[1]

Origines familiales et formation

Au temps de ses parents, on ne pensait sans doute pas que le petit Gaston-Eugène-Marie Bonnier, qui vit le jour à Paris le 9 avril 1853, deviendrait botaniste. Sa famille paternelle appartenait à l'une des plus vieilles familles lilloises de manufacturiers en tissage. Son grand-père, né Bonnier de Layens, avait démocratisé son nom en le réduisant à celui de Bonnier. Il eut de nombreux enfants dont le dernier, Edouard né en 1811, se consacra aux études juridiques et enseigna à la Faculté de Droit de Paris, comme l'avait fait le grand-père maternel de Gaston, héritage que devait reprendre Louis, son frère. Du côté maternel, son grand-père Joseph-Elzéar Ortolan (1802-1873) fut aussi un juriste éminent, professeur à la Faculté de Droit de Paris. Par Marin Molliard, nous savons qu'en 1848, cet homme manifesta son profond attachement aux idées démocratiques et républicaines et, à sa mort en 1873, ses élèves lui firent ériger un buste sur le tombeau familial. Les études

[1] Par Yves Delange, maître de conférences émérite au Muséum national d'Histoire naturelle. L'auteur remercie Mme Odile Loison, directrice du Laboratoire de Biologie végétale de Gaston Bonnier, et Mme Cécile Hignard, de la Station d'écologie forestière, Université Diderot Paris 7, qui ont aimablement mis à sa disposition divers documents conservés dans les archives du laboratoire de Fontainebleau. De plus, l'auteur s'est basé sur la « Notice sur la vie et les travaux de Gaston Bonnier », par Marin Molliard, lue à l'Académie des Sciences dans la séance du 12 novembre 1923. - Marin Molliard (1866-1944), ancien élève de l'Ecole normale supérieure, agrégé de Sciences naturelles, professeur de Physiologie végétale à la Faculté des Sciences de Paris. Académie des Sciences : 1923. Académie d'agriculture : 1937.

de Droit et la politique n'absorbèrent cependant pas toutes ses activités puisqu'il fut l'auteur de recueils de poésies, parmi lesquels on citera *Les Enfantines* et *Les Juvéniles*. De son mariage avec Camille Defrêne de Montonnerre, originaire de l'Ile Bourbon[2], Joseph-Elzéar Ortolan eut une fille, qui épousa Edouard Bonnier, et un fils, Eugène Ortolan (1824-1891) qui se distingua en étant docteur en Droit, jurisconsulte, compositeur d'opérettes et non des moindres, puisqu'il fut Grand Prix de Rome de composition musicale. On peut donc imaginer que le petit Gaston, au cours de son enfance et dans son environnement familial, entendit non seulement parler de Droit, mais aussi réciter des poésies et évoquer les airs de musique que chantaient ses proches.

Les parents de Gaston Bonnier habitèrent d'abord à Paris rue Madame, puis ils occupèrent un logement de fonction à la Faculté de Droit. Mme Bonnier-Ortolan ne le quitta qu'en 1879, après le décès de son mari. L'enfance et la jeunesse du jeune Gaston Bonnier s'écoulèrent donc à l'Ecole de Droit, en compagnie de son frère et des enfants des collègues qui exerçaient dans la Faculté. Souvent, rapportait Marin Molliard, Gaston se plaisait à évoquer ces années au cours desquelles, avec ses amis, il participait à de belles promenades dans les environs de Paris, dans l'ancien port de Bercy ou au fort de Clamart. Il est permis de penser que le cadre, les paysages et cet environnement ont certainement contribué à fortifier son goût pour la nature et plus particulièrement pour l'étude des plantes, alors que tout un chacun envisageait pour lui une carrière littéraire ou juridique. Il accomplit ses études secondaires, d'abord sous la direction de son oncle Defauconprêt, au collège Rollin, rue Lhomond, puis au Lycée Henri IV. Ce fut alors qu'en 1870, année qu'avant la Grande Guerre de 1914-1918 on appelait « *l'Année Terrible* », préparant le concours pour l'entrée à l'Ecole normale supérieure, il se rendit à Grenoble où les circonstances le conduisirent à s'engager comme artilleur. Dans un discours lors d'une distribution de prix en 1918, où il fit l'historique de la Montagne Sainte-Geneviève, quartier de Paris auquel était attachée sa famille, Bonnier rappela les journées tragiques de la Commune et rapporta un détail « *pittoresque* » (rapporté par Molliard), qui aurait pu être dramatique : *A la fin de*

[2] Ile de la Réunion.

la Commune, lorsque les Versaillais sont entrés dans Paris, c'est au Panthéon que s'établit le quartier général de l'insurrection, et c'est sur les marches du Panthéon que fut fusillé Millières ainsi que d'autres chefs de la Commune[3] *; les colonnes et les murs du monument portent encore aujourd'hui les traces de la lutte suprême qui s'était engagée alors. Quelques heures auparavant, un émissaire à cheval envoyé par Raoul Rigault*[4] *avait apporté*

Gaston Bonnier (1853-1922) et ses collaborateurs.
Université Paris VII, station de Fontainebleau/Avon.

l'ordre de saisir comme otages les trois professeurs de la Faculté qui l'avaient jadis refusé à son examen de licence ; c'étaient le doyen Pellat[5]*, grand-père de notre camarade, et les deux professeurs Ortolan et Bonnier, mon grand-père et mon père. Il arriva trop tard pour que cet ordre pût être exécuté* !

---

[3] Jean-Baptiste Millières (1817-1871), journaliste politique et député à l'Assemblée nationale en 1871.
[4] Raoul Rigault (1846-1871), journaliste et personnalité de la Commune de Paris.
[5] Charles-Auguste Pellat (1793-1871), professeur et doyen de la Faculté de Droit de Paris. Académie des Sciences morales et politiques : 1858.

Après ces tristes épisodes, Gaston Bonnier passa une année presque entière en compagnie de son cousin Georges de Layens, érudit apiculteur et botaniste également[6], dans un chalet des Alpes dauphinoises, à 1.750 m d'altitude. Ce séjour fut peut-être à l'origine de l'intérêt que notre botaniste accorda aux nectaires et à l'influence du climat montagnard sur les organes floraux[7]. Reçu à l'Ecole normale supérieure en 1873, Bonnier porta son choix sur la seule section des sciences expérimentales alors établie, ce qui l'orienta vers la Physiologie. Il obtint la licence ès Sciences naturelles en 1875 puis, en 1876, il fut reçu premier à l'agrégation. Il devait rester attaché à l'Ecole normale jusqu'en 1887, d'abord comme agrégé-préparateur, fonction dont la création était due à Pasteur en 1858, car celui-ci était désireux d'assurer à des normaliens la possibilité de poursuivre des recherches de laboratoire. Gaston Bonnier fut nommé ensuite maître de conférences et publia sa thèse de doctorat ès Sciences sur les nectaires en 1879[8].

Ainsi donc, définitivement orienté vers la Botanique, entouré d'un groupe d'amis, Bonnier élargit le cercle familial en épousant en 1881, Marie, fille de Philippe Van Tieghem, élève de Pasteur, maître de conférences à l'Ecole normale supérieure et futur secrétaire perpétuel de l'Académie des Sciences et professeur au Muséum national d'Histoire naturelle, auteur d'un *Traité de botanique* qui fit longtemps autorité[9]. Cet homme de science en imposait par sa physionomie d'homme à longue barbe et ample moustache quand, de son domicile de la rue Vauquelin, il se rendait quotidiennement à son laboratoire du Jardin des plantes.

---

[6] G. de Layens (1834-1897) publia en 1897 avec Gaston Bonnier un *Cours complet d'apiculture et conduite d'un rucher isolé*. Georges de Layens est surtout connu pour sa collaboration à de nombreuses *Flores* avec Bonnier.

[7] On pourrait sans doute rappeler ici aussi les lignes du professeur Roger Heim, citées dans la notice sur Charles Nodier, sur l'origine de la vocation du chercheur, en ajoutant cette conclusion : *Le vrai chercheur est né le plus souvent d'une étincelle*. Pour Bonnier ce fut sans doute le contact avec la nature alpine ; il n'aura pas été le seul.

[8] G. Bonnier (1879) *Les nectaires, étude critique, anatomique et physiologique*, Masson, Paris.

[9] Sur Van Tieghem, voir l'Introduction, note 9.

Trois de ses gendres, Julien-Noël Costantin[10], que nous allons retrouver plus loin, Mathieu Leclerc du Sablon[11] et Gaston Bonnier, furent botanistes. L'un de ses « *petits-gendres* », Raoul-Pierre-Emile Combes (1883-1964, Académie des Sciences : 1948), épousa Marguerite Bonnier. Professeur de Physiologie végétale à la Faculté des Sciences de Paris, il dirigea le Laboratoire de Biologie végétale de Fontainebleau quelques années après le décès du créateur du jardin.

Elu à la chaire de Botanique à la Sorbonne, Bonnier succéda à Pierre Duchartre. Le laboratoire *était situé dans une des vieilles maisons de la rue Saint-Jacques, qui avaient été incorporées à la Sorbonne*, écrit Marin Molliard. *Si l'installation ne manquait pas de pittoresque, il faut avouer qu'elle était assez mal adaptée aux études de biologie. Le laboratoire n'avait pas en particulier la moindre parcelle de terrain*[12]. Dès lors, Bonnier entreprit de créer un nouveau lieu de recherche, dans un environnement où la nature serait très présente. Ce site privilégié de l'Ile-de-France où, depuis le XVIIIème siècle surtout, prospectaient tous les naturalistes, était la forêt de Fontainebleau. On y reviendra. En 1889, Bonnier participa à la fondation de la *Revue générale de Botanique*. Il la dirigea jusqu'en 1922. Pendant des décennies, elle rendit compte des activités de recherche en France dans son domaine. Cette revue fit connaître entre autres les travaux de Noël Bernard sur la germination des Orchidées[13]. Gaston Bonnier présida la *Société botanique de France* au cours des années 1890 et 1903. En 1880, il

---

[10] Julien-Noël Costantin (1857-1936), ancien élève à l'École normale supérieure. Maître de conférences de Botanique à cette Ecole. Professeur de Culture au Muséum national d'Histoire naturelle (1901), à l'Ecole nationale d'Horticulture de Versailles et à l'Ecole supérieure coloniale de Nogent-sur-Marne. En 1919, il succéda à son beau-père Van Tieghem à la chaire de Botanique du Muséum. Académie des Sciences : 1912.

[11] Mathieu Leclerc du Sablon (1859-1944), botaniste, professeur à la Faculté des Sciences de Toulouse. Académie des Sciences : 1920.

[12] A ce sujet, lire la conversation inventée, mais basée sur des archives faisant référence, l'échange de propos sur la situation matérielle des Universités et de la recherche à cette époque, par Y. Delange (2011) *Jean-Henri Fabre et Louis Pasteur. Conversation au bord de la Sorgue*. Préface de R. Moreau, L'Harmattan, Paris.

[13] Noël Bernard (1874-1911), botaniste, élève de Costantin, démontra que la symbiose avec un champignon était indispensable à la germination des Orchidées.

reçut le prix de Physiologie expérimentale de l'Académie des Sciences, qui récompensa ses travaux sur les nectaires. En 1884, il fut lauréat du prix Desmazières de l'Académie pour des recherches menées avec Louis Mangin, alors professeur au Lycée Louis-le-Grand[14], sur la physiologie des champignons. En 1886, lui fut décerné le prix de Fonz de Melicoq pour la *Nouvelle Flore du Nord de la France et de la Belgique*, de G. Bonnier et G. de Layens, prix partagé avec la *Flore du Nord de la France*, par Edmond Gustave Camus (1852-1915). Enfin, il fut lauréat du prix Montyon de l'Académie des Sciences pour ses travaux sur les Lichens.

Bonnier et les scientifiques de son temps

A cette époque, Gaston Bonnier fut l'un des maîtres qui contribuèrent le plus à faire naître et développer les vocations de biologistes. Il orienta, en particulier, les étudiants de l'Ecole normale supérieure et de la Sorbonne Sciences à l'Université de Paris. Nombre de ses proches furent des scientifiques de renom. Citons Alfred Giard[15], Frédéric Houssay, Louis Matruchot, Julien-Noël Costantin, Albert Maige, Charles Flahault. Condisciple de l'Ecole normale supérieure, Alfred Giard, zoologiste (promotion 1867), de six ans l'aîné de Gaston Bonnier (promotion 1873) devait, par l'expérience acquise et par son orientation, avoir une influence certaine sur le botaniste. Giard, élève brillant lui aussi, diffusa dès le début de sa carrière des connaissances relatives à la fois au lamarckisme et au darwinisme, considérant ces théories, non pas comme opposées mais complémentaires. Il était également épris d'Entomologie, notamment dans ses applications. Dès le plus jeune âge, il avait reçu lui aussi le « *choc catalytique* » dont parlait

[14] L. Mangin (1852-1937) fut chargé de conférences de Sciences naturelles à la Sorbonne en 1890. Il avait été l'élève du professeur Le Monnier, de la Faculté des Sciences de Nancy. Professeur de Cryptogamie (1904) et directeur du Muséum national d'Histoire naturelle. Académie des sciences : 1909. Président en 1929. Membre de l'Académie d'Agriculture de France et de l'Académie des Sciences coloniales.

[15] Alfred Giard (1846-1908), ancien élève de l'Ecole Normale supérieure, professeur à la Faculté des Sciences de Paris (la chaire d'Evolution des êtres organisés fut créée pour lui en 1892 par le Conseil municipal de Paris). Académie des Sciences, 1900. Voir aussi chapitre 8.

Roger Heim : très tôt en effet, il était rompu à la détermination des Insectes et des Phanérogames, *l'Entomologie*, disait-il, *lui ayant démontré la nécessité de l'étude des plantes.* Comme Bonnier, Giard fut par excellence un naturaliste de terrain. Frédéric Houssay (1860-1920), également normalien, mais zoologiste, fut maître de conférences suppléant d'Alfred Giard à l'Ecole normale supérieure, dont il était aussi ancien élève. Lui et Bonnier publièrent des articles dans la *Revue Scientifique de la France et de l'étranger*. En 1884. Julien Noël Costantin, beau-frère de Bonnier, collabora à la *Nouvelle flore* de Bonnier et Layens.

Louis Matruchot (1863-1921) occupa une chaire de Botanique cryptogamique à la Faculté des Sciences de Paris de 1912 à 1917, après avoir été maître de conférences à l'Ecole normale supérieure. Il présida la Société mycologique de France et fut responsable de l'édition de *La culture des champignons comestibles*, ouvrage paru en sept volumes de 1907 à 1914. On lui doit en 1895 l'obtention du blanc de champignons par semis sur un milieu stérilisé. Ce fut une étape importante car il fallut attendre que soient réalisés les travaux de Costantin et Matruchot pour que puisse être reconstitué en laboratoire le mycélium nécessaire à la croissance du champignon, et si Noël Bernard réussit, après de longues recherches, à isoler le symbiote des Orchidacées, ce fut parce qu'il adopta les méthodes de culture pastoriennes et la technique de prélèvement de Matruchot. Il exposa l'aboutissement de sa recherche en 1905 au siège de la Société Nationale d'Horticulture de France, rue de Grenelle à Paris, lors d'une conférence qui représenta une étape remarquable dans la connaissance de la famille des Orchidacées. Albert Maige (1872-1943) prépara sa thèse de doctorat ès Sciences avec Bonnier au laboratoire de la Station de Biologie Végétale de Fontainebleau. Il fut préparateur à la Faculté des Sciences de Paris, puis chargé de créer une chaire de Biologie végétale à Alger. Un temps professeur à la Faculté des Sciences de Poitiers, il fit l'essentiel de sa carrière comme professeur de Botanique à la Faculté de Lille, dont il fut doyen. Ce savant érudit était, dit-on, fort distrait. On raconte qu'un jour, étant au volant de sa voiture, il entra en collision avec un tramway, place Philippe Lebon, à Lille, où se trouvait son bureau de doyen. Après plusieurs années de présence dans ce quartier, il aurait avoué : *Je n'avais jamais vu qu'un tramway passait par ici* !

Gaston Bonnier assura la formation scientifique d'un nombre considérable d'élèves. L'un d'eux est resté célèbre en raison de sa personnalité riche et singulière : Georges Colomb (1856-1945), connu sous le pseudonyme de « *Christophe* », choisi pour la raison évidente, selon lui, qu'un Colomb ne pouvait se prénommer que Christophe ! Il fut l'auteur de nombreux ouvrages scientifiques, scolaires notamment, mais il est surtout connu par une littérature originale, dont certains titres ont eu un succès considérable et firent de lui un précurseur de la bande dessinée en France : *Le savant Cosinus*, *Le sapeur Camember* et *La famille Fenouillard*[16]. Gaston Bonnier lui fut particulièrement favorable, notamment lorsqu'il postula pour un poste d'enseignant à la Sorbonne (Georges Colomb y fut maître de Conférences) mais, par la suite, les relations se tendirent et Bonnier fut conduit à écrire un jour au sujet de cet élève sympathique, mais turbulent : *J'ai dû ne plus convoquer M. Colomb aux excursions botaniques, ses plaisanteries continuelles détournant les élèves de leur étude de botanique descriptive*. Parmi les scientifiques qui travaillèrent au Laboratoire de Biologie végétale de Fontainebleau, il faut citer aussi le mycologue Léon-Marie Dufour (1862-1942)[17] qui publia avec Julien Costantin la *Petite flore des champignons comestibles et vénéneux, pour la détermination rapide des principales espèces*.

Enfin, on ne saurait passer sous silence Charles Flahault (1852-1935, Académie des Sciences : 1904). Son œuvre fut multiforme. Ce pionnier de la phytogéographie, de l'écologie forestière et de la phytosociologie fut pour Bonnier un collègue et un ami. Au retour de la guerre de 1870 (on a vu que Gaston Bonnier s'était engagé aussi), il occupa d'abord un modeste poste de jardinier au Jardin des plantes de Paris. Puis, bachelier tardif et ayant pu bénéficier de l'enseignement de Joseph Decaisne au Muséum, il fut recruté par Philippe Van Tieghem après avoir obtenu son doctorat. En 1879, il fut envoyé par le Ministère de l'Instruction publique en mission en

---

[16] François Caradec (1981) *Christophe, le génial auteur d'immortels chefs-d'œuvre : le Sapeur Camember, la Famille Fenouillard, le Savant Cosinus*. Pierre Horay, Paris.

[17] Il est confondu parfois avec Jean-Marie Léon Dufour, dit Léon Dufour (1780-1865), médecin naturaliste né à Saint-Sever dans les Landes, connu notamment par la correspondance qu'il entretint avec Jean-Henri Fabre sur les mœurs des Hyménoptères prédateurs.

Suède et en Norvège, avec Gaston Bonnier. Il s'agissait d'une politique de rapprochement, qui faisait suite à la guerre de 1870, entre les pays hostiles à la domination prussienne. Flahault et Bonnier se trouvaient alors à la tête d'un mouvement de rénovation de la géographie botanique. Ils se rendirent entre le 59° et le 64° de latitude Nord. Ce séjour leur permit de comparer la distribution des végétaux des Pyrénées et des Alpes qu'ils connaissaient bien, avec la flore de la presqu'île scandinave. Un peu plus tard, Flahault réalisa d'autres missions, de nouveau en Suède, en Laponie puis en Angleterre. En 1881, il fut nommé chargé de cours à la Faculté des Sciences de Montpellier, où il créa l'Institut de Botanique[18] inauguré en 1890. Il y reçut la visite du Président de la République, Sadi Carnot, l'année suivante. Il entreprit avec ardeur le reboisement du Massif de l'Aigoual, qui avait été mis à mal par des déboisements inconsidérés. Avec le forestier Georges Fabre (1844-1911), il créa un « *jardin alpin* », l'Hort de Dieu, au mont Aigoual. Le forestier-botaniste Philibert Guinier (voir chapitre 8, note 2), qui collabora avec lui, le voyait comme *le trait d'union entre le monde botanique et le monde forestier qui s'ignoraient.* Ce jardin fut quasiment abandonné. Néanmoins, il y subsista des plantes récoltées dans les Alpes, tel un *Cypripedium calceolus* L. que, dans les années 1960, j'ai trouvé en fleurs. Flahault ébaucha le concept d'association végétale, que développa Josias Braun-Blanquet (1884-1980). Son rapprochement avec Bonnier le fit publier avec lui des *Observations sur les modifications des végétaux suivant les conditions physiques du milieu*[19], thème de réflexion pour Bonnier pendant la plus grande partie de sa carrière. A noter que Flahault établit aussi une *Révision des Nostocacées Hétérocystées contenues dans les principaux herbiers de France.*

Des étudiants venus de contrées situées au-delà de nos frontières vinrent suivre l'enseignement de Bonnier à la Sorbonne. Parmi eux, citons E.-C. Teodoresco, en Roumanie. Le travail que ce dernier réalisa après son séjour à Paris est une des plus importantes contributions à la connaissance des algues de son pays.

---

[18] Il fut démoli en 1952, pour être reconstruit et agrandi en lieu et place, sous la direction de Louis Emberger (1897-1969, correspondant de l'Académie des Sciences : 1948), gendre de Flahaut. Des notes de Botanique d'Emberger furent présentées à l'Académie des Sciences par Gaston Bonnier.

[19] *Annales des sciences naturelles. Botanique*, 6ème série, 7, 1878, pp. 93-125.

En 1905, Teodoresco publia un document décrivant la biologie d'une algue verte déjà désignée par Pline l'Ancien, *flos salis*, se développant dans la fleur de sel des marais salants. En hommage au botaniste montpelliérain Félix Dunal[20], il créa le genre *Dunaliella*, ici l'espèce *D. salina*. Cette algue était très répandue dans l'industrie des parfums depuis le temps de la Rome antique. Par ailleurs, le Russe W. Lubimenko s'intéressa plus particulièrement à la physiologie végétale enseignée par Bonnier. Il publia en 1907 des travaux sur l'action de la lumière productrice de matière sèche et de chlorophylle, ainsi que sur l'assimilation des matières organiques par les plantes vertes selon les variations de l'intensité lumineuse.

Le Laboratoire de Biologie végétale de Fontainebleau

Dès le début de sa carrière, Gaston Bonnier avait les meilleures dispositions pour revêtir l'habit de chercheur. Chercheur, il le fut notamment dans les domaines de la systématique mais surtout, de la biogéographie, de l'écologie et de la physiologie végétale.

Lorsqu'il fut nommé professeur à la Sorbonne en 1887, on a vu que cet homme de terrain ne voyait pas la possibilité de mener des recherches dignes de ce nom dans les locaux exigus qui lui étaient affectés. Il voulut alors donner une impulsion à la Botanique en créant, à une distance pas trop éloignée de Paris, un laboratoire de Biologie végétale susceptible d'accueillir des étudiants de haut niveau. La forêt de Fontainebleau constituait depuis longtemps un pôle d'attraction pour les botanistes de l'Université parisienne et du Muséum national d'histoire naturelle, en raison de l'extrême diversité des biotopes qu'elle offre. Et depuis 1861, suite notamment aux initiatives des peintres de l'Ecole de Barbizon, une réserve artistique de 1.097 hectares avait été officiellement constituée, première initiative en ce domaine, première réserve naturelle au monde, avant même celle de Yellowstone aux Etats-Unis ; au sein de cette forêt, plusieurs réserves biologiques seront créées.

---

[20] Voir chapitre 2.

A l'époque, le domaine forestier était placé sous la tutelle de trois ministères, ceux de l'Agriculture, de l'Instruction publique et des Finances. Œuvrant avec le soutien du Conservateur des Eaux et Forêts Gaiffier et de l'Inspecteur Croisette-Desnoyers, les démarches de Bonnier aboutirent à la publication d'un décret présidentiel en date du 26 février 1889, sanctionnant la création du Laboratoire de biologie végétale de Fontainebleau. Sa construction fut confiée à l'architecte Henri-Paul Nénot (1853-1934), élève de Charles Garnier (1825-1898) et Prix de Rome en 1877 ; c'est lui qui eut aussi la charge, en 1882, de la reconstruction de la façade

Le Laboratoire de Gaston Bonnier.
Cliché Chansocthony Delange-Hean.

de la Sorbonne et, en 1911, de la construction de l'Institut océanographique de Paris. A Fontainebleau, une première tranche du laboratoire fut édifiée en quelques mois ; un peu plus tard et en prolongement de la partie initiale du bâtiment, furent construites des structures complémentaires qui, du reste, ont été maintenues jusqu'à ce jour. Au cours des dernières décennies du XIXème siècle, le château de Fontainebleau était la résidence d'été pour les chefs de l'Etat ; le président Sadi Carnot, particulièrement attaché au domaine bellifontain, en fut l'hôte le plus assidu. Il vint en personne inaugurer officiellement le laboratoire de Gaston Bonnier au printemps de l'année 1890. En France, c'était le premier laboratoire consacré à la botanique de terrain ; le second fut le Jardin Alpin du col du Lautaret, créé en 1900.

A Fontainebleau, l'ensemble tel qu'il se présente aujourd'hui encore, comporte plusieurs salles de travail, des bureaux et des bibliothèques, une pièce abritant les herbiers, au premier étage des chambres pour les étudiants avec galeries circulaires. A l'extérieur, sur le même enclos, des serres, des terrains d'expérimentation et un pavillon de physiologie végétale furent construits ; ils sont toujours en fonction. Peu de temps avant la Première Guerre mondiale, avait été installé aussi un laboratoire photographique ; devenu obsolète, il abrite à présent les activités de la très dynamique *Association des Naturalistes de la Vallée du Loing et du Massif de Fontainebleau.* Aujourd'hui, sur le vaste terrain entourant les laboratoires, on peut voir une intéressante collection d'arbres, certains étant des espèces exotiques dont la présence peut surprendre dans ce milieu dominé par les essences spontanées. Nombre d'entre eux parmi les plus âgés durent être introduits à l'initiative de Bonnier et ses amis. Depuis 1895, Gaston Bonnier associa ses recherches de biologie végétale à celles de Georges de Layens sur les relations entre les abeilles et les plantes à fleurs. On créa dans ce même parc un rucher-école dont Layens assura la direction. Ce fut aussi un lieu d'expérimentation pour les modèles de ruches, celles de type ancien à rayons fixes côtoyant les ruches à cadres mobiles, notamment de type de Layens et de Dadant Blatt. En 1900, nous dit Pierre Doignon (1914-2001) qui fut un pilier des sciences naturelles dans la forêt de Fontainebleau[21], le laboratoire reçut la

[21] Pour les citations de ce qui concerne Fontainebleau, voir « Le laboratoire de biologie végétale et d'écologie forestière de Fontainebleau a 100 ans ». *Bulletin de l'Association des Naturalistes de la Vallée du Loing et du Massif de Fontainebleau*, ANVL, volume 65, n° 3, 1989. - Articles publiés à l'occasion du centenaire de la création du Laboratoire de Biologie Végétale de Fontainebleau–Avon, 17 novembre 1989, in *Bulletin de la Société Botanique de France*, **137** (2/3) 1990 : Marcel Bournerias : « Gaston Bonnier, éminent pédagogue et botaniste de terrain », pp. 93-105 ; J. P. Raffin et G. G. Aymonin : « Gaston Bonnier et la conservation de la flore », pp. 107-114 ; G. Benest : « Le laboratoire de Biologie Végétale de Fontainebleau, création et héritage de Gaston Bonnier », pp. 115-119 ; Ch. Bernard : « Gaston Bonnier et Hippolyte Coste, témoignages épistolaires 1888-1889-1890 », pp. 121-123 ; G.G. Aymonin et M. Keraudren-

visite mémorable des participants du Congrès international d'Apiculture qui se tenait à Paris, et dont l'Association fut reconnue d'utilité publique par décret du 13 mars 1900.

Lors de l'ouverture du laboratoire, Bonnier, le plus souvent en collaboration avec son cousin Georges de Layens, avait déjà publié des flores connues et d'une manière plus générale, le rayonnement de son œuvre était international. Aussi affluèrent nombre de chercheurs et Pierre Doignon d'écrire : *Les fonctionnaires du ministère de l'agriculture le fréquentèrent* (le laboratoire) *et répandirent ses méthodes scientifiques dans les écoles supérieures d'agriculture. L'établissement de Fontainebleau fut classé et doté de subventions de fonctionnement accrues. Puis, avec Léon Dufour, directeur adjoint de 1894 à 1925, la mycologie très populaire à Fontainebleau, entra au laboratoire et y acquit ses lettres de noblesse. Des excursions hebdomadaires publiques et des expositions furent organisées. Un groupe mycologique local, centré à l'établissement de 1903 à 1912, vulgarisa les champignons et contribua à démocratiser l'image du laboratoire jusqu'alors lieu assez discret, réservé aux recherches savantes.*

Aujourd'hui, le laboratoire de Gaston Bonnier a pour nom *Laboratoire de biologie végétale et d'écologie forestière de Fontainebleau,* et son centenaire a donné lieu en novembre 1989 à quatre *Journées du centenaire* ouvertes au public, avec notamment des conférences. A présent, c'est un établissement universitaire relevant de l'Université de Paris VI Sorbonne. Comme au temps de Bonnier, il accueille des étudiants qui se préparent à la carrière d'enseignants et qui sont destinés à accéder au grade de docteur ès Sciences. Des travailleurs libres se livrent à des recherches de botanique et d'écologie. Très bien situé à proximité de la gare de Fontainebleau-Avon, on peut dire que l'intérêt des chercheurs qui y séjournent réside principalement dans la diversité et la richesse considérable des biotopes offerts par la forêt au sein de laquelle ce laboratoire a été construit.

Aymonin : « Autour de Gaston Bonnier et de son œuvre. Essai documentaire comparatif », pp. 125-138.

Aspects divers de l'œuvre de Gaston Bonnier

En ce début du XXème siècle, Gaston Bonnier allait être en Botanique, l'un de ces nouveaux enseignants qui seront en même temps des chercheurs. Après l'agrégation, il s'attacha avec ténacité à restaurer l'enseignement supérieur dans les lycées et ses propos datant de cette époque sont particulièrement pertinents et plus que jamais d'actualité[22] : *La principale cause du discrédit dont sont affectées les sciences naturelles provient de l'abaissement systématique de leur étude dans l'enseignement secondaire.* Gaston Bonnier fut à l'origine d'une nouvelle agrégation de sciences naturelles, ouverte sur des disciplines jusqu'alors indépendantes telles que la physique et la chimie, ce qui s'imposait étant donné les développements que devait, à partir de là, acquérir la physiologie végétale. Pour lui, il fallait que l'observation soit complétée par l'expérimentation. Dans le domaine de la Biologie végétale, Gaston Bonnier participa par ses travaux aux progrès réalisés notamment dans les domaines de la phytogéographie, de la physiologie et de l'adaptation à l'environnement. Ce fut ainsi que le 9 juillet 1880, à la suite de son intervention devant le Conseil Supérieur de l'Instruction Publique, fut mis en place un nouveau programme de Biologie-Géologie pour l'enseignement secondaire. En 1880 et 1881, sur la demande insistante de Bonnier, un concours d'agrégation de Sciences Naturelles était organisé. Avant cette intervention, il existait bien une *agrégation de Sciences Naturelles*, mais aucun concours n'avait été ouvert car les programmes des lycées ne comprenaient pas d'enseignement suffisant pour employer des agrégés dans ce domaine !

De bonne heure, Bonnier s'était attaché à divers problèmes d'écologie expérimentale, par exemple l'influence des facteurs extérieurs au niveau des organes de la respiration des plantes dans divers environnements : atmosphère confinée ou bien dépourvue de germes, comme c'est le cas en altitude (nous sommes à l'ère pasteurienne) ; action de la lumière en différents milieux et rythmes biologiques correspondant à la durée du jour. La thèse sur

---

[22] A ce propos, lire d'Yves Delange (2009) *Plaidoyer pour les Sciences naturelles. Dès l'enfance, faire aimer la nature et la vie*, préface de R. Moreau. L'Harmattan, 2011.

les nectaires qu'il avait soutenue en 1879 ainsi que les travaux qu'il réalisa par la suite, lui valurent le prix de Physiologie expérimentale de l'Académie des Sciences. Gaston Bonnier étudia les nectaires, à la fois sur les plans anatomique et physiologique. Concernant leur origine morphologique, il fut d'abord frappé par une variabilité telle qu'il était souvent difficile de formuler une définition à leur sujet ; non seulement les nectaires varient à l'intérieur d'une même famille ou d'un même genre, mais parfois aussi au sein d'une même espèce. Ils se distinguent cependant par un caractère commun : leur nature « *chimique* », qui consiste en une accumulation de substances sucrées, notamment du saccharose. Quant à leur rôle physiologique, Bonnier se consacra en particulier à l'étude des rapports existant entre les fleurs et les insectes. Il fut amené à prendre une position très nette entre les explications anthropomorphiques et finalistes relatives à l'attirance des insectes par les organes différemment colorés, et à l'attirance par les substances colorées. Pour lui, on était en présence de phénomènes indépendants les uns des autres, n'entraînant aucune adaptation particulière, ni pour le végétal, ni pour l'animal. Expérimentateur, ses préférences le portaient vers des conceptions proches de Lamarck plutôt que de Darwin. Il étudia plus tard la production d'une miellée végétale, indépendante de toute intervention des pucerons et définit les conditions atmosphériques qui la favorisent.

L'étude des échanges gazeux chez les végétaux occupa une bonne part de l'activité de Bonnier. Il s'agissait de faire la distinction entre l'activité respiratoire, relativement constante, et la fonction chlorophyllienne, qui ne peut s'exercer qu'à la lumière. Louis Mangin et Bonnier apportèrent, sur les plans qualitatif et quantitatif, une solution complète à ce problème guère éclairci jusque-là, en utilisant des végétaux pourvus ou non de chlorophylle (Champignons). Avec Van Tieghem, Bonnier appliqua sa méthode en opérant sur des graines, dont l'abandon en vase clos contenant de l'air modifiait la composition de l'atmosphère dans laquelle elles étaient enfermées. Il se livra encore à de multiples études physiologiques qui donnèrent lieu à de nombreuses publications : chaleur émise par les végétaux (évaluation de la production de calories au cours des divers stades de développement de la plante), action retardatrice de la lumière sur la respiration, action inhibitrice des anesthésiques sur la respiration, vie latente et vie ralentie, quotient respiratoire, sujets qui, s'ils nous paraissent simples, étaient totalement nouveaux et guère explicités.

Bonnier obtint le prix Montagne en 1888 et le prix Montyon en 1886, pour couronner ses découvertes relatives à la « *synthèse* » des Lichens. En effet, un très grand pas fut franchi dans le domaine de la Cryptogamie quand Gaston Bonnier réussit à associer expérimentalement des Algues et des Champignons. La nature des Lichens donnait lieu à toutes sortes de discussions et d'oppositions. Jusqu'à la fin du XVIIème siècle, on ne faisait pas la distinction entre les Mousses et les Lichens. Linné les incluait parmi les Algues. Ils trouvèrent leur place définitive en 1896 seulement lorsque Bonnier eût réalisé la synthèse d'un lichen à partir d'une algue et d'une spore fongique. Après de nombreuses années de recherche, ayant pris la précaution d'installer des spores dans un milieu totalement privé de germes (flacons Pasteur ou autres récipients stérilisés), les deux organismes furent disposés sur un substratum constitué de fragments de roches ou d'écorces. S'il s'agissait du développement du thalle, les semis étaient faits dans des cellules à cultures closes et stérilisées, à l'intérieur desquelles pouvait circuler un courant d'air exempt de germes. Les très nombreuses expériences ainsi méthodiquement menées sur plusieurs espèces de Lichens et à des stades allant de la spore à la fructification, permirent à Bonnier de suivre, sur une même plante, les états successifs de la formation du thalle et le comportement des hyphes lorsqu'on remplace, dans le semis, les Algues qui fournissent les gonidies normales par des espèces appartenant à d'autres familles. Ainsi, en procédant à des semis de spores de lichens sur des protonémas de Mousses, l'auteur put observer des filaments germinatifs de Lichens entourer la Mousse d'un réseau semblable à celui que les *Coenogonium* forment à la surface des *Trentepohlia.* Mais cette association n'avait pas d'avenir ; elle permettait simplement aux filaments du Lichen de vivre, de mieux se développer qu'à la surface d'un corps inerte et d'attendre que les Algues favorables arrivent à son contact. En septembre 2010, dans une conférence donnée à Clermont-Ferrand, Jean Berthier, docteur en biologie à l'Université de cette ville, exposant combien les champignons lichénisés ont contribué à la conquête des milieux continentaux par les organismes aérobies, soulignait à quel point l'étude expérimentale des types biologiques lichéniques avait fait accomplir un bond à la Botanique quand Bonnier décrivit la première synthèse axénique des lichens *Xanthoria parietina* et *Physcia stellaris* ; le mutualisme lichénique devenait alors un fait incontestable[23].

Par ailleurs, avec Gaston Bonnier, Julien Costantin, Alfred Giard et Félix Le Dantec[24], s'établit pour un moment une tradition de l'école de Botanique expérimentale d'inspiration lamarckienne, orientée vers l'étude de l'influence de différents facteurs naturels externes sur la morphologie des plantes, sur leurs fonctions et concernant les échanges avec les diverses communautés végétales. Gaston Bonnier parvint à donner à des espèces originaires de régions de basse altitude, des caractères de plantes alpines en les cultivant pendant vingt-cinq ou trente ans en montagne[25]. Louis Blaringhem[26], dont les recherches visaient à obtenir de nouvelles variétés de maïs et qui suivit les cours de Le Dantec et de Giard, fut fortement lié à la communauté scientifique néo-lamarckienne de la fin du XIXème siècle. Ces orientations de l'enseignement et de la recherche de Bonnier doivent beaucoup à Alfred Giard.

Les flores de Gaston Bonnier

Au cours de la seconde moitié du XIXème siècle et au début du XXème, si les institutions scientifiques ne bénéficiaient pas encore

---

[23] Voir de Gaston Bonnier, « La constitution des lichens », article publié dans le *Journal de Botanique* du 15 février 1887. L'auteur précise s'être appuyé sur les travaux de Heinrich de Bary (1831-1888, fr.wikipedia.org/wiki/Anton_de_Bary). Karl Bror Jacob Forssell (856-1898) et Simon Schwenderer (1829-1919) avaient étudié la nature des tissus constituants des lichens.

[24] Félix Le Dantec (1869-1917), ancien élève de l'Ecole normale supérieure, travailla sur la fièvre jaune à l'Institut Pasteur, au Laos et au Brésil entre 1889 et 1892, puis il se consacra à la spéculation philosophique.

[25] G. Bonnier (1898) « Expériences sur la production des caractères alpins des plantes, par l'alternance des températures extrêmes », *Comptes-Rendus de l'Académie des Sciences*, **127**, II, pp. 307-312.

[26] L. Blaringhem (1878-1958), ancien élève de l'Ecole normale supérieure. Petit-gendre du chimiste Marcelin Berthelot, il fut chef de service à l'Institut Pasteur avec la direction de l'Arboretum de la Maulévrie, près d'Angers. Professeur à la Faculté des Sciences de Paris. Académie des Sciences : 1928.

de grands moyens matériels, de financements importants de la part de l'Etat, ce fut néanmoins pour elles une période de découvertes fondamentales dans les domaines de la biologie en général et de la génétique en particulier. Mais il faut en convenir, le langage scientifique qui se construisait devint abscons pour beaucoup de personnes. Je dirais même, et nous en subissons encore les conséquences, que nombre de personnes aimant fréquenter les milieux naturels ou s'intéressant simplement à la nature, hésitent ou renoncent à aborder les ouvrages de Botanique descriptive, tant le langage utilisé apparaît à leurs yeux comme un obscur jargon. A cet égard, on peut dire que nul n'a mieux fait que Gaston Bonnier pour rendre l'étude des plantes facile et attrayante. N'est-il pas surprenant de voir ses flores toujours présentes en librairie et connaissant un légitime succès ? Les flores de Bonnier satisfont l'aspiration de tous à se familiariser avec les plantes et les arbres.

Pourquoi sont-elles toujours si largement appréciées ? L'auteur lui-même nous en a déjà donné une explication *a priori* lorsque, dans *Le nom des fleurs trouvé par la méthode simple*, il s'explique à propos de sa méthode. Pour cela il remonte à Linné et surtout à la *Flore françoise* de Jean-Baptiste Lamarck. Cette flore (1778) en trois volumes fut la première à être publiée en langue française et non plus en latin. Par là-même, elle était accessible à tous les publics. Elle avait été conçue comme la *Description succincte de toutes les plantes qui croissent naturellement en France, disposée selon une nouvelle méthode d'analyse et à laquelle on a joint la citation de leurs vertus les moins équivoques en médecine, et de leur utilité dans les arts.* Bonnier écrivit au sujet de cet ouvrage considérable[27] : *Lorsque Lamarck imagina les clefs dichotomiques* (de sa *Flore françoise*), *c'est-à-dire une suite de doubles questions*

---

[27] Les citations sont extraites de G. Bonnier (1909) « Aux amateurs de Botanique. A propos de la méthode simple », *in Les noms des fleurs trouvés par la méthode simple sans aucune notion de Botanique, sans qu'il soit question d'étamines, de pistils, d'ovaires, de carpelles, d'ovules, de styles, de stigmates, de graines ni de fruits*. Avec 372 photographies en couleurs représentant les plantes au tiers de leur grandeur naturelle, et 2715 figures en noir. Ouvrage indiquant les propriétés médicales des plantes, avec les doses à employer, le danger que les plantes peuvent présenter, etc. Ce volume comprend toutes les plantes répandues en France, en Belgique, dans les plaines de Suisse et, en général, tous les végétaux communs en Europe. Librairie Générale de l'enseignement, Paris, pp. 298-300.

posées successivement au lecteur, il avait cherché à réaliser un moyen, encore plus facile que celui de Linné, pour trouver les noms des plantes, mais il voulait en même temps présenter les végétaux de la flore française dans leur ordre naturel, par familles, genres et espèces. Alors il se rendit bientôt compte de l'impossibilité de cette juxtaposition. Tout d'abord, Lamarck renonça à faire une clef de familles, les caractères des familles étant sujet à de nombreuses exceptions, et il établit une clef directe des genres, ou plutôt de groupes d'espèces. L'ensemble de ces tableaux dichotomiques destinés à trouver les noms des plantes, fut placé par lui en dehors de la Flore proprement dite. Les clefs renvoyaient aux genres par des numéros dont l'ordre n'est en rien le même que celui des plantes décrites dans la série naturelle. Ce qui montre bien que la recherche des noms des plantes était, pour Lamarck, un but tout autre que l'établissement d'une classification naturelle, c'est qu'on trouve à la suite les uns des autres, dans une même page de ses tableaux, les noms des plantes appartenant aux familles les plus différentes, par exemple : Epimedium, Evonymus, Fraxinus, Moehringia, Tribulus, Ruta, Pyrola, Peplis, Dianthus. Dans la description méthodique des espèces de la même Flore, ces noms sont dispersés aux endroits les plus divers, sans aucun rapport avec l'ordre précédent. Les clés de Lamarck sont d'un usage très commode par la méthode des questions successives ; toutefois, les caractères qu'a employés l'illustre naturaliste, surtout ceux qui se rapportent aux premières séries de questions posées, sont encore plus difficiles à reconnaître pour quelqu'un qui n'a pas fait d'études botaniques. Et Gaston Bonnier de mentionner ces lignes du philosophe moraliste Ernest Bersot (1816-1880, Académie des Sciences morales et politiques : 1866), qui fut directeur de l'Ecole normale supérieure à partir de 1871, extraites de sa *Lettre sur la Botanique*, parue en 1882[28] : *La Botanique est une science des plus trompeuses. Comme les fleurs sont charmantes, on s'imagine qu'elle est charmante aussi, et l'on est vite désabusé. Pourquoi donc ? Ah ! pourquoi ? C'est que les savants ont songé à eux, et pas à nous. Ils ont voulu une science qui en fût une, et ils ont mis chaque chose à sa place sans*

[28] E. Bersot (1882) *Un moraliste. Etudes et pensées d'Ernest Bersot, précédées d'une notice*. Hachette, Paris, pp. 277-278.

s'occuper de savoir s'il serait facile à tout le monde de l'y trouver. Combien de fois j'ai essayé de devenir botaniste, et à chaque fois j'ai été vaincu ! J'avais pensé que pour reconnaître une fleur, il suffisait de reconnaître quelques gros caractères, bien visibles, bien tranchés et toujours réunis ; mais il paraît qu'il ne faut pas se fier aux apparences... Force a été aux savants de s'adresser à des caractères cachés et délicats, en sorte qu'on ne peut rien sans le scalpel et le microscope, et sans avoir en même temps la fleur et le fruit, sans avoir suivi à peu près toute l'histoire de la plante. On se rebuterait à moins. Pour remédier à ces critiques, Bonnier conclut quant à sa propre ambition, de rendre la Botanique descriptive accessible au plus grand nombre : *Je me suis alors demandé si, en combinant la méthode des clés dichotomiques de Lamarck avec l'examen de ces « gros caractères » bien visibles, bien tranchés et toujours réunis dont parle Bersot, en y joignant, comme il le souhaitait, de nombreuses figures en noir et en couleur, on pouvait arriver à faire trouver facilement les noms des plantes à tous ceux qui n'ont fait aucune étude préalable de Botanique. C'est le résultat de cet essai que je présente dans cet ouvrage, sous le nom de Méthode simple. Au lecteur de juger si j'ai réussi*. La réponse est positive : Bonnier établit ainsi une méthode d'identification facile des végétaux dont nous nous sommes tous servis et qui a conservé toute sa valeur. La réédition constante des *Flores* (actuellement par les éditions Belin, Paris) est la preuve de la valeur de sa méthode.

Si j'ai insisté sur *Le nom des fleurs trouvé par la méthode simple*, c'est parce que ce livre est exemplaire quant aux services qu'il apporte aux botanistes en herbe et aux non-initiés. Je fus du grand nombre de ceux qui, dès le jeune âge, y trouvèrent sans trop d'efforts, je peux même écrire avec émotion, grâce aussi à ses 64 planches en couleurs, le moyen de découvrir, de faire connaissance avec nombre de plantes présentes autour de nous. Bonnier accordait de l'importance à des considérations d'ordre pratique et dans ce livre, il apportait nombre d'informations sur les propriétés médicinales des plantes avec la définition des termes employés, les usages agricoles et industriels que l'on en faisait, les espèces mellifères. C'était aussi en somme un livre de « *leçons de choses* » répondant à des besoins de connaissances d'ordre pratique, tel ceux que Gaston Bonnier lui-même publia dès 1884, ou tels encore les manuels scolaires qu'un peu plus tôt, Jean-Henri Fabre rédigeait déjà aussi avec tant de bonheur, diffusant des connaissances élémentaires qu'ignorent tant d'enfants aujourd'hui.

La *Petite Flore* de Bonnier, avec ses 340 pages de format 18x12 cm et malgré les 2.715 figures qui les illustraient, ne pouvait décrire qu'une petite partie de la flore de France, ce qui à un moment donné, devient frustrant pour l'utilisateur qui aspire à toujours progresser dans la connaissance des végétaux. Mais, à l'usage de ces derniers, pour tous ceux qui voulaient découvrir l'ensemble de la flore française, suisse et belge, Gaston Bonnier réalisa, en collaboration avec Georges de Layens, sa *Flore complète* portative publiée en 1909[29]. Ce fut pour nombre d'entre nous un compagnon que l'on emporte sur le terrain. Avec ses 430 pages de format 22x14 cm et 5.338 figures, il apportait en outre, avec une carte montrant les zones d'altitude, quelques notions élémentaires sur les différentes régions : montagnes diverses et hautes montagnes, régions méridionales au sens large, sud-est méditerranéen.

Enfin, l'œuvre floristique incomparable et qui n'a jamais eu d'équivalent, est la *Flore complète illustrée en couleurs* comprenant la plupart des espèces présentes en Europe[30]. Gaston Bonnier s'éteignit à l'âge de 69 ans, le 30 décembre 1922. Il n'en vit paraître malheureusement que cinq fascicules sur les douze qu'il avait réalisés. Cette œuvre magistrale comportant 1.400 pages de descriptions et de commentaires et 721 planches en couleur au format 26x33 cm, fut publiée par fascicules de 1912 à 1935.

Bonnier ne fut pas le seul en France à publier des flores ; deux autres auteurs qui avaient des idées personnelles ont eux aussi, œuvré de façon efficace en ce domaine : Hippolyte Coste (1858-1924) et Paul-Victor Fournier (1877-1964). A Coste, l'abbé aveyronnais qui travaillait de façon exemplaire sur le terrain,

---

[29] G. Bonnier et G. de Layens, *Flore complète portative de la France et de la Suisse* (*comprenant aussi toutes les espèces de Belgique, d'Alsace et de la Lorraine*). Librairie Générale de l'enseignement, Paris, 1ère édition en 1909 avec 5338 figures.

[30] G. Bonnier, *Flore complète illustrée en couleurs de France, Suisse et Belgique* (*comprenant la plupart des espèces d'Europe*). Librairie Générale de l'enseignement, Paris, publiée par fascicules jusqu'en 1935 par Robert Douin (1892-1965).

Gaston Bonnier proposa de réaliser ensemble une flore illustrée de la France mais Coste refusa. C'est regrettable car l'œuvre ainsi envisagée aurait été éditée plus tôt que ne le fut celle grandiose de Gaston Bonnier, qui mourut sans voir achevée sa magistrale *Flore complète illustrée en couleur de la France, de la Suisse et de la Belgique*. La *Flore descriptive illustrée de la France, de la Corse et des contrées limitrophes* d'Hippolyte Coste, imprimée par l'éditeur et botaniste de Genève Paul Klincksieck, parut en trois volumes de 1901 à 1906 et fut rééditée en 1937 par la Librairie des Sciences et des Arts. Elle reste une excellente référence, notamment grâce aux 4.800 figures en noir d'une grande précision. Pour être équitable, il faut encore citer *Les quatre flores de France*, du chanoine Paul Fournier, parue en 1940 (Lechevalier, Paris). Sa maniabilité en fait un très bon guide de terrain mais les figures très petites qui accompagnent les textes sont difficiles à lire. D'autres Flores furent publiées par Gaston Bonnier, telle la *Nouvelle Flore*[31] : même limitée géographiquement, elle vaut pour les espèces courantes de France et elle a servi à bien des débutants. Bonnier créa une « *famille* » de *Flores* avec celle de Costantin et Dufour[32] ou celle sur les Mousses et Hépatiques d'Isidore Douin (1858-1944)[33], auxquelles il faut ajouter d'autres flores plus spécialisées[34] ou écrites pour les écoles primaires[35], sans oublier de

[31] G. Bonnier et G. de Layens (1886), *Nouvelle Flore pour la détermination facile des plantes sans mots techniques, avec 2145 figures inédites représentant toutes les espèces vasculaires des environs de Paris, dans un rayon de 100 kilomètres, des départements de l'Eure, de l'Eure-et-Loir, etc. et des plantes communes dans l'intérieur de la France*. Paul Dupont, Paris, souvent rééditée par la suite.

[32] J.-N. Costantin et L.-M. Dufour (1895) *Nouvelle Flore des Champignons pour la détermination facile de toutes les espèces de France et de la plupart des espèces européennes, avec 3842 figures*. Paul Dupont, Paris.

[33] I. Douin (1895) *Nouvelle Flore des Mousses et des Hépatiques pour la détermination facile des espèces, avec 1288 figures inédites représentant toutes les Mousses et Hépatiques des environs de Paris, des départements voisins, et les espèces communes d'Europe*. Paul Dupont, Paris.

[34] G. Bonnier et G. de Layens (1887) *Nouvelle Flore du Nord de la France et de la Belgique pour la détermination facile des plantes, sans mots techniques, avec 2282 figures intercalées dans le texte dessinées d'après nature, accompagnées d'une carte des régions botaniques*. Paul Dupont, Paris.

[35] G. Bonnier et G. de Layens (1889) *Petite flore des écoles contenant les plantes les plus communes ainsi que les plantes utiles et nuisibles, avec 898 figures.*

nombreux manuels scolaires (son élève Georges Colomb en fit autant). Mais ce qui est le plus remarquable chez Bonnier, ce fut sa puissance de travail, manifestée dans les *Flores* et qui témoigne d'une connaissance parfaite de la flore française et des régions limitrophes, et d'une documentation considérable. Fut-il un homme de terrain comme Grenier ou Magnin ? On peut supposer que non compte tenu de ses activités, éditoriales notamment. En revanche, il devait avoir un réseau efficace de correspondants. La qualité de son iconographie, celle en couleurs notamment, en témoigne.

Bilan et critiques. L'homme, le souvenir qu'il a laissé

Un siècle s'est écoulé depuis le « *temps de Gaston Bonnier* » mais, grâce à des témoignages laissés de son vivant ou après sa disparition en 1922, nous pouvons nous faire une idée de ce qu'était l'homme pour ceux qui le côtoyaient. Ainsi, Louis Blaringhem, qui le connaissait bien, a rapporté (en janvier 1923 dans *La Revue scientifique*) *qu'il attirait les jeunes en particulier par sa bonté souriante, par sa conversation vive et imagée qui ouvrait de larges horizons, par son intelligence pénétrante qui dégageait les difficultés et suggérait les solutions. D'une activité inlassable*, disait encore cet auteur, *il laissa un ensemble d'œuvres qui resteront des modèles de clarté et d'exposition.* On peut dire de Gaston Bonnier qu'il eut une carrière comparable à celle des plus grands scientifiques de son siècle, qu'il fut un découvreur et un précurseur dans le domaine de la Phanérogamie.

On s'en doute, l'œuvre de Gaston Bonnier donna lieu à des critiques. Il avait autour de lui nombre de collègues, des amis et des membres de sa famille aussi, concernés par l'avancement des connaissances dans le domaine des sciences naturelles, et quantité de scientifiques qui s'étaient engagés dans la même démarche. Son orientation pro-lamarckienne et, surtout, sa volonté de rendre l'étude de la Botanique ou plutôt la connaissance du monde des fleurs plus accessible, donna lieu à des critiques plus ou moins ouvertes en direction de son œuvre, car au sein d'une certaine

---

Ouvrage destiné à l'étude pratique de la botanique élémentaire. Rédigé conformément aux programmes du 27 juillet 1882. Paul Dupont, Paris.

communauté scientifique, on accepte mal que la science soit « *vulgarisée* », accessible au plus grand nombre. Or, Gaston Bonnier faisait partie de ceux qui voulaient rendre la science, ou au moins certains de ses aspects, « *aimable* », comme disait Linné. Sans doute aurait-il fait sienne cette phrase de Jean-Henri Fabre[36] : *Certains m'ont reproché mon langage, qui n'a pas la solennité, disons mieux, la sécheresse académique. Ils craignent qu'une page qui se lit sans fatigue ne soit pas toujours l'expression de la vérité. Si je les en croyais, on n'est profond qu'à la condition d'être obscur*. Tout en étant conscient (comme nous tous) de la nécessité de la spécialisation, Bonnier ne voulait certainement pas que sa chère Botanique, la connaissance du monde des fleurs, devienne un repoussoir susceptible d'annihiler les vocations, dans les jeunes esprits surtout. Quand j'étais en poste à l'Institut de Botanique de Montpellier au cours des années 1950-1970, cette sorte de querelle persistait encore entre les admirateurs de l'œuvre de Bonnier et ceux qui volontairement l'ignoraient.

Concluons avec Marcel Bournerias (*l.c.*) : *L'œuvre didactique de Gaston Bonnier nous permet de retrouver, à la fois, le savant rationnel, le maître semeur de vocation, l'homme simple et ouvert, désireux de faire partager à tous sa passion de la connaissance des plantes dans leurs milieux de vie*.

---

[36] J. H. Fabre, *Souvenirs entomologiques...*, **II**, chapitre 1, p. 320 (tome I de l'édition Bouquins, Laffont, Paris).

8

Joseph Virieux
(1890-1915),
un de ceux qui ne revinrent pas[1]

Une pléiade de jeunes intelligences disparues…

Dans son *Exposé de titres et travaux* de 1952 environ, Philibert Guinier évoquait en ces termes Georges Le Monnier qui, à la fin du dix-neuvième siècle et au début du vingtième, avait été d'abord un éphémère professeur de Botanique à la Faculté des Sciences de Besançon avant de la quitter pour celle de Nancy[2] : *il était de cette génération de botanistes, qui, après 1870, à la suite de Van Tieghem, a*(vait) *introduit dans l'étude de l'anatomie et de la physiologie végétales cet esprit de rigueur qu'ils tenaient de leur formation antérieure.* Rappelant, dans l'axe du décret impérial créant les Facultés, que, si le professeur doit se tenir

---

[1] Par Richard Moreau, professeur émérite de Microbiologie à l'Université de Paris XII.

[2] Un exemplaire de l'*Exposé de Titres et Travaux* de Philibert Guinier, d'où sont tirées ces lignes, m'a été donné en 1989 par son fils André Guinier (1911-2000), ancien élève de l'Ecole normale supérieure, professeur de Physique à la Faculté des Sciences d'Orsay (Paris X), Académie des Sciences 1971. - Philibert Guinier (1876-1962), professeur de Botanique, puis directeur de l'Ecole Forestière de Nancy, fut le véritable fondateur de la science forestière moderne. Encyclopédie botanique vivante, il avait été initié très jeune par son père Ernest Guinier (1837-1908), lui-même forestier, à la Botanique et à la Foresterie, faisant de son fils *parvenu à l'adolescence, en puissance, un botaniste et mieux un biologiste et aussi un forestier.* Académie des Sciences : 1953. Déjà très âgé, M. Philibert Guinier influa ma thèse de doctorat de manière décisive. Voir Richard Moreau et René-André Schaeffer (1990) *La forêt comtoise*, Société forestière de Franche-Comté et des provinces de l'Est, pp. 311-314. Voir aussi Jean Boulaine, Richard Moreau et Pierre Zert (2010), *Eléments d'histoire agricole et forestière*, L'Harmattan, Paris, pp. 183-186.

rigoureusement au courant des progrès de la science et doit être un chercheur, Guinier notait à juste titre que *son devoir était de former des élèves*, et que *c'était dans l'accomplissement de cette tâche qu'il pouvait trouver les plus grandes satisfactions*. Et de citer Louis Mangin et Henri Lecomte[3], découverts par Le Monnier *à leurs humbles débuts, devenus professeurs au Muséum national d'Histoire naturelle et membres de l'Académie des Sciences*. A la suite de Van Tieghem, Bonnier, Giard, Magnin, d'autres encore, ne faillirent pas à la tâche essentielle de la transmission du savoir. Malheureusement la Grande Guerre de 1914-1918 fit des coupes claires dans la jeunesse scientifique pleine d'ardeur de cette époque. Parmi les titres de récits que des anciens combattants ont publié sur la Grande Guerre, *Orages d'acier*, de l'écrivain allemand Ernst Jünger, est sans doute le plus tristement évocateur de la violence industrielle qui, avec la guerre, s'abattit sur la France, laissant près d'un million et demi de morts, parmi lesquels des artistes ou écrivains, et des jeunes scientifiques. Des premiers, on se souvient encore des noms d'Alain-Fournier (1886-1914), Louis Pergaud (1882-1915), Charles Péguy (1873-1914), Guillaume Apollinaire (1880-1918)..., mais se préoccupe-t-on de ce qu'il en fut de nos jeunes savants ? Certains de ces « *travailleurs* » de la Science, comme disait Van Tieghem, revinrent mutilés ou handicapés à vie par des blessures ou l'atteinte par les gaz[4], et combien succombèrent, bien oubliés ? Leur talent manqua à la France de l'après-guerre. Dès 1917, soulignons la date, dans sa brochure[5] sur Joseph Virieux, mort pour la France en 1915, le docteur Antoine Magnin, professeur de Botanique et doyen honoraire de la Faculté des Sciences de Besançon, dont le fils unique Léonce (1889-1916), jeune médecin et naturaliste

---

[3] Sur le professeur Louis Mangin, voir chapitre 7, note 14. - Henri Lecomte (1856-1934), professeur de Phanérogamie au Muséum national d'Histoire naturelle, spécialiste de flore tropicale et notamment indochinoise et malgache, avait d'abord commencé comme instituteur dans les Vosges. Académie des Sciences : 1917.

[4] Voir Anne-Claire Déré (2010) *La Science pour le meilleur et contre le pire. Maurice Javillier 1875-1955*. L'Harmattan, Paris, pp. 115-159.

[5] A. Magnin (1917) *Joseph Virieux, agrégé des Sciences naturelles, préparateur à la Station zoologique de Wimereux, secrétaire général de la Société d'Histoire naturelle du Doubs. Sa vie et ses travaux (1890-1915)*. Institut botanique, Besançon.

comme lui, avait été tué l'année précédente, n'hésita pas à exprimer le regret *qu'on n'ait pas su ou pas pu ménager ou utiliser d'une façon plus profitable pour la défense en même temps que pour la prospérité future de la patrie, cette pléiade de jeunes intelligences à laquelle Virieux appartenait, aujourd'hui disparues. C'était une élite, une réserve qu'on devait conserver pour l'avenir*

JOSEPH VIRIEUX (1890-1915). Coll. part.

scientifique de la France, réserve qui lui manquera pendant plusieurs années après la guerre, après la Victoire. Le docteur Magnin, qui voulait que l'on entreprenne tout de suite *la préparation de nouvelles générations de jeunes travailleurs* (il employait la même dénomination que Van Tieghem pour désigner les jeunes chercheurs) *à qui nous pourrons donner comme exemple le jeune savant dont je viens de retracer la vie si courte, mais déjà si remplie, mort héroïquement pour la France,* avait des vues prémonitoires. Magnin se situait dans l'axe de Marcelin Berthelot, grand esprit ouvert à tous même si ses idées étaient ancrées à gauche (Magnin aussi) et s'il avait, comme Pasteur, la Science pour seule religion. En mai 1888, au Sénat, sans contester que tout le monde devait être en mesure de payer *« l'impôt du sang »,* il déclarait : *On disait tout à l'heure* (lors de la discussion) *que, pour former un bon soldat, il faut trois ans, combien croyez-vous qu'il en faille pour former un jeune savant ? Nous ne sommes pas isolés dans le monde, nous ne sommes pas les maîtres d'embrigader ainsi toute notre jeunesse, de nous changer en un peuple purement militaire qui renoncerait à produire lui-même et à travailler et ne vivrait que du travail des autres.* Son *« descendant »* dans la Science, le professeur Alain Horeau, commentait ainsi[6] : *Qu'aurait pensé Berthelot, qui comprenait la nécessité pour un pays de développer et conserver ses élites, de ce qui s'est passé en 1914 ! Le formation intellectuelle de ces jeunes diplômés les avait conduits à des postes de commandement, en première ligne, comme officiers dans les zones particulièrement meurtrières. La proportion des disparus a dépassé de beaucoup celle des autres catégories de la population. La France décapitée a mis bien longtemps à se remettre de la disparition de ces futurs cadres, si nécessaires à notre redressement.* En effet, le désastre de 1940 a trouvé l'une de ses sources dans le déficit en élites, tant du point de vue civiles que militaires, produit par la Grande Guerre. C'est ce qu'Henri de Leiris, officier général dans la Marine nationale et botaniste éminent, déjà cité[7], me disait vers 1960 des cadres de l'Armée et du commandement de cette époque. C'est pourquoi il était nécessaire de rappeler par un exemple qui les résume tous, ce que furent les jeunes savants qui, formés et enthousiasmés par la

---

[6] Alain Horeau (1981) « Marcelin Berthelot, savant, philosophe et homme politique ». *L'actualité chimique*, février 1981, n° 2, pp. 38. A. Horeau (1909-1992), professeur de Chimie organique au Collège de France (Académie des Sciences 1977), avait été l'élève et successeur du professeur Marcel Delépine (1871-1965), professeur à la Faculté de Pharmacie de Paris, puis de Chimie au Collège de France (Académie des Sciences : 1930), qui avait été le « petit-successeur » de Berthelot.

[7] Voir chapitres 6 et 11.

génération précédente, auraient fait la gloire de notre pays. Joseph Virieux fut l'un d'eux. Naturaliste passionné, il fut tué le 16 mars 1915 à Beauséjour, près de Mesnil-les-Hurlus (Marne), par un éclat d'obus à la tête pendant que, dans une tranchée, il donnait des soins à un homme de sa section. Ce chapitre est tiré de la notice que le docteur Magnin lui a consacrée en 1917 et de rapports du professeur Maurice Caullery[8].

Les professeurs Alfred Giard et Maurice Caullery

Les maîtres : Virieux ne connut pas Alfred Giard, mort trop tôt, mais ce fut grâce à lui que le laboratoire de Wimereux exista. Maurice Caullery (1868-1958), disciple fervent du précédent (voir chapitre 7, Académie des Sciences : 1900), fut le second maître de Virieux après Magnin. Originaire du Nord et fils d'officier, il fut reçu à l'Ecole polytechnique et à l'Ecole normale supérieure. Il choisit celle-ci en 1887. La même année, Alfred Giard était nommé maître de conférences de Zoologie à l'Ecole normale supérieure, après avoir été préparateur du professeur Henri de Lacaze-Duthiers[9] de 1869 à 1872, dans la même discipline, à la Faculté des Sciences de Paris, puis professeur suppléant d'Histoire naturelle à l'Ecole de Médecine et de Pharmacie de Lille (1873), et enfin professeur de Zoologie à la Faculté des Sciences de cette ville (1879), dont il fut adjoint au maire et élu député radical (entre 1882 et 1885). Ce fut au cours de cette période qu'il créa le laboratoire

---

[8] Je me base sur la remarquable *Notice sur la vie et les travaux de Maurice Caullery (1868-1958)*, déposée en la séance du 8 juin 1960 de l'Académie des Sciences, par Emmanuel Fauré-Frémiet (1883-1971), professeur d'Embryologie comparée au Collège de France, membre de l'Académie (1959). Il évoque aussi longuement Alfred Giard.

[9] Henri de Lacaze-Duthiers (1821-1901), zoologiste, professeur au Muséum national d'Histoire naturelle, puis à la Faculté des Sciences de Paris, fondateur également du laboratoire de Zoologie maritime de Banyuls (Académie des Sciences : 1871). Lacaze-Duthiers représentait « *la science de Cuvier* » et rejetait *les idées transformistes qui, au contraire, vivifiaient l'enseignement de Giard* (Jean-Marie Dewarumez, Station marine de Wimereux). Par contre, *il lui procura la solide inimitié de son ancien maître Lacaze-Duthiers, qui le surnomma « le gredin de Lille »* (voir la page Internet : http://sm-wimereux.univ-lille1.fr/accueil/historique/index.php).

de Zoologie maritime de Wimereux, dont je résume les débuts difficiles, d'après E. Fauré-Frémiet (*l.c.*). En 1872, la Station Zoologique de Roscoff avait été fondée par Lacaze-Duthiers, de même que celle de Banyuls en 1882. Dès 1874, nouveau grief, Alfred Giard voulut créer une station zoologique à Wimereux en raison de la proximité de Lille et des ressources zoologiques des côtes du Boulonnais. Ne disposant pas de crédits, il paya de ses deniers les 1.080 fr. du loyer annuel de juin 1874 à juin 1875, pour une petite maison qu'un article du journal *La Nature* décrivait ainsi en 1877 (**5**, p. 129) : *Au milieu du sable aride et mouvant, à l'embouchure même du Wimereux, un tout petit chalet isolé, mal abrité de l'âpre vent du large par la dernière dune, tel est le bâtiment. A l'intérieur, à l'unique étage, trois chambres pour le professeur et ses élèves ; au rez-de-chaussée, les pièces transformées en laboratoire. Chacun*, précise Fauré-Frémiet, *apportait ses instruments et ses livres et contribuait aux soins de fonctionnement* ; le total des dépenses de la première année s'éleva à 3.000 francs. Le doyen de la Faculté des Sciences de Lille tenta de régler une partie des frais sur les crédits de la Faculté, mais il fut blâmé par le ministre de l'Instruction publique ! Le laboratoire reçut quelques subventions insuffisantes, mais ce fut Jean-Louis de Lanessan (1843-1919), naturaliste et homme politique français, qui obtint l'aide du Conseil municipal de la Ville de Paris, puis le laboratoire de Wimereux fut rattaché à l'Ecole pratique des Hautes Etudes. La cause était gagnée. Après la nomination de Giard à Paris en 1887, la station de Wimereux fut rattachée, non sans difficultés administratives, à l'Ecole normale supérieure, puis à la chaire d'Evolution des êtres organisés de la Sorbonne (créée pour lui par la Ville de Paris en 1892). A Wimereux, les locaux étant insuffisants, la construction d'un nouveau laboratoire put être entreprise en 1898.

A son entrée à l'Ecole, Caullery avait été tenté d'abord par la Physique et la Chimie, mais l'enseignement d'Alfred Giard, et sans doute Giard lui-même ayant *provoqué son enthousiasme en lui dévoilant de larges perspectives sur les problèmes et l'avenir de la Biologie moderne* (E. Fauré-Frémiet), il choisit celle-ci. Le moins que l'on puisse dire est que ce choix fut heureux. A sa sortie de l'Ecole en 1891, Caullery y occupa les fonctions d'agrégé-préparateur, *trois années exquises par le travail et les amitiés*, dirat-il plus tard. Sa thèse, *Contributions à l'étude des Ascidies composées,* soutenue en 1895, porta notamment sur du *matériel recueilli et étudié pendant ses séjours au premier laboratoire de Wimereux, dont Giard avait conservé la direction* (Fauré-Frémiet). Il fut nommé maître de conférences à la Faculté des Sciences de Lyon, où il succéda à Félix Le Dantec, qui était revenu à Paris comme préparateur au PCN, fréquenta le laboratoire de Giard, à l'Ecole normale supérieure, et donna des conférences au Collège libre des sciences sociales. Caullery resta cinq ans à Lyon. En 1900, il était professeur titulaire à la Faculté des Sciences de Marseille, mais *il revenait à Paris pour occuper en 1903, auprès de son maître Alfred Giard, les fonctions de maître de conférences, puis celle de professeur adjoint* (Fauré-Frémiet). En 1908, il fut nommé directeur-adjoint de Wimereux, peu avant la mort de Giard. Il prit la suite par reconnaissance pour celui à qui il devait sa vocation de naturaliste, parmi celles, nombreuses, que son maître avait su éveiller. Il lui succéda à la chaire d'Evolution des Etres organisés (Académie des Sciences : 1928).

L'apprentissage du chercheur

Le décor étant planté, voyons ce que fut la brève vie de Joseph-Jean-Marie Virieux, né le 8 avril 1890 à Rahon (Jura), de parents bisontins (le père tenait un magasin de chapeaux à Besançon). Joseph fit ses études à l'Institution des Frères de Marie de Besançon (Institution Saint-Jean) jusqu'à la première partie du baccalauréat latin-grec. Il continua comme externe au lycée Victor-Hugo. En juillet 1907, il fut reçu au baccalauréat de Philosophie avec la mention assez-bien. Le père étant mort, la mère du jeune homme hésita à lui faire continuer ses études faute de ressources. Finalement, elle le laissa préparer une licence de Sciences sur les instances de ses professeurs, frappés par ses aptitudes. Doué d'une vive curiosité et de dispositions exceptionnelles pour les Sciences naturelles, il prit goût très tôt à la Botanique, lors de promenades autour de Besançon et à la suite d'une excursion d'une semaine dans les environs de Belfort, avec un professeur des Frères de Marie, M. Schmidt. Ce fut sans doute à cette occasion qu'il ressentit « *l'étincelle* » dont parlait Roger Heim. Ce M. Schmidt fut le premier mentor de Virieux comme Girod-Chantrans l'avait été pour Charles Nodier. Dès sa dernière année de lycée (1906-1907) et étant membre de la *Société d'Histoire naturelle du Doubs* depuis 1906, très tôt, Virieux assista aux herborisations de la Faculté des Sciences. Il fit la première à la Chapelle-des-Buis, au-dessus de Besançon, le 3 mars 1907. Partant de là et des explications de Magnin, ce jeune homme de 17 ans présenta une note (*le placage de la Dalle nacrée du Pont-du-Secours et sa flore*) à la Société d'Histoire naturelle du Doubs : *C'est son premier travail, déjà très remarquable, étant donné son âge*, note Magnin.

A la Faculté des Sciences de Besançon, Virieux obtint en deux ans les certificats exigés pour la licence d'Etat : Botanique générale (1er juillet 1908, mention très bien) ; Zoologie (7 novembre 1908, mention assez bien), Chimie générale (30 juin 1909), Géologie (2 juillet 1909, mention bien). L'absence de mention au certificat de Chimie générale semble montrer que cet étudiant doué n'était pas tourné vers les sciences dites « *dures* ». L'année suivante, avec l'aide d'une bourse d'études attribuée par l'Université, il prépara un diplôme d'études supérieures sur *les gaines et les mucilages des Algues d'eau douce*. Il le soutint *très brillamment* le 20 juin 1910. Magnin parle de 49 points sur 50, selon le barême de l'époque, pratiquement 20 sur 20. Il est vrai qu'outre la *parfaite mise au point sur les faits déjà observés avant lui*, c'est-à-dire la bibliographie, *et le très bon exposé des résultats nouveaux qu'il avait constatés* et dont faisait état ce mémoire de 58 pages, avec trois pages de dessins en couleurs, le travail effectué semble avoir dépassé, de loin, le niveau habituellement demandé pour ce type d'exercice, même bien des années plus tard. En effet, Virieux avait vérifié *sur plus de cent cinquante espèces d'Algues de la région jurassienne, les faits observés antérieurement et trouvé un certain nombre de faits nouveaux*. Magnin mentionne des observations *sur la gaine des Spirogyres, les mucilages callosiques des Hydrures et des Hydrocoleum, sur l'adaptation de certaines formes de Dinobryum et de Cladotrix à leur vie dans les mucilages, etc, partie d'un travail plus considérable que le candidat avait entrepris sur les Algues de la région jurassienne* et qui constituerait ultérieurement sa thèse de doctorat ès Sciences. Ce diplôme fut couronné par la publication d'une note aux *Comptes-*

rendus de l'Académie des Sciences le 25 juillet 1910[10]. En novembre suivant, Joseph Virieux partit à Paris achever son cursus et préparer l'agrégation de Sciences naturelles comme « *élève externe* » (auditeur libre) de l'Ecole normale supérieure, avec une bourse Suard (voir ci-dessus chapitre 6, note 10). Le professeur Frédéric Houssay (*idem*, chapitre 7), titulaire de la chaire de Zoologie, futur doyen de la Sorbonne, avait soutenu sa candidature auprès de l'Académie des Sciences, Belles-Lettres et Arts de Besançon : *Il nous est arrivé déjà fort instruit, sachant beaucoup de choses, très habile aux exercices pratiques, si importants pour le naturaliste. Intelligent et travailleur, il a tiré le meilleur parti de son travail, et tout fait présager que, sauf accident peu probable, il sera reçu brillamment à l'agrégation.* Houssay ne se trompait pas : dès le concours de juillet 1911, à vingt et un ans, Joseph Virieux était reçu premier à l'agrégation sur cinquante candidats et dix admis.

Une extraordinaire fébrilité dans la recherche

En conclusion de son rapport sur le diplôme d'études supérieures de Virieux, le docteur Magnin écrivait que, *par l'excellente mise en œuvre des faits recueillis sur ce sujet difficile, par les résultats nouveaux auxquels il était arrivé, Virieux avait montré qu'il était capable de faire non seulement de l'excellente bibliographie, de coordonner intelligemment et clairement les différents éléments d'une question, et qu'il possédait aussi des aptitudes très remarquables pour l'observation scientifique, et pour mener à bien les recherches les plus difficiles*. Le professeur Houssay décela lui aussi un chercheur en la personne du jeune homme : *Je suis pour ma part convaincu qu'il est parmi les plus aptes à conduire une recherche avec intelligence, méthode et persévérance et à la faire aboutir (*rapport pour la bourse Suard).

---

[10] J. Virieux (1910) « Sur les gaines et les mucilages des Algues d'eau douce », *C. R. Acad. Sci.*, **151**, p. 334. Elle fut présentée par Léon Guignard (1852-1928), un Jurassien d'ailleurs, de Mont-sous-Vaudrey, professeur, puis doyen de la Faculté de Pharmacie de Paris. Académie des Sciences (section de Botanique) : 1895. Membre des Académies de Médecine et d'Agriculture.

L'accès à la recherche était donc ouvert pour Virieux qui, dès 1907, avait commencé à apporter la preuve de ses talents à l'Institut de Botanique de la Faculté des Sciences de Besançon ; il continua à la station biologique de Wimereux, dans le Pas-de-Calais. En effet, note Magnin, *ses professeurs de Paris avaient conservé un si bon souvenir du jeune agrégé que l'un (*le professeur Caullery) *voulut l'attacher à son enseignement.* Ce fut ainsi que, le 1er août 1912, Virieux devint préparateur-adjoint à la Station zoologique de Wimereux. Caullery (*in* Magnin) a expliqué son choix[11] : *J. Virieux arriva à Wimereux au laboratoire, en juillet 1912. J'avais eu l'occasion de l'apprécier au concours d'agrégation des sciences naturelles de 1911, où j'étais son juge et où il avait été classé le premier. J'avais pu me rendre compte de sa très solide éducation de naturaliste et l'avais choisi comme préparateur, quoiqu'il n'eût encore jamais vu la mer et que les animaux marins et les algues ne lui fussent connus que par les livres. Son expérience de biologiste, en particulier la pratique très profonde qu'il avait de la Botanique systématique, et celle qu'il avait aussi de divers groupes inférieurs d'animaux d'eau douce étaient une garantie sérieuse qu'il s'initierait très rapidement à la faune et à la flore marines. Et je ne fus pas déçu.* Malgré la guerre, Joseph Virieux fut promu préparateur titulaire le 1er février 1915. Il n'en profita pas car, un mois et demi plus tard, il était tué au combat.

On ne connaît pas les fonctions du jeune homme pour l'année universitaire 1911-1912. C'était trop court pour son service militaire dont la durée, depuis la loi du 21 mars 1905, était de deux ans, mais cette loi ayant institué le sursis, on peut penser que Virieux en bénéficia. Dès sa « *réception* » à l'Ecole normale

[11] Les motivations du professeur Roger Heim à mon égard furent peu différentes quand il me fit obtenir un poste au CNRS fin 1955, mais c'était encore l'ancienne Université : ensuite on devait faire ses preuves, sinon on savait qu'il n'y aurait pas de deuxième chance. - Le professeur Roger Heim (1900-1979), mycologue, fut professeur de Cryptogamie au Muséum national d'Histoire naturelle, dont il fut aussi le directeur pendant quinze ans. Il fut également l'un des fondateurs, en 1948, de l'Union internationale pour la conservation de la nature et de ses ressources (UICN), qu'il présida de 1954 à 1958. Membre de l'Académie des Sciences (1946). Résistant pendant l'occupation allemande, il fut déporté au camp de Mauthausen.

supérieure (fin juillet 1911), le mot est de Magnin, *Virieux reprit méthodiquement ses recherches sur le plancton animal et végétal des lacs du Jura*, comme le confirme la liste de ses publications de 1911-1912. Sa « *carrière* » militaire semble avoir débuté après le 2 août 1914, date de la déclaration de guerre. Celle-ci surprit Virieux à Wimereux qu'il quitta le 6, après avoir passé deux ans dans son premier et unique poste. Il resta quatre jours en famille à Besançon (8-12 août), puis il rejoignit le 449ème régiment d'infanterie (RI) à Jorquenay. Le 12, il était à Langres, en septembre à Rolampont (ces trois lieux en Haute-Marne), de nouveau à Langres du 1er octobre au 10 décembre. On suppose qu'il fit ses classes pendant ces deux mois et demi. Il revint à Rolampont le 11 décembre, sans doute comme sous-officier puisque, selon sa propre expression, il aurait à « *dresser des bleus* ». *A ce moment, il passa les examens d'élève-officier auxquels il fut reçu très brillamment 4e sur 250 candidats* (Magnin). Le 22 janvier 1915, Virieux fut versé à ce titre (aspirant ?) au 170ème RI, à Epinal. Le 13 février, lui et son régiment partaient pour le front de Champagne.

Auparavant et à partir de 1907, et plus nettement encore entre 1911 et 1914, Joseph Virieux avait déployé une incroyable énergie dans tous les domaines des Sciences naturelles. Dans son fascicule publié après la mort au combat de son ancien élève, le docteur Magnin pense que le jeune universitaire avait eu le pressentiment de sa fin prochaine, sentiment qui fut partagé sans doute par de nombreux combattants. De fait, le 11 février 1915, en annonçant à son maître son titulariat comme préparateur à Wimereux, Virieux lui avait écrit : *On a peut-être vendu la peau de l'ours avant qu'il ne soit tué* (*l'ours, ça pourrait bien être moi*) ; plus loin : *Je ne serai pas fâché du tout d'être un peu plus occupé et de faire connaissance avec les tranchées... quitte à m'en mordre les doigts...* ; et encore : *Si seulement on était sûr de pouvoir repiquer au travail avec tous ses abattis*. En réalité, s'il avait eu un pressentiment, plus inconscient que conscient d'ailleurs, il avait été ancien. On est tenté d'écrire que toute la brève carrière scientifique de Virieux donne l'impression d'une course contre le temps. Grand travailleur, il travaillait la nuit, y compris après de longues herborisations, suivant l'exemple de Charles Grenier. Magnin cite sa grande excursion dans les Alpes dauphinoises, du 19 au 28 août 1908, sous la direction de l'abbé Paul Rémond, avec dix autres jeunes gens, comportant l'exploration des alpages et des rochers des cols du Galibier et du Lautaret, du Combenot, du Refuge de l'Alpe, des cols Emile Pic et de La Temple, de la Bérarde, etc., un peu l'itinéraire de Charles Grenier et de Puiseux en leur temps : la région attirait les Jurassiens[12]. Pendant ces journées, le botaniste de dix-huit ans fit connaissance avec la flore alpine, récolta de nombreux échantillons et *passa une partie de ses nuits à les préparer et les annoter, pendant que ses camarades dormaient.* Plus généralement, *sa résistance à la fatigue était telle qu'il pouvait faire plusieurs jours de suite des excursions de plus de soixante kilomètres et passer encore une partie des nuits à annoter et à mettre en presse les plantes qu'il avait récoltées* (Magnin).

En 1912 et 1913, Virieux continua son étude des lacs du Jura (exploration de nouveaux lacs, révision de ceux déjà visités), dans les intervalles de ses séjours à la station zoologique de Wimereux. L'exploration des 2-4 juillet 1913 faite avec Joseph Martinet, futur chimiste, compagnon habituel de Virieux, tant au cours d'herborisations que de sorties spéléologiques, est particulièrement caractéristique. Elle fut la copie, en plus complet, d'une expédition préparatoire de juillet 1910 avec son ami Thirode : exploration en trois jours et trois nuits passées en plein air, Morez, le lac des Rousses, la Dôle (1.670 m.), col de la Faucille, le Mont-Rond, la mare du col de Crozet, le Crêt-de-la-Neige (1.717 m), la vallée de la Valserine, avec Chézery, la Motte de Chalam, Champfromier. En 1913, après avoir cheminé de Morez à Prémanon, Lamoura, Mijoux, Lelex, le col de Crozet (réexploration de la mare à *Branchipus*, petits crustacés branchiopodes vivant dans les eaux douces, déjà examinée en juillet 1910), Crêt de la Neige et Chézery, Virieux quitta Martinet, qui redescendit au plus court.

---

[12] Mgr Paul Rémond (1873-1963) docteur en Philosophie et docteur en Théologie, fut vicaire à Belfort, puis, en 1906, aumônier du lycée Victor-Hugo à Besançon. Il était amateur de montagne et de nature. Ce fut sans doute à ce double titre qu'il dirigea cette excursion dans les Alpes. Joseph Virieux en profita pour faire connaissance avec la flore alpine. L'abbé Rémond fut aumônier militaire pendant la Grande Guerre. En 1921, il fut promu aumônier général de l'Armée du Rhin. A la fin de l'occupation française en Allemagne, il fut nommé évêque de Nice. Pendant l'Occupation, il protégea les juifs dans son diocèse. A ce titre, il reçut la médaille de Juste parmi les nations. Voir sa biographie par Ralph Schor (1984) *Un évêque dans le siècle. Monseigneur Paul Rémond (1873-1963)*. Editions Serre, Nice.

Lui-même, dans le milieu de la journée du 4 juillet, traversa seul les plateaux, les vallées et les chaînes qui s'étendent entre la Valserine et Arbent, par les forêts de Champfromier et de Viry, les escarpements de la Semine (où il fit une chute sans gravité), les lacs Genin et de Viry, pour retrouver son ami, le soir, à la gare de La Cluse. Le docteur Magnin commentait : *il faut avoir parcouru, comme nous* (*mais avec un guide et par des chemins ou de bons sentiers*), *cette région accidentée, pour avoir une idée des difficultés et des dangers d'une pareille randonnée*. Que le lecteur consulte une carte détaillée de la région : il comprendra !

Joseph Virieux, dont la capacité d'observation semble avoir été particulièrement aiguë, ne perdait jamais un moment pour travailler, même dans les pires conditions. Ainsi, après sa mort, on a trouvé sur lui un carnet de notes sur la géologie et la flore des régions traversées par le chef de section qu'il était devenu en décembre 1914, à la tête de ses soixante soldats ; elles s'arrêtent le 5 mars 1915, dix jours avant sa blessure mortelle. Pendant son séjour à Langres (1er octobre-10 décembre 1914), il avait profité de ses instants de liberté pour étudier la géologie et la flore des environs. De même, quand son unité stationna à Villers-Cotterêts entre le 14 et le 24 février 1915, le biologiste-soldat étudia la géologie et la flore de la région et de la forêt qui avoisine la ville. Le jeune homme savait caractériser en peu de mots et par des croquis tracés à la hâte, les particularités géologiques et botaniques qu'il rencontrait, en marchant, au repos ou au cantonnement[13]. A ce sujet, comment ne pas rappeler le souvenir de mon maître le professeur Henri Humbert[14], de la même génération que Virieux, mais qui revint de la guerre. Je l'entends encore raconter comment, plus tard, durant la guerre du Rif, *il notait d'une main et tirait de l'autre*, en escaladant un massif, expliquant qu'il avait pris l'habitude en 1914-1918. La paix revenue, les botanistes n'y

[13] Les notes de Virieux, avec croquis de cérithes, ont rappelé à Yves Delange une conversation avec l'écrivain allemand et ancien combattant Ernst Jünger, qui lui a dit un jour le bonheur qu'il avait eu parfois, aux pires heures de la Grande Guerre, de rencontrer un insecte (pour lui, surtout des Coléoptères) dans les tranchées ! Cet échange eut lieu entre 1985 et 1993 : Y. Delange rencontra Ernst Jünger à trois reprises à Paris au cours de cette période.

[14] Cf. Introduction et chapitre 11.

trouvèrent que deux espèces de Phanérogames de plus que lui, disait-il.

Enfin, Virieux était un nageur hors-pair : pour ses recherches limnologiques, il explora à la nage des lacs dépourvus de bateaux (lacs du Lisseau et de Chalain, où il fit des pêches au filet fin, en nageant) ou des cours d'eau souterrains (il contribua à la recherche d'un noyé dans la rivière Doubs, en plongeant à des profondeurs que, selon Magnin, des professionnels auraient été incapables d'atteindre). A Wimereux, notait Caullery, *il n'était pas jusqu'à sa brillante santé et sa vigueur physique qui ne le fissent apprécier, en particulier dans les moments où le naturaliste devient matelot*. On raconte qu'en deux ans, jamais les marins de Wimereux ne parvinrent à lui faire avoir le mal de mer, quels qu'aient été les moyens employés pour y parvenir... ! Tout cela faisait dire au professeur Caullery qu'*il n'était pas jusqu'à sa vigoureuse santé qui ne rende la mort de Virieux encore plus déplorable*. Joseph Martinet a rapporté un exemple de la *vigoureuse santé*. On était un 25 août, sans doute 1908, lors de la grande excursion dans les Alpes dauphinoises. Au petit jour, alors que le groupe quittait le refuge de l'Alpe où il avait dormi, Virieux tomba dans un torrent en le traversant sur une planche. Effroi des guides. Sans perdre son piolet, ni sa boîte verte (pour ses récoltes), ni même son binocle, le jeune homme sortit du torrent trempé, mais d'excellente humeur. Nouvel émoi lorsque les guides savoyards apprirent qu'afin que son sac soit moins encombré, le jeune homme avait enfilé toutes ses chemises et ses vêtements de rechange les uns sur les autres, de telle sorte qu'il lui était impossible de changer de linge avant de traverser le glacier ; tout finit bien néanmoins et Virieux était sec et sauf en arrivant au sommet du Glacier Noir... Il fallait une santé de fer pour réussir cela et résister à semblable baignade glacée !

Outre la vive intelligence de Virieux, soulignée par tous, sa curiosité insatiable pour les Sciences naturelles, son goût pour le travail, son agilité, son courage, il faut mentionner ses qualités humaines : *excellent camarade, aimé de tous pour sa franchise et son dévouement, égayant les herborisations par son entrain et sa bonne humeur*, notait Magnin. *Jusqu'aux derniers jours*, écrivait-il aussi, en renvoyant au pasteur Charles Wagner[15], *jusqu'au moment de prendre part à l'action, d'après le témoignage de ses camarades, Virieux conservait son entrain, cette gaîté qu'il manifestait partout, au laboratoire, aux excursions, sous l'habit militaire, jusque dans ses dernières lettres.* Enfin, Magnin terminait par une phrase (en gras ci-dessous) extraite du discours d'Edouard Herriot lors des obsèques de Jules Courmont : *Sous des dehors plutôt indifférents, quelquefois même assez sarcastiques, Virieux était la bonté même ; mais c'était chez lui une vertu discrète : il en avait pour ainsi dire la pudeur. Ses amis cependant ne s'y trompaient pas et pouvaient dire de lui :* ***Vous avez été bon, parce qu'être bon c'est encore une marque d'intelligence***[16].

A Wimereux, le professeur Caullery vit en son préparateur *un homme tout à fait sympathique* et apprécia *pendant deux ans la sincérité sans apprêt, sa simplicité et la franchise de son caractère en même temps que la solidité de son éducation de naturaliste, qui faisait de lui non un élève, mais un vrai biologiste.* La description par Caullery, cité par Magnin, du séjour de Virieux à la station boulonnaise, fait penser à des moments toniques entre étudiants et professeurs, unis à la fois dans le travail et dans la détente, comme nous en avons sans doute tous connus dans des circonstances semblables : *La résidence continue au laboratoire de Wimereux est bien austère, en dehors des périodes de vacances où il est peuplé d'étudiants. De mars à juillet, c'était la vie solitaire, au bord de la mer, à l'entrée des dunes, très loin de la ville, et même du village qu'est Wimereux. Virieux s'accommoda de cette solitude et l'employa au travail. Pendant les vacances, c'était au contraire la vie familière et continue avec un groupe de jeunes étudiants. Il sut être avec eux un camarade joyeux et sans prétention, en même*

---

[15] *La gaîté est le secret des vaillants et une de leurs récompenses ; c'est le triomphe de l'esprit sur ses entraves.* Charles Wagner (1852-1916) était l'ami du pasteur Wilfred Monod (1867-1943), père du professeur Théodore Monod (1902-2000, Académie des Sciences, 1946). Ils faisaient partie de l'aile libérale du protestantisme français.

[16] Jules Courmont (1865-1917), professeur d'Hygiène de la Faculté de Médecine et Pharmacie de Lyon, dirigea (1911-1917) l'Institut bactériologique de Lyon. Ami et conseiller d'Edouard Herriot, il participa avec lui à la création de l'hôpital de Grange-Blanche, à Lyon (Hôpital Edouard Herriot). - Edouard Herriot (1872-1957), ancien élève de l'Ecole normale supérieure (Lettres) fut député, maire de Lyon, président de l'Assemblée nationale, membre de l'Académie française.

temps qu'un guide dans leur travail. Aux vacances de 1913, en particulier, ce devaient être les dernières, sous son impulsion, la vie du laboratoire fut étonnamment animée à la fois comme travail et comme gaîté. Virieux imposait sa maîtrise, non seulement comme naturaliste, devant le microscope ou à la marée, mais à table par sa verve et aussi à chaque instant par sa vigueur physique ; à la mer, il étonnait tout le monde comme nageur. Il donnait l'impression d'un parfait équilibre physique et intellectuel, avec souvent une note de fantaisie : *chez lui*, racontait en effet Magnin, *on le voyait parfois se lever brusquement pour réaliser sur le piano une composition musicale dont il venait de trouver les motifs.* Il faut ajouter son talent pictural, la qualité de *ses dessins scientifiques, ses ébauches d'aquarelle, ses programmes de sortie de la Société d'Histoire naturelle du Doubs, et... des caricatures*[17], *qui témoignaient de son sentiment de la forme, de la précision, de la beauté, aiguisé d'une pointe d'humour ou d'une note comique...* Enfin, Magnin a évoqué son élocution facile et agréable, la clarté de ses descriptions et son talent de dessinateur au tableau noir lorsqu'il faisait un exposé. Joseph Virieux possédait donc des qualités relationnelles et didactiques plus qu'évidentes et une franchise qui ne l'était pas moins, assortie, semble-t-il, d'une bonne dose d'humour comtois. Ainsi fut l'espèce de « *phénomène* » dont nous allons résumer rapidement l'œuvre.

Un naturaliste complet

Concentrée en peu d'années, l'œuvre de Virieux fut néanmoins très riche. Dans la brochure qu'il publia en hommage à la mémoire de son ancien élève, le docteur Magnin a donné la liste à peu près exhaustive de ses publications, travaux inédits et explorations, le tout réalisé en six ans à peine (de 1907-1908 à la mi-1914, mais surtout à partir de 1910), entre ses dix-huitième et vingt-quatrième années, *témoignages*, écrit-il, *d'une précocité remarquable et d'aptitudes tout à fait exceptionnelles pour les recherches d'histoire naturelle, dans toutes ses branches, botanique, zoologie,*

[17] D'après le docteur Magnin, en 1917, certaines étaient encore exposées à l'Institut Botanique de Besançon. Que sont-elles devenues ?

géologie et leurs divisions : anatomie, biologie, tératologie, soit des phanérogames, soit plus particulièrement des champignons, des algues et des microorganismes animaux. Néanmoins, Virieux fut avant tout un botaniste[18], ce que le professeur Caullery a marqué nettement : *Virieux avait fait à l'université de Besançon, la licence ès-sciences naturelles,* écrivait-il, *sous la direction de Charbonnel-Salles[19], Magnin, Fournier, ces maîtres qui ont su inspirer un goût très vif pour nos sciences à toute une série d'élèves. Auprès de Magnin, il avait complété, par l'étude des cryptogames, son apprentissage de botaniste.* Ainsi, la vocation ressentie par Virieux dans son adolescence, sous l'influence d'un professeur de l'Institution Saint-Jean à Besançon, se concrétisa à l'Institut botanique de la Faculté des Sciences, d'autant mieux que le docteur Magnin, qui avait en vue la publication d'une *Flore* de la chaîne jurassienne du type de celle à laquelle il avait participé dans le Lyonnais (celle-ci ne fut réalisée que beaucoup plus tard par le professeur Georges Nétien, 1907-1999), accueillait tous ceux qui voulaient venir travailler avec lui, son expérience lyonnaise lui ayant montré l'importance d'un réseau d'amateurs et de professionnels ou de semi-professionnels. Un jeune étudiant enthousiaste et avide de recherche comme Virieux ne pouvait qu'être bien reçu, sachant surtout qu'il se destinait à une carrière universitaire.

Entre la fin de 1907 et le milieu de 1914, au cours de sa préparation aux certificats de licence et au diplôme d'études supérieures, puis pendant les vacances que lui laissaient sa préparation à l'agrégation et ses fonctions à Wimereux, Virieux fut l'hôte assidu de l'Institut botanique de Besançon : *Il y travaillait du matin au soir, étudiait avec nous ses importants herbiers,* écrit le docteur Magnin ; *il nous aidait avec zèle et beaucoup d'obligeance pour la détermination des plantes adressées ou apportées à l'Institut botanique, notamment des collections envoyées du Midi de la France, de la Corse, de Madagascar.* Virieux faisait également des observations de morphologie et de

---

[18] Il est caractéristique que le premier certificat de licence acquis par Joseph Virieux à la Faculté des Sciences de Besançon ait été celui de Botanique avec mention Très bien.

[19] Pour le professeur Charbonnel-Salle, voir chapitre 6.

biologie végétales sur des plantes du Jardin botanique, par exemple sur la myrmécochorie de l'*Asarum*, les glandes en perles des *Ampelopsis*, l'excrétion de glace des *Verbesina*. Le docteur Magnin a rendu un hommage fervent à l'*aide précieuse, dévouée et affectueuse* (Magnin *dixit* : Virieux fut manifestement un sentimental) qu'il ne cessa d'apporter dans ses recherches sur la flore du Jura ou sur des questions comme la tératologie, les anomalies florales du *Narcissus silvestris*, la biométrie d'Orchidées et du *Daucus Carota*, les études préparatoires à la rédaction du *Manuel du botaniste herborisant*, à Paris à la recherche de bibliographie pour le *Charles Nodier naturaliste* de son maître, la mise au point de tableaux de détermination des plantes avec figures et du *Catalogue critique de la flore du Jura franco-helvétique*, la préparation des cours publics du professeur sur la géographie botanique, les champignons, les lichens, les expositions de champignons. On en oublie sans doute. Magnin utilisa aussi son *remarquable talent de dessinateur pour illustrer ses démonstrations publiques au Jardin botanique, diverses conférences à la Société d'Histoire naturelle du Doubs* (*notamment sur les Roses de Jéricho*)*, etc. Virieux a été pendant plusieurs années, de trop courtes années, hélas* ! *un collaborateur de tous les instants, aussi bien pour le professeur que pour les étudiants ou pour les botanistes qui venaient travailler à l'institut botanique.* Enfin, il arriva que Virieux aille faire de même au laboratoire de Zoologie du professeur Charbonnel-Salle pour se délasser de la Botanique…

Les excursions universitaires étaient de grands moments de choix. Virieux[20] y fit de nombreuses observations, notamment sur la flore pseudo-alpine des sommets jurassiens. Dès 1909, le doyen Magnin le délégua à une excursion en Auvergne sous la direction du professeur Philippe Glangeaud[21], puis comme « *assistant libre* »

---

[20] D'après le docteur Magnin, qui tenait une comptabilité de tout, Joseph Virieux suivit quarante et une herborisations de la Faculté entre 1907 et 1914, mais les deux dernières années furent presque blanches de ce point de vue en raison de l'éloignement de Wimereux. Pendant ce temps, Virieux étudiait la végétation du Pas-de-Calais.

[21] Philippe Glangeaud (1866-1930), professeur de Géologie à la Faculté des Sciences de Clermont-Ferrand. Il était le père du professeur Louis Glangeaud (1903-1986), professeur de Géologie et doyen de la Faculté des Sciences de

(*sic*), en juillet 1910, à une sortie Jura de plusieurs jours, dirigée par le professeur Fournier. Le jeune naturaliste participa enfin en 1911 à une longue excursion de l'Ecole normale supérieure dans les Pyrénées. Auparavant, en septembre 1910, lors d'une manifestation forestière franco-suisse dans le Mont Suchet, Virieux avait herborisé avec de nombreux botanistes connus : Charles Flahaut[22], professeur à la Faculté des Sciences de Montpellier, Carl Schröter[23], professeur au Polytechnicum de Zurich, Philibert Guinier, jeune professeur à l'Ecole forestière de Nancy. Cela avait été pour Virieux l'entrée dans le monde des meilleurs. Virieux entreprenait aussi ses propres sorties botaniques, seul ou avec des camarades, sans doute de la manière dont nous avons vu faire le professeur Charles Grenier. Le docteur Antoine Magnin estimait que son élève connaissait l'essentiel de la *Flore de France* du fait de son expérience de terrain et de ses travaux sur les herbiers.

Simultanément, Virieux poursuivait son étude du plancton des mares, étangs, lacs du Jura pour sa thèse de doctorat ès Sciences. Le goût pour la limnologie et la planctonologie lui était venu aussi de manière précoce, sous l'influence du docteur Magnin, qui avait publié sa *Végétation des lacs du Jura* en 1904. Des travaux sur le plancton en étaient la suite logique. Virieux commença à s'intéresser aux milieux aquatiques dès 1907. Selon le docteur Antoine Magnin, l'origine de cette orientation fut la note qu'il avait publiée lui-même sur ce thème en 1902 dans le *Bulletin de la Société d'Histoire naturelle du Doubs* et probablement aussi son insistance à parler de ce sujet à son élève. *Dorénavant*, écrit-il, *Virieux va récolter et étudier toutes les formes végétales et animales, surtout les microorganismes, habitant les mares, les étangs, les lacs et autres stations aquatiques du Jura. Il consacra à ces recherches de nombreuses explorations soit seul, soit*

Besançon lorsque j'y étais étudiant, puis professeur à la Sorbonne et membre de l'Académie des Sciences (1968).

[22] Sur Ch. Flahault, voir chapitre 7, et sur Ph. Guinier, voir note 2 du présent chapitre.

[23] Carl Schröter (1855-1939), professeur ordinaire de Botanique spéciale à l'Ecole Polytechnique Fédérale de Zurich (1884-1926), introduisit le concept d'association en phytosociologie avec Charles Flahault. Ses publications portèrent sur l'agriculture, l'économie forestière et la flore alpine (*Das Pflanzenleben der Alpen*, 1908).

accompagné de quelques camarades, d'abord dans les environs de Besançon, puis dans toute l'étendue du Jura central, notamment dans cinquante des lacs qu'il renferme, avec l'ardeur qu'on lui connaît, mais celle des camarades qui l'accompagnaient parfois n'était pas moindre. Virieux recueillit ainsi un matériel considérable, mais seule une partie de ses résultats fut publiée dans la *Feuille des Jeunes naturalistes*, la *Société d'Histoire naturelle du Doubs*, la *Société de biologie*, les *Comptes-rendus de l'Académie des Sciences*, les *Annales des Sciences naturelles*.

A l'été 1911 et jusqu'en octobre, à peine agrégé, seul ou avec des camarades (Magnin cite Martinet et Thirode, futur pharmacien à Besançon[24]), Joseph Virieux reprit à un rythme d'enfer ses recherches méthodiques sur le plancton animal et végétal des lacs du Jura central. Que l'on en juge : le 4 août, il faisait des pêches dans le lac de Chaillexon. Quelques jours plus tard, avec son ami Joseph Martinet, il partait explorer les lacs-étangs de Frasne, Bouverans, Bonnevaux, les lacs du Lisseau (en nageant), de Foncine, etc. Le 12 août et les jours suivants, ce fut le tour des lacs de Fioget, du Vernois, de Chambly, de Chalain (à la nage aussi), etc., en septembre, les lacs du Ratay, de Bonlieu, du Granvaux (lac de l'Abbaye, Perret, Brenets, etc), ceux des Mortes et de Bellefontaine..., en octobre, les lacs de Narlay, du Vernois, de Maclus, d'Ilay, de Clairvaux, de Saint-Point. La consultation d'une carte permettra ici encore de se rendre compte de l'effort de Virieux et de son ami à une époque où les moyens modernes de déplacement étaient à peu près inexistants, sans compter qu'au retour, il fallait examiner les prélèvements, un travail de longue haleine, avec des microscopes qui étaient loin de valoir les nôtres.

---

[24] Je les ai encore bien connus, M. Martinet aux séances de la Société d'Histoire naturelle du Doubs. Un de ses fils au moins était étudiant en même temps que moi, lui en Chimie à la Faculté des Sciences, où il fit carrière. Le second, M. Thirode, pharmacien à Besançon, fut mon maître de stage (à l'époque, les études de Pharmacie comportaient un stage préliminaire d'une année dans une officine). Prolongeant la tradition et me voulant du bien en tant que neveu de deux de ses camarades de Faculté, mes oncles Richard (pharmacien) et Gabriel (médecin) Vuillecard, qui avaient été aussi les élèves du docteur Magnin, il me fit adhérer dès fin 1950 à la Société d'Histoire naturelle du Doubs *pour faciliter mes études supérieures*, me dit-il, avec comme conséquence pour moi, les mêmes facilités que Virieux et d'autres, un demi-siècle plus tôt, pour participer aux excursions scientifiques de la Faculté des Sciences de Besançon.

Virieux continua son enquête sur les lacs (exploration de nouveaux lacs, nouvelle révision de ceux déjà visités) en 1912 et 1913, dans les intervalles de ses séjours à la Station zoologique de Wimereux. Là, tout en achevant sa thèse, il se mit à l'étude du milieu marin sur les conseils du professeur Caullery qui désirait manifestement le voir élargir le champ de ses investigations, sortir de l'étude des milieux strictement jurassiens et aborder d'autres domaines. Virieux se lança donc logiquement dans l'étude du plancton marin puis, curieux de tout à son ordinaire, il s'intéressa également, indique Caullery, aux *organismes parasites que l'on trouve d'une façon constante dans le rein des Ascidies dit groupe des Molgulides, vus d'abord par Lacaze-Duthiers et auxquels Giard avait donné le nom de Nephromyces. Ce sont des Champignons inférieurs que l'on s'accorde généralement à ranger parmi les Chytridiacées. Leur habitat marin, leur éthologie si spéciale en font des organismes d'un haut intérêt, mais on n'avait pas réussi à relier toutes les formes qu'on en connaissait en un cycle. C'est ce que Virieux entreprit en 1913. Au printemps de 1914, il avait déjà fait de nombreuses observations et précisé l'interprétation d'un certain nombre de stades, mais sans avoir pu encore les relier d'une façon sûre.* Malheureusement, regrettait Caullery, les notes de Virieux ne pourraient jamais être utilisées sans lui.

Toujours sur le conseil de son patron, Virieux entreprit l'étude de la végétation de la partie maritime du Boulonnais. Il ne s'agissait plus de floristique, mais de l'analyse de populations végétales groupées en écosystèmes variés. Caullery élargissait ainsi la vision de son collaborateur. Virieux fit des sorties et rassembla (déjà) des documents photographiques : *ses connaissances approfondies de botaniste*, note Caullery (*in* Magnin), *lui auraient permis de mener rapidement ce travail à bien*. Enfin, Virieux donna beaucoup de temps au laboratoire de Wimereux, pour l'enseignement et pour la mise en ordre des collections. En conclusion, Caullery estimait que les deux années passées par son collaborateur à Wimereux avaient été bien remplies et qu'elles avaient constitué pour lui *un apprentissage de la biologie marine qui complétait très heureusement son éducation de naturaliste faite jusque-là dans le Jura.*

La thèse de Virieux (*Recherches sur le plancton des lacs du Jura central*) fut achevée en mai 1914. Le jeune biologiste avait étudié le plancton de cinquante lacs du Jura central et son travail comportait la description de variétés nouvelles. Le rapport du professeur Caullery est du 15 juin 1914 et la soutenance était prévue pour le mois de novembre 1914. Compte-tenu du sujet et afin d'accroître son audience, le texte devait paraître dans une revue spécialisée, les *Annales de Biologie lacustre* dirigées à Bruxelles par le Dr Rousseau, à qui Virieux avait apporté son manuscrit début juillet. Il semble qu'il était composé à la déclaration de la guerre (2 août 1914), mais qu'apparemment, en un temps aussi bref, les épreuves n'avaient pas encore été corrigées. L'invasion allemande de la Belgique en bloqua l'impression. Rappelons qu'à l'époque et longtemps après, on soutenait les thèses sur un texte imprimé. La soutenance ayant été empêchée du fait de la guerre, Virieux ne fut jamais reçu docteur ès Sciences. Pour des cas de ce genre (thèse acceptée et à l'impression, candidat mort pour la France), il aurait fallu, il eût même été juste de décerner des doctorats à titre posthume, ce qui aurait été le moyen de les répertorier.

A la palette précédente, il faut ajouter les nombreuses explorations géologiques et spéléologiques faites par Virieux, soit avec le professeur Eugène Fournier, soit seul, soit avec le concours de camarades, particulièrement Martinet et Thirode. *L'agilité de Virieux*, écrit Magnin, *son courage, lui faisaient entreprendre et réussir les explorations les plus difficiles, souvent dangereuses, et s'en tirer toujours sans accident.* On peut trouver la trace de ses principales sorties et de ses dessins, plans et coupes de gouffres, dans *Spelunca*, la revue de la Fédération française de spéléologie (juillet 1909, décembre 1909, décembre 1910, juin 1913, explorations spéléologiques du professeur Fournier et de ses élèves). En fait, d'après Magnin, le nom de Virieux apparaît dans vingt-sept numéros de *Spelunca*. A noter que, toujours casse-cou, Virieux explora par deux fois à la nage la source de la Loue[25] en 1910, et en 1912, le creux de la Vieille-Folle (Montmahoux).

---

[25] On savait depuis août 1901 que la Loue était une résurgence du Doubs, à la suite de l'incendie des usines Pernod de Pontarlier. Le surlendemain en effet, on retrouva des traces d'absinthe à la source de la Loue. Ultérieurement, Edouard-

Pour finir, mentionnons l'action de Virieux en matière d'éducation scientifique populaire, toujours dans le sillage du docteur Magnin et par le canal de la *Société d'histoire naturelle du Doubs* dont le jeune homme fut secrétaire adjoint dès 1908, puis secrétaire général à partir du 1er juillet 1912, ce qui le conduisit à s'occuper de l'impression des bulletins et des mémoires de la Société. Le docteur Magnin, qui tenait une comptabilité précise de tout, redisons-le, mentionne que Joseph Virieux assista à quatre-vingt-quatre séances de la société, dont quinze en 1912, sept en 1913 et six en 1914, malgré l'éloignement de Wimereux ! La *Société d'Histoire naturelle* eut la primeur de la plupart de ses travaux sur la flore et la faune du Jura. Magnin citait ses conférences, *qu'il savait rendre extrêmement intéressantes par sa verve*, sur *La faune et la flore microscopique des mares* (6 avril 1908), *Les crustacés d'eau douce* (23 décembre 1912), *Les plantes à fleurs et à fruits souterrains* (12 février 1913), *La biologie des Pinguicules* (3 mars 1914) et même *Les côtes du Pas-de-Calais* (6 juillet 1914), illustrées de projections ou de dessins au tableau noir. Ce qui étonne, c'est que Virieux ait réussi à assurer des fonctions à Besançon et à continuer à aller sur le terrain dans le Jura central tout en travaillant à temps plein au laboratoire de Wimereux et en donnant entière satisfaction à son patron, le professeur Caullery ! Cela supposait de sa part des voyages fréquents et une résistance physique hors normes, déjà entrevue dans les Alpes.

Virieux fut donc un naturaliste total, pourrait-on dire, apte à travailler dans tous les domaines de la biologie et de la géologie. Cependant il fut d'abord botaniste et planctonologue : en dehors de communications diverses à la Société d'Histoire naturelle du Doubs, où la floristique et l'entomologie étaient bien représentées, et à la revue *Spelunca*, sur ses dix-sept publications qualifiées *d'importantes* par Magnin, quatre concernaient en effet la botanique de terrain, treize le plancton des eaux douces. Une de ces études comportait la description d'espèces nouvelles. Publiée en 1913, elle portait sur du matériel qui avait été prélevé dans le lac Victoria par la mission zoologique Alluaud-Jeannel, en Afrique

---

Alfred Martel (1859-1938) apporta la confirmation par une expérience de coloration.

orientale (1911-1912)[26]. Il avait été confié à Virieux sur le conseil du professeur Caullery. Cela atteste de la confiance que ce dernier portait au travail de son collaborateur.

La mort du chevalier

Chevalier ou héros, Joseph Virieux le fut pour la science et au combat. Chef de section au 170ème régiment d'Infanterie (RI) d'Epinal, il quitta cette ville le 13 février 1915 avec son régiment pour rejoindre le front de Champagne, par Jussey, Langres, Troyes, Le Bourget et Villers-Cotterêts, où l'on a vu qu'il séjourna pendant une dizaine de jours et qu'il en profita pour herboriser et faire des relevés géologiques. Puis le 170ème RI partit pour le front le 24 en passant par Epernay, Ay, Tour et Condé-sur-Marne, Aigny, Vraux, La Veuve (1-2 mars), Saint-Etienne-du-Temple (5 mars). De ce jour, datent les dernières notes de Virieux à caractère scientifique et du 9 mars, son ultime carte au docteur Magnin, ce qui atteste d'une fidélité quasiment filiale pour son maître (le jeune officier écrivit assez souvent aussi au professeur Caullery). Joseph Virieux était maintenant à Mesnil-les-Hurlus (Marne) : *Nous allons sans doute entrer en danse ce soir*, écrivait-il dans le dernier mot parvenu à sa mère, *car nous sommes tout près des lignes*. Le 15 mars, il fut mortellement blessé, victime d'un « *orage d'acier* », près de la ferme de Beauséjour, dans des circonstances dont l'abbé Maurice Dubourg, aumônier du régiment et futur archevêque de

[26] René Jeannel (1879-1965) professeur d'Entomologie au Muséum national d'Histoire naturelle, fut un naturaliste complet, à la fois zoologiste, entomologiste, botaniste, géologue, paléontologiste, préhistorien, spéléologue, explorateur, écologiste (sa phrase : *L'homme est fils de la forêt et père du désert*, est célèbre) et biogéographe. Spécialiste incontesté de l'Entomologie souterraine, il créa avec Albert Vandel le laboratoire souterrain de Moulis dans l'Ariège, pour étudier les animaux cavernicoles dans leur milieu. - Albert Vandel (1894-1980) était bisontin d'origine. Il fut professeur de Zoologie à la Faculté des Sciences de Toulouse, et biospéléologue. Académie des Sciences, 1951. - Charles Alluaud (1861-1949), entomologiste-explorateur entre 1887 et 1930 (Afrique, Madagascar, Maghreb, Canaries, Seychelles et Mascareignes). Il fit don de ses collections d'insectes au Laboratoire d'Entomologie du Muséum.

Besançon[27], fit le récit à la sœur de Joseph Virieux : *Non seulement votre frère est mort en faisant son devoir mais aussi en accomplissant un bel acte de charité. Voici comment. La tranchée dans laquelle il se trouvait avec ses hommes était bombardée. L'un des hommes ayant voulu observer ce qui se passait dans la direction de l'ennemi fut frappé par un éclat d'obus. Aussitôt votre frère se mit à le panser ; puis, le pauvre garçon étant mort entre ses bras, il lui rendit les derniers devoirs, le déposant dans une petite cavité. Au même moment, alors qu'il se relevait, il eut le crâne brisé par un nouvel obus qui éclatait sur la tranchée. Ses camarades déposèrent son corps sur celui qui venait d'être enseveli par votre frère.* Ainsi mourut à la fleur de l'âge et de sa carrière, un savant jeune et talentueux dont le professeur Caullery écrivait : *J'ai ressenti très douloureusement sa mort* (...) *Tout indiquait qu'il allait avoir une carrière fructueuse pour la science et où il aurait rapidement trouvé pour lui la récompense des efforts accomplis*. Quant au docteur Magnin, il conclut son fascicule sur Virieux par ces lignes : *Telle fut la belle intelligence, si richement douée de toutes les qualités du cœur et de l'esprit, si bien équilibrée au point de vue physique et intellectuel, capable par conséquent de fournir une longue et fructueuse carrière scientifique, que la guerre a brutalement enlevée à sa famille, à ses amis, à l'Université, à la Science, à la France !* Le professeur Caullery a rendu aussi cet autre hommage à son collaborateur : *En Virieux disparaît un vrai naturaliste qui n'a pas eu le temps de s'affirmer publiquement et ne s'est révélé qu'à ses maîtres et à ses amis*, ce qui est l'essentiel finalement.

A la Faculté des Sciences de Besançon, après sa retraite en 1919, le docteur Magnin n'a pas vraiment eu de successeur à sa hauteur et parmi ses élèves, Virieux non plus. S'il avait survécu et... si la Sorbonne l'avait laissé partir, il aurait été le successeur naturel de son maître. Animé de la même ardeur au travail que Magnin, Virieux aurait fait une grande carrière à voir l'énumération des travaux de sa courte vie. Par l'étendue de ses

---

[27] Mgr Maurice Dubourg (1875-1954), bisontin d'origine, étudia le Droit et fut avocat stagiaire à Paris avant d'entrer dans les ordres. Prêtre en 1909, il était vicaire à Vesoul à la déclaration de guerre. Aumônier militaire au sourire et à la bravoure légendaires, il s'était fait affecter au 170ème RI, le régiment de Virieux. Il fut nommé évêque de Marseille en 1928, puis archevêque de Besançon en 1936.

connaissances, son goût pour la recherche et son incomparable ardeur au travail, fidèle enfin au Jura et à ses lacs, il serait devenu sans doute le Flahault de l'Arc jurassien et il m'est arrivé de rêver qu'étant étudiant dans les années 1950-1960, j'aurais pu l'avoir encore comme professeur... Mais, et je paraphrase la fin de la préface de Jean Defrasne pour mon livre *Pasteur et Besançon*[28], *la Providence lui avait réservé un tout autre destin.*

France, souviens-toi de tes martyrs.

[28] *In* R. Moreau (2010) *Pasteur et Besançon. Naissance d'un génie*. L'Harmattan, Paris, p. 6.

9

Lucien Plantefol
(1891-1983),
de la physiologie à l'organogénèse végétales[1]

Années de formation

La vie et l'œuvre de Lucien Plantefol se situent pour l'essentiel durant les temps mouvementés de la première moitié du XXème siècle. Combattant de la Grande Guerre comme Joseph Virieux, il fut de ceux qui revinrent, mais il fut marqué par les gaz. Néanmoins il sut tirer parti des circonstances et dominer les divers domaines de son activité scientifique, passant de la Cryptogamie à la Physiologie de la respiration tant humaine que végétale, et à la fondation d'une nouvelle embryologie de la plante. Sa vie d'enseignant fut aussi d'une exceptionnelle richesse à tous niveaux. Plus qu'une carrière, ce fut une chevauchée.

Lucien Plantefol naquit à Falaise (Calvados) le 24 avril 1891, mais très vite sa famille quitta la Normandie pour s'installer à Montbéliard, et lorsqu'il évoquait sa jeunesse, c'était toujours en Franc-comtois. Il gardait une très profonde et affectueuse reconnaissance pour ses parents, pour sa mère qui enseignait déjà à son fils enfant tout ce qu'elle savait de botanique. Au cours de vacances savoyardes à Taninges, en Haute-Savoie, elle lui avait fait découvrir la flore de montagne, sa sœur aussi, de trois ans son aînée, qui eut une grande part dans sa vocation littéraire. L'ombre de Cuvier avait laissé son empreinte sur la ville de Montbéliard et son nom au collège, où les sciences naturelles étaient à l'honneur. Lucien Plantefol aimait parler de ce collège, où il avait fait toutes

[1] Par Paul Ozenda, professeur émérite à l'Université de Grenoble, membre de l'Académie des Sciences (1982).

ses classes jusqu'au baccalauréat, de ses maîtres *qui avaient aidé à construire sa pensée*, comme il l'écrivait encore beaucoup plus tard. L'influence de ses professeurs de latin et de philosophie fut forte. A l'issue de ses études secondaires, il prépara au lycée Ampère de Lyon le concours d'entrée à l'Ecole normale supérieure. Son caractère entier et sans concession lui valut des heurts avec l'autorité administrative ; il assurait le leadership de sa classe et se vantait d'avoir été à la limite de l'exclusion. Il fut pourtant reçu en 1912, dans la section Lettres de l'Ecole. Ses deux premières années furent consacrées à préparer la licence de philosophie. Mais Ernest Lavisse, directeur de l'Ecole[2] et soucieux de l'avenir des élèves, s'avisa que la section de philosophie était excédentaire vis-à-vis des places d'agrégation et que l'on manquait de naturalistes[3]. Plantefol se laissa facilement convaincre et, sous la direction de Louis Matruchot[4], il prépara un diplôme d'études supérieures sur un champignon dont la sexualité était inconnue et dont il précisa la position systématique. D'autres philosophes imitèrent sa conversion à la Botanique, comme son ami Jean Maresquelle (1898-1977), plus tard professeur de Botanique et doyen de la Faculté des Sciences de Strasbourg. A la fin de sa seconde année d'école, il épousa Andrée Cailleau, dont les talents de pianiste et d'aquarelliste faisaient écho à ses propres dons artistiques. Un quatuor s'organisa, le violon étant tenu par le futur grand mathématicien Gaston Julia[5]. Plantefol se révéla aussi un

---

[2] Sur Ernest Lavisse, voir chapitre 2, note 42.

[3] Le changement d'orientation de Maurice Caullery avait été du même genre, bien qu'il soit resté dans le domaine scientifique. En 1897 en effet, Caullery fut reçu à la fois aux examens d'entrée à l'Ecole polytechnique et à l'Ecole normale supérieure. Il choisit l'Ecole normale supérieure où il avait été reçu premier. Alfred Giard lui fit abandonner la physique et les mathématiques au profit des sciences naturelles et de la zoologie. En 1909, Caullery succéda à son maître à la Sorbonne (voir notice Virieux).

[4] Sur Louis Matruchot, voir chapitre 7.

[5] Gaston Maurice Julia (1893-1978), reçu aux concours de l'Ecole polytechnique et de l'Ecole normale supérieure, choisit celle-ci. En 1914, il fut admis à l'agrégation de mathématiques, puis mobilisé comme sous-lieutenant d'infanterie en août 1914. Grièvement blessé au visage en janvier 1915, il devint une « *gueule cassée* » et fut obligé de porter un masque de cuir. Il épousa une de ses infirmières, Marianne Chausson, fille du compositeur Ernest Chausson (1855-1899). Réformé, il soutint une thèse d'algèbre en 1917. Il fut nommé professeur à

distingué sportif : tennis, montagne, saut à la perche. Les circonstances allaient vite entraver ce bonheur tout neuf. En effet, la Grande Guerre de 1914-1918 allait influer fortement sur la carrière scientifique de Lucien Plantefol, qui fut mobilisé en 1914 comme sous-lieutenant au 82ème Régiment d'Infanterie (RI). Après la retraite d'Argonne, il fut grièvement blessé en conduisant

LUCIEN PLANTEFOL (1891-1983). Coll. part.

sa section à l'assaut sur la Marne. Inapte pour de longs mois à faire campagne, il reprit son travail au laboratoire, mais pas pour longtemps car, au printemps 1915, les premières attaques allemandes par gaz asphyxiants contraignirent les autorités françaises à organiser d'urgence un laboratoire spécialisé[6]. Des

---

l'Ecole polytechnique (chaire de géométrie) et professeur à la Sorbonne. Académie des Sciences : 1934. Voir fr.wikipedia.org/wiki/Gaston_Julia.

[6] Sur la guerre des gaz pendant la Grande Guerre, voir Anne-Claire Déré (2010) *La Science pour le meilleur et pour le pire. Maurice Javillier* (*1875-1955*)

chimistes, des pharmaciens, des physiologistes furent rappelés du front pour constituer ce laboratoire, animé par le physiologiste André Mayer[7]. Lucien Plantefol fut désigné pour s'associer à cette œuvre. Avec Mayer et Magne, il étudia la physiologie de la suffocation provoquée par le chlore et le phosgène. Plus tard, l'emploi de l'ypérite par les Allemands amena l'équipe à considérer les vésicants ; d'autres gaz toxiques furent également étudiés. Ainsi commença pour Plantefol une œuvre de toxicologue, qui allait prendre une grande ampleur. Il fallait aller vite, quitte à prendre de grands risques ; ses recherches sur le perfectionnement des soupapes des masques à gaz se firent au prix de plusieurs intoxications graves, dont les séquelles le poursuivirent longtemps. Parmi les solutions proposées pour la protection contre l'acide cyanhydrique dont on redoutait qu'il soit employé par l'ennemi, celle qu'il présenta se montra la plus efficace. Ce fut ainsi que cinq millions de masques comportèrent sa compresse verte à l'acétate de nickel.

Le physiologiste végétal

Rendu à la vie civile en 1918, Plantefol retrouva son laboratoire de l'Ecole normale supérieure. En 1920, il fut reçu premier à l'agrégation de Sciences naturelles et nommé agrégé-préparateur de Botanique. Il publia alors les résultats des travaux qu'il avait réalisés au sein de l'équipe d'André Mayer et qui étaient demeurés secrets pendant la durée des hostilités. En 1922, André Mayer fut nommé dans la chaire d'Histoire Naturelle des corps organisés du Collège de France ; l'année suivante, Plantefol fut appelé auprès de lui comme assistant, puis nommé en 1930 sous-directeur du laboratoire, qu'il quitta en 1937 pour un enseignement en Sorbonne. Pendant cette période, Mayer et Plantefol reprirent leurs travaux sur la physiologie des gaz de combat qui étaient demeurés inachevés. Plantefol constata que l'irritation des voies respiratoires

---

L'Harmattan, Paris, chapitres 6 (La révélation du pire) et 7 (La lutte contre le pire), pp. 115-160.

[7] André Mayer (1875-1956), professeur de Physiologie au Collège de France. Académie des Sciences (Economie rurale) : 1950. Membre de l'Académie de Médecine.

déterminait à la fois un arrêt de la respiration et une inhibition réflexe des combustions générales, ce qui le conduisit à étudier l'action d'autres toxiques tels que le dinitrophénol qui provoque au contraire une exaltation des combustions, celles-ci pouvant être décuplées. Ces résultats l'encouragèrent à s'engager complètement dans l'étude de la respiration.

Ce fut à cette époque qu'il prépara sa thèse, soutenue en 1926. Les aspects cellulaires des perturbations des oxydations respiratoires paraissant plus faciles à étudier sur un matériel végétal, il fit le choix particulièrement heureux d'une mousse, *Hypnum triquetrum*. Cette plante, comme la plupart des mousses, est reviviscente, c'est-à-dire qu'elle peut subir sans dommage une dessiccation presque complète et subsister longtemps en anhydrobiose. Avant de passer aux études physiologiques, Plantefol étudia à fond son matériel dans la nature ; il remarqua que la morphologie changeait selon les stations et il mit en évidence cinq formes naturelles dont chacune était stable dans son environnement, mais pouvait varier lorsqu'on modifiait la température et l'humidité de celui-ci. Il constata que les manifestations perceptibles de l'assimilation chlorophyllienne et de la respiration, suspendues pendant la dessiccation, ne reprenaient qu'à partir d'un taux d'hydratation correspondant à un seuil d'activité physiologique. Ces échanges augmentaient ensuite avec la teneur en eau, d'une manière différente d'ailleurs pour les deux phénomènes. Il mit en évidence également l'existence d'oxydations extrinsèques dues au glucose accumulé en surface des tissus lorsqu'ils avaient été temporairement plongés dans une solution glucosée. Ses travaux sur les oxydations cellulaires se poursuivirent ensuite sur un matériel différent, les levures. Il montra que lorsque ces organismes étaient soumis à une privation progressive d'oxygène, la respiration cédait la place à un phénomène très différent, la fermentation, et que les deux mécanismes n'étaient pas en continuité. Plantefol fut alors invité par Guilliermond[8] à rédiger une part très importante de son grand

[8] Alexandre Guilliermond (1876-1945), professeur de Cryptogamie à la Faculté des Sciences de Paris, directeur du laboratoire de Cytologie végétale à l'Ecole pratique des Hautes études. Académie des Sciences, 1935.

Traité de cytologie végétale, écrivant une mise au point difficile d'un domaine qui était déjà en constante évolution.

Les analyses de gaz auxquelles le conduisaient ses expériences exigeaient naturellement une extrême précision que ne permettaient pas les appareils alors en usage : ainsi les premières mesures réalisées avec le classique appareil de Laulanié[9] étaient entachées d'erreurs imprévisibles, comme par exemple l'absorption des gaz par la graisse utilisée pour lubrifier les robinets de verre. Il mit donc au point plusieurs types très perfectionnés d'eudiomètres, plus connus dans le laboratoire sous le nom de « *plantefolomètres* » : la fiabilité s'améliorait, la sensibilité fut multipliée par cent au point de pouvoir mesurer la respiration d'amas de grains de pollen. Ces appareils furent un temps en usage aussi en physiologie animale et dans les hôpitaux pour la mesure du métabolisme de base de l'homme et de ses anomalies. Malgré son apparente simplicité, cet appareil était très perfectionné et les gaz à analyser étaient soumis à une succession précise de va-et-vient, grâce à un robinet à quatre voies. Il passait plusieurs fois dans les ampoules où le gaz carbonique était absorbé par une solution de potasse et l'oxygène par le pyrogallate de potassium, ainsi que dans la colonne de mesure. Grâce à divers dispositifs correcteurs, la précision pouvait atteindre un pour cent, et mieux encore dans des modèles plus perfectionnés mais d'un maniement plus complexe.

Cet eudiomètre fut donc utilisé non seulement en biologie végétale et en microbiologie, mais aussi en physiologie humaine pour la mesure du métabolisme de base. A cette occasion, Plantefol fut chargé de donner un enseignement à l'hôpital de la Pitié, à Paris ; la partie pratique était assurée par sa femme, qui pendant toute cette période fut une enthousiaste et dynamique collaboratrice. Lors de la fondation de l'Institut de Biologie physico-chimique, il fut également chargé d'y organiser un service. En 1934 déjà, dans un ouvrage historique intitulé *La botanique depuis cent ans*, Costantin[10] écrivait, à propos de la physiologie

---

[9] Sur l'appareil de Laulanié, voir G. Bodin (2001) « Biographie de Ferdinand Laulanié (1850-1906) à l'occasion du 150ème anniversaire de sa naissance ». *Revue Méd. Vét.*, **152**, 2, pp. 137-152. Laulanié était professeur de Physiologie et de Thérapeutique et directeur de l'Ecole vétérinaire de Toulouse.

[10] Voir chapitre 7.

végétale : *La voie ouverte par Plantefol est destinée à s'élargir car c'est l'aube d'une science nouvelle.* Mais une fois encore la guerre vint interrompre cette activité. A nouveau mobilisé en 1939 comme capitaine d'artillerie et affecté au laboratoire de physiologie des gaz, Plantefol participa à des recherches sur l'hydrogène arsénié et subit une nouvelle intoxication. Il travaillait pour la seconde fois avec André Mayer et par mesure de sécurité toute l'équipe avait été transférée à Montpellier.

La défaite et l'occupation de notre pays rendirent définitivement Lucien Plantefol à la vie civile et à son laboratoire de l'Ecole normale supérieure, mais il était exclu qu'il reprenne ses travaux sur la respiration du fait des difficultés matérielles de l'époque. *J'étais privé par les circonstances d'un verrier dont le concours m'était indispensable pour adapter les appareils aux problèmes successivement rencontrés* ; *souffrant de la pénurie de réactifs, de gaz purifiés, de verre pyrex, de caoutchouc, la poursuite de mon but principal était impossible.* Un temps, il parut en prendre son parti : *Il est certain en effet que l'âge auquel je suis parvenu impose d'autres devoirs. La recherche personnelle, si satisfaisante qu'elle soit pour l'esprit, qui participe, par elle, à la création scientifique, doit céder devant des soucis nouveaux. Il faut transmettre le flambeau de la recherche aux jeunes générations, et pour cela deux tâches s'offrent à nous. Enseigner les résultats de la science établie et fournir la base scientifique indispensable à ceux dont la pensée doit, plus tard, devenir en progrès. Puis, ce premier point acquis, faire faire aux meilleurs des élèves et aux plus enthousiastes, les premiers pas dans la recherche scientifique.*

L'enseignant

Ces entraves à l'activité de recherche lui permirent en contrepartie de prendre une part encore plus grande à l'enseignement. Dès son agrégation acquise, alors qu'il n'avait encore aucune charge enseignante, il avait réalisé une œuvre exceptionnelle, la rédaction d'un *Précis de botanique* en deux volumes, parus en 1930 et 1931. Cet ouvrage était théoriquement destiné aux étudiants de PCN (qui était alors la première année d'université, commune aux étudiants en sciences expérimentales et en médecine), mais il débordait largement ce cadre et il était si complet qu'on pouvait encore s'en servir avec fruit pendant toutes ses études et même ensuite pour son propre enseignement, de sorte qu'il a formé toute une génération de biologistes. Si la partie physiologique qui formait l'essentiel du premier volume est, bien sûr, depuis longtemps périmée, en revanche le second tome reste aujourd'hui encore un exposé très vivant de la botanique systématique, réputé d'ordinaire si aride : il comprend plus de cinq cents figures, groupant deux mille dessins originaux de l'auteur, et se termine par de remarquables exposés de génétique, de paléobotanique et de biogéographie. Un hasard m'avait mis entre les mains ce livre, alors que j'étais encore lycéen mais déjà passionné de Botanique. Très vite, il devint le compagnon de mes loisirs, l'antidote des potions ennuyeuses que m'infligeait au lycée une fastidieuse année de troisième, et pendant les vacances ce fut mon livre de chevet. J'ai donc lu pour la première fois le nom de Plantefol il y a tout juste quatre-vingts ans : j'étais loin de me douter que je deviendrais sept ans plus tard son étudiant, par la suite son assistant et aujourd'hui, sur mes vieux jours, son biographe.

En 1936, Lucien Plantefol avait été nommé à la Sorbonne dans un poste appelé « *Fondation du ministère des colonies* », en fait destiné à un enseignement de la systématique. Six ans plus tard, il succédait à Guilliermond dans la chaire de Cryptogamie, qu'il devait occuper jusqu'à la retraite, mais son enseignement s'étendait à tous les domaines de la Biologie végétale.

Le moment est venu d'apporter un témoignage personnel de l'exceptionnelle qualité de son enseignement. Ses cours n'étaient pas, comme le sont la plupart, en « *style parlé* », mais en une langue parfaite, comme un discours : sténographiés, ils auraient pu être publiés sans une rature. Et pourtant il était visible qu'il ne les écrivait pas, mais qu'il parlait avec de simples notes et souvent improvisait de longs passages. Etait-ce sa formation littéraire, une longue pratique de l'enseignement ou une facilité innée de plume et de langage ? Les leçons d'agrégation qu'il donna pendant plus de trente ans et qu'il assurait encore longtemps après sa retraite, étaient des plus remarquables à tous égards, en particulier par la précision de langage qu'il exigeait des candidats. Ses qualités de directeur de recherches n'étaient pas moindres. Sa très grande culture lui permettait de suivre chacun dans un domaine librement choisi : son laboratoire n'était pas de ceux qui ressemblent à une exploitation soigneusement planifiée où chaque arrivant reçoit sa concession, mais évoquait plutôt un vaste espace où l'on pouvait à son gré ouvrir sa propre clairière, recevant du patron davantage de conseils que de directives. De toutes les leçons que j'ai reçues de lui, c'est ce libéralisme qui m'a le plus frappé : s'il m'a vu, avec quelque inquiétude d'abord, m'engager dans des domaines qui lui étaient peu familiers, il m'a toujours accompagné de ses avis. Il prit une part importante à la construction des nouveaux laboratoires de l'Ecole normale supérieure, de 1937 à 1939, et prit ensuite la direction du laboratoire de Botanique, succédant à Louis Blaringhem[11]. Ses chercheurs étaient naturellement les élèves naturalistes de l'Ecole, mais aussi des apports extérieurs et notamment les auditeurs libres d'agrégation qui venaient faire ici leurs diplômes d'Etudes supérieures et plus tard leur thèse. Il prit sa retraite en 1961, mais continua à travailler dans ce laboratoire.

Fondements d'une nouvelle organogénèse végétale

La fin des années 1940 marqua pour Lucien Plantefol un tournant. Dans le jardin de sa propriété de Seine-et-Marne, observations et réflexions le conduisirent dans une voie inattendue. *Dans le verger, c'est sur la physiologie de la taille et de la greffe, les déplacements d'hormones qui mènent les bourgeons à fruits et qui, près des espaliers, sur les rosiers soumis à l'arcure, déterminent d'admirables floraisons, que je poursuis maintenant d'attentives études. Ici encore, hélas, la nature est trop lente au désir de l'expérimentateur. Il faut les soins d'un an pour une unique expérience.* Pendant ces années, qui étaient celles de ma propre thèse et de mes fonctions d'agrégé-préparateur, j'ai souvent été le confident du cheminement logique qui allait déboucher sur le renouvellement expérimental de toute une partie, jugée longtemps immuable et sans intérêt autre que descriptif, de l'anatomie végétale : la phyllotaxie, c'est-à-dire la disposition des feuilles le long des axes (tiges et rameaux). Un modèle géométrique semblait

[11] Sur Blaringhem, voir chapitre 7, note 26.

en rendre compte depuis cent cinquante ans, sans avoir été remis en question. Le principe était que les feuilles étaient disposées sur une spirale unique, dite spirale génératrice, et que la distance entre deux feuilles, exprimée par l'angle qui sépare leurs plans de symétrie, était constante. Cette théorie convenait pour la disposition alterne qui est de beaucoup la plus fréquente, mais son application aux feuilles opposées ou verticillées n'avait pas de sens. Aujourd'hui encore, elle fait l'objet de quelques récupérations.

Plantefol soupçonna, puis démontra l'existence de plusieurs hélices foliaires distinctes, deux ou trois en général, souvent beaucoup plus, enroulées à la manière d'une vis à plusieurs filets. Mais ses idées rencontrèrent d'abord de vives résistances, celles de ceux, et non des moindres, qui n'y voulaient voir qu'un simple amendement à la théorie de l'hélice unique, une sorte de jeu géométrique. Plantefol alla beaucoup plus loin, devinant d'emblée les perspectives qui s'ouvraient devant une nouvelle ontogénie des végétaux supérieurs. En 1935 déjà, les botanistes anglais R. et M. Snow avaient réalisé sur le point végétatif des interventions qui avaient eu pour effet de montrer l'existence d'hélices foliaires fonctionnant d'une manière autonome ; mais, cramponnés à la théorie de la spirale génératrice unique, ils n'avaient pas compris les développements possibles de leurs travaux. Disséquant à son tour le bourgeon terminal pour mettre à nu le méristème apical, Plantefol constata que les hélices foliaires tracées sur la tige convergeaient au niveau de l'apex vers une zone annulaire, située un peu en dessous du sommet. Il l'appela « *anneau initial* »[12] : *Suivant le schéma qui convient aux Dicotylédones, dans le point végétatif sont juxtaposés deux tissus méristématiques différents. Formant un anneau initial à quelque distance du sommet, se trouve un tissu phyllogène, à divisions d'abord anticlines, qui a fourni, en constituant des hélices foliaires où les règles de contiguïté sont appliquées, les feuilles qui recouvrent la tige. Une masse axiale de tissu méristématique à divisions longitudinales, le corpus, donne la moelle et sans doute quelque peu du cylindre central.* Plus tard un

---

[12] L. Plantefol (1948) *La théorie des hélices foliaires multiples*. Masson, Paris.

de ses élèves, J. Loiseau[13], constata qu'une destruction partielle au niveau de l'apex n'entravait pas le fonctionnement de l'anneau, mais supprimait une hélice. D'autres, appliquant aussi des méthodes de cytologie, démontrèrent également la réalité de l'anneau initial.

Le développement de ses travaux sur l'appareil végétatif devait naturellement conduire Plantefol à tenter de le généraliser aux structures florales. On admettait classiquement que les fleurs n'étaient que des rameaux feuillés transformés et que leurs diverses pièces, sépales, pétales, étamines et carpelles correspondaient à des feuilles adaptées. Des stades intermédiaires entre feuilles et pièces florales avaient été d'ailleurs fréquemment décrits. De nombreuses observations montrèrent à Plantefol que seuls les sépales provenaient clairement de l'anneau initial (parfois aussi les pétales dans certaines fleurs à structure nettement hélicoïdale). Mais, dans le cas général, les pétales ne prolongent pas les hélices foliaires et proviennent du reste de l'anneau initial qui s'épuise en les formant. Ensuite les étamines et les carpelles naissent de la partie centrale du point végétatif qui jusque-là était demeurée inactive, constituant un « *méristème d'attente* », qui se met alors à fonctionner d'une manière temporaire puisque l'édification de la fleur constitue le terme du développement du rameau. Dans son ouvrage sur l'ontogénie de la fleur, Plantefol illustra clairement ce passage du point végétatif au sommet floral[14] : *Quand la fleur s'organise, la croissance d'allongement prend fin* ; *l'anneau initial se dilate et crée un réceptacle sur le bord duquel les dernières feuilles formées fournissent un calice, tandis que le reste de ce méristème s'épanouit tardivement en une corolle. Le corpus libéré se développe un peu encore, dans son entier, puis commence son rôle sporogène : les émergences qu'il forme, étamines, ovules, staminodes ou tube staminal, carpelles, qu'elles soient fertiles ou stériles, sont des productions qui n'ont rien à voir avec les feuilles, les sépales et même les pétales, productions du tissu phyllogène.* Plusieurs des élèves de Plantefol, recourant à des méthodes

---

[13] Jean-Edme Loiseau (1921-2008), professeur de Botanique à l'Université de Clermont-Ferrand.

[14] L. Plantefol (1948) *L'ontogénie de la fleur. Fondements d'une théorie florale nouvelle*. Masson, Paris.

cytologiques, confirmèrent ces conclusions. Toutefois il apparaît possible que ce schéma n'ait pas la généralité que lui attribuait son auteur et que dans certains groupes l'origine de la fleur soit profondément différente, comme l'ont montré plus tard les travaux de Leroy[15]. Mais ce qui demeure capital, c'est que Plantefol a ouvert une voie nouvelle, qui va de l'anatomie vers l'embryologie : *Il y a donc là réalisation d'une lignée germinale aussi typique que celle qui caractérise les Animaux. Mais, chez ceux-ci, la formation des gonocytes primordiaux est bien plus précoce dans l'embryogenèse que ne l'est la formation des premières cellules à caractères vraiment sexuels chez les Angiospermes... L'embryogénie transitoire des animaux s'oppose à l'embryogénie indéfinie des végétaux supérieurs, dont le point végétatif est une réalisation sans équivalent chez les Animaux.*

Une vie d'organisateur

Ce tableau de l'activité de Lucien Plantefol serait fort incomplet s'il ne réservait pas sa juste place à son œuvre d'organisateur et d'administrateur. Il se dépensa sans ménagement dans de nombreuses instances : Conseil de l'enseignement supérieur, Comité consultatif des universités, et au CNRS dans les Comités de direction du Phytotron, créé par Pierre Chouard[16], du Service de la Carte de la végétation, du Laboratoire de Photosynthèse organisé par son élève Alexis Moyse[17], du Laboratoire du Froid de René Ulrich[18]. Il joua un rôle décisif dans le développement de la

---

[15] Jean-François Leroy (1915-1999) fut professeur (Phanérogamie) au Muséum national d'Histoire naturelle. Il fut également un historien des Sciences reconnu.

[16] P. Chouard (1903-1983), ancien élève de l'Ecole normale supérieure, agrégé de Sciences naturelles, professeur à l'Ecole nationale supérieure d'Horticulture de Versailles et au Conservatoire national des Arts et Métiers, professeur de Physiologie végétale à la Faculté des Sciences de Paris. Académie d'Agriculture : 1953.

[17] A. Moyse (1912-1991) agrégé de Sciences naturelles, professeur à l'Université de Paris-Sud (Paris XI), fondateur et directeur du Laboratoire de Photosynthèse du CNRS. Académie des Sciences, 1980.

[18] Roger Ulrich (1905-2004), agrégé de Sciences naturelles, directeur de l'Ecole normale supérieure de Saint-Cloud (1957-1965), professeur à l'Université Pierre et Marie Curie (Paris VI). Directeur du Laboratoire du Froid de Meudon.

biologie moderne dans notre pays, œuvrant avec ténacité, dans des assemblées difficiles, suivant ce qu'il appelait *la méthode du doux entêté*. Il n'avait pas pour autant renié sa formation littéraire et fut par exemple un de ceux qui, au Conseil supérieur de l'Education nationale, luttèrent pour que le latin restât obligatoire à l'agrégation de Lettres modernes, non pas dans une optique passéiste, mais parce que le latin était pour lui un symbole de la rigueur, celle de la pensée scientifique comme celle du langage humain, davantage qu'une valeur littéraire : une composante fondamentale d'une éthique. De tels services, rendus dans des domaines aussi étendus, lui valurent de nombreuses distinctions, tant civiles que militaires, françaises qu'étrangères. Lucien Plantefol était en particulier officier de la Légion d'honneur, commandeur des Palmes académiques, membre de l'Académie Royale de Belgique. Mais les seules distinctions auxquelles il restait attaché étaient la Légion d'honneur et la Croix de Guerre qui lui avaient été décernées à titre militaire lorsqu'il avait vingt-huit ans.

En 1957, Plantefol fut élu à l'Académie des Sciences, succédant au grand botaniste explorateur Auguste Chevalier[19]. C'est dans ce cadre que devait désormais, à la faveur de la retraite proche, se dérouler une grande partie de son activité. Tout au long d'un quart de siècle on le vit tous les lundis, presque sans exception, franchir de son pas décidé la voûte du Quai Conti. Chaque note aux *Comptes-rendus* qu'on lui demandait de présenter faisait l'objet de plusieurs heures d'examen avec l'auteur. Le tricentenaire de l'Académie en 1966, fut l'occasion de mettre à profit ses talents littéraires dans la rédaction d'une *Histoire de l'Académie* et dans un historique de la contribution apportée à la Botanique par ses membres depuis l'origine ; ces deux textes représentent près de

Président du Conseil scientifique de l'INRA. Académie d'Agriculture de France : 1957.

[19] A. Chevalier (1873-1956), élève de Philippe Van Tieghem au Muséum national d'Histoire naturelle, fut un botaniste explorateur. Il fit de nombreuses missions scientifiques en Afrique, en Asie et en Amérique du Sud. Professeur d'Agronomie coloniale au Muséum national d'Histoire naturelle. Académie des Sciences (section de Botanique) : 1937. Donateur de l'Académie. Membre de l'Académie d'Agriculture et de l'Académie des Sciences coloniales. Voir *Notice sur la vie et les travaux de Auguste Chevalier (1873-1956), membre de la section de Botanique, déposée en la séance du 28 septembre 1959, par M. Lucien Plantefol.* Académie des Sciences, Paris.

deux cents pages. Excellent linguiste, il fut chargé en outre de la rédaction des termes de botanique du *Dictionnaire de l'Académie française* et joua un rôle important dans le Comité du langage scientifique. Mais il continua toujours à travailler au laboratoire de l'Ecole normale supérieure, entouré de quelques collaborateurs. Ses élèves, ses amis connaissaient le chemin de son petit bureau ; on ne parlait jamais du passé, mais de l'actualité scientifique, des projets de chacun, qu'il discutait avec autant de vivacité que s'il se fût agi encore de thèses en cours.

Derniers regards

Si la recherche et l'enseignement ont procuré à Lucien Plantefol d'intenses joies, il eut aussi à mesurer la profondeur des épreuves. Jeune encore, il vit mourir à Sèvres sa sœur aînée, l'année où elle préparait l'agrégation de Lettres ; le frère et la sœur étaient extrêmement unis et tout au long de sa vie, Lucien Plantefol a évoqué, devant ses proches, son souvenir avec beaucoup d'émotion. Il avait vu disparaître aussi plus du tiers de ses camarades de promotion, couchés sur les champs de bataille des premiers mois de la Grande Guerre de 1914-1918. A plusieurs reprises, il avait été très affecté plus tard par la disparition accidentelle de brillants élèves. Enfin la santé de sa femme, qui s'était altérée au cours la guerre de 1939, fut pour lui l'objet de très grands soucis auxquels il opposa un admirable courage. Dans les dernières années, sa blessure de guerre et les séquelles des intoxications se réveillèrent. Pourtant il continuait à venir tous les jours à pied au laboratoire et, à quatre-vingt-dix ans, il assistait assidûment aux séances de l'Académie des Sciences ; son activité intellectuelle était restée brillante et il publiait encore quelques mois avant sa mort. Mais il ne surmonta pas la chaleur torride de l'été 1983 et il s'éteignit paisiblement dans son appartement parisien la nuit du 9 septembre, veillé par les siens qui l'avaient toujours entouré d'une très profonde affection.

De tous les compagnons de travail de Lucien Plantefol, seuls restent aujourd'hui, pour témoigner de cette vie exceptionnelle, quelques-uns de ceux qui furent pour lui, en leur temps, de jeunes élèves. Ils gardent de ce grand patron le souvenir d'une âme consciente au plus haut point de toutes les formes de devoir qui se sont présentées, d'un homme épris de rigueur et de justice, mais tout de pondération et de nuance, animé jusqu'au dernier jour d'un enthousiasme plein de jeunesse.

Bibliographie de Lucien Plantefol

Les notices de ce livre ne donnent pas de bibliographie complète des savants cités. Cependant, une exception est faite ici car il n'existe pas de liste complète et publiée des travaux de Lucien Plantefol. Nous en donnons seulement les grandes lignes.

La notice de *Titres et Travaux*, remarquablement présentée, qu'il a rédigée en 1932 et ses deux suppléments de 1941 et 1944 donnent seulement la liste des 127 premières publications. D'autre part, à partir du numéro 102, on a retrouvé, noté de sa main dans un petit carnet, jusqu'à la dernière, datée de 1983, peu avant son décès. Elles sont au total de 260 environ. Il est très difficile de sélectionner celles qui peuvent être considérées comme les principales, et encore moins celles qu'il aurait choisies comme telles. A défaut, ont été retenues ici quelques publications qui paraissent avoir jalonné son œuvre d'une manière plus significative. La première, une note de mycologie, est de 1915, publication apparemment retardée de son diplôme d'études supérieures. Les numéros 2 à 13 concernent la toxicologie des gaz : travaux faits en temps de guerre et restés naturellement secrets jusqu'en 1920-1922. Les publications sur la réviviscence et les échanges respiratoires des Mousses vont de 1934 à 1926 (numéros l6 à 41) ; elles se rapportent notamment à sa thèse parue en 1928. Ensuite vient l'ensemble très important des recherches sur la physiologie de la respiration, la toxicité des phénols et la mise au point d'appareils de mesure, de 1927 à 1939, n° 42 à 120. La participation au *Traité de cytologie* de Guilliermond n'est pas mentionnée. Notons en 1937 une première publication de Lucien

Plantefol, en collaboration avec Roger Gautheret[20] sur la respiration des cultures de tissus végétaux.

Les travaux de morphologie apparaissent dès 1945, avec une première note sur la phyllotaxie dans le genre *Lilium*, suivi dès 1946-1948 de quatre mémoires, formant 150 pages au total, parus sous le titre *Fondements d'une théorie phyllotaxique nouvelle*. Très vite ensuite, en 1949, paraît l'ouvrage *L'ontogénie de la fleur* (Masson, Paris), comportant 200 pages, mais peu d'illustrations ; aucune référence bibliographique ne vient ternir l'élégance de la rédaction. Les travaux dans ce domaine se poursuivirent jusqu'en 1982 par des recherches portant sur la tératologie et les fasciations.

Rappelons l'importance qu'eut à ses yeux son grand travail de 1967 relatant les trois premiers siècles de l'Académie des Sciences, rédigé à l'occasion du tricentenaire de cette institution. Enfin, Plantefol accordait une grande attention aux notices biographiques : on y trouve en particulier celles de confrères de l'Académie, Auguste Chevalier, auquel il succéda, Blaringhem, Dangeard[21] et Guilliermond.

---

[20] R. Gautheret (1910-1997), professeur de Biologie cellulaire à Sorbonne, pionnier de la culture des tissus végétaux. Académie des Sciences : 1958 (Président : 1979-1980).

[21] Pierre Augustin Dangeard (1862-1947), botaniste et mycologue, membre de l'Académie des sciences (1917).

10

Henri Gaussen
(1891-1981), la Carte de la Végétation de la France[1]

Une carrière, un grand patron, un homme

Henri Gaussen fit lui aussi partie de la génération qui donna tant à la Grande Guerre de 1914-1918, celle des Humbert, Julia, Virieux, Plantefol. Il en réchappa. Né le 14 juillet 1891 dans un village du Vaucluse, Cabrières d'Aygues, le jeune Henri Gaussen fit ses premières études au Puy, à Amiens, à Foix et enfin à Toulouse, suivant la carrière de son père, professeur de lycée (Lettres). Sa mauvaise vue l'ayant exclu du concours de l'Ecole navale, il s'orienta vers les Sciences naturelles et fit ses études supérieures à la Faculté des Sciences de Toulouse de 1912 à 1914. Son contact avec les Pyrénées, qu'il parcourut très tôt, eut un effet déterminant sur sa vie de chercheur. Puis il fut cueilli par l'entrée de la France dans le conflit. La Grande Guerre lui valut une blessure, une citation, la Croix de Guerre 1914-1918 et trois ans de captivité au cours desquelles, ayant le temps de méditer sur son expérience pyrénéenne de terrain, il commença de fait son activité scientifique. Dès son retour de captivité, il fut reçu à l'agrégation de Sciences Naturelles (1919). Après un bref passage au Second degré, il entra à la Faculté des Sciences de Toulouse où se déroula sa carrière jusqu'à sa retraite (1961). En 1922, il était chef de Travaux pratiques à la Faculté des Sciences (Institut agricole). Docteur ès Sciences en 1926, il fut ensuite maître de conférences et

[1] Par Paul Ozenda, professeur émérite à l'Université de Grenoble, membre de l'Académie des Sciences (1982). L'auteur remercie le professeur Paul Rey des nombreux documents qu'il a bien voulu lui communiquer pour la rédaction de cette notice.

professeur. La guerre le saisit de nouveau en 1939. Mobilisé dans la VIIème armée, il fut décoré de la Croix de Guerre 1939-1940. En 1945, il fut nommé titulaire de la chaire de Botanique de la Faculté des Sciences de Toulouse.

Il est impossible d'énumérer tous les organismes et sociétés dont Gaussen fit partie et les distinctions qui l'ont honoré. En 1955, il fut élu ou nommé à peu près simultanément correspondant de l'Académie des Sciences (Paris), membre de l'Académie Royale de Belgique, docteur *Honoris Causa* de l'Université de Madrid et président d'une importante société scientifique. Ayant à lui écrire à ce moment et ayant adapté la formule bien connue : *certes, je ne m'attendais pas à prendre la plume en cette circonstance*, je lui avouai mon ignorance des formes qui convenaient pour féliciter quelqu'un qui avait trouvé le moyen, en un mois, de devenir membre de plusieurs académies et seigneur de quelques autres lieux ! Ajoutons qu'il fut aussi mainteneur des Jeux Floraux, secrétaire général, puis président de la Fédération Pyrénéenne d'Economie Montagnarde, président du Comité Scientifique du Parc National des Pyrénées Occidentales et co-président de l'Union Internationale d'Etudes Pyrénéennes. Officier de la Légion d'honneur et titulaire de deux Croix de Guerre 1914-1918 et 1939-1940, il reçut de nombreuses autres décorations françaises et étrangères. L'Académie des Sciences l'avait élu correspondant en 1955 dans la section d'Economie rurale, où il retrouva Philibert Guinier[2], prestigieux ancien directeur de l'Ecole forestière de Nancy, ainsi que Clément Bressou[3], directeur de

---

[2] Sur Philibert Guinier : voir chapitre 8, note 2.

[3] Clément Bressou (1887-1979), né à Montauban, fut d'abord professeur à l'Ecole vétérinaire de Toulouse, puis professeur et directeur de l'Ecole vétérinaire d'Alfort (1934-1957), inspecteur général des Ecoles nationales vétérinaires. Il fut élu à l'Académie des Sciences en 1956. Militant pour la défense de la nature et secrétaire général de la *Société nationale d'Acclimatation de France*, il fut à l'origine des réserves naturelles de la Camargue (1929), de Néouvielle (1931), du Lauzanier (1932) et de Port-Cros (1945). Membre du Conseil national pour la protection de la Nature dès sa création (1946), son action fut déterminante lors de la création des parcs nationaux français à la suite de la loi de 1960. *Il fut l'un des pères des parcs de la Vanoise, des Pyrénées, de Port-Cros et des Cévennes*, écrivait Jean Dorst dans sa « Notice nécrologique sur Clément Bressou, membre de la section de Biologie animale et végétale », *C.R. Acad. Sc. Paris*, **289**, 2 juillet 1979, pp. 2-7.

l'Ecole vétérinaire d'Alfort, illustre pyrénéen par le rôle qu'il joua dans la création de la réserve de Néouvielle (1931) et du Parc national des Pyrénées, et, parmi les correspondants de l'Académie, l'ingénieur général des Eaux et Forêts, Messines Paviot du Sourbier (1900-1989), spécialiste de la rénovation des terrains en montagne et longtemps toulousain. Il n'est pas sûr que l'éloignement de Paris ait permis à Gaussen d'être assidu aux séances de l'Académie ; néanmoins, les notes qu'il publia ou qu'il présenta aux *Comptes-rendus* témoignent de son attachement à ses travaux. Au cours des années 1970, l'Académie des Sciences connut une profonde restructuration. Les anciennes sections furent

Henri Gaussen (1891-1981). Coll. part.

remplacées par d'autres. En raison de ses attaches avec les géographes et les forestiers, de son œuvre de géographe et de sa très vaste culture générale, Gaussen demanda à appartenir à la nouvelle section des Sciences de l'Univers plutôt qu'à celle de Biologie. Ce fut une erreur. Un peu plus tard en effet, l'Académie décida de nouvelles modalités d'élection de ses membres titulaires et des quotas d'âge apparurent. Ces nouvelles contraintes s'ajoutèrent à la difficulté d'accès des provinciaux qui ne pouvaient que se glisser parmi un petit nombre de membres non résidants. Isolé dans une section composée pour l'essentiel de géologues, de géophysiciens et d'astronomes, Gaussen semble avoir été oublié. Peut-être aussi en raison de son âge, ne souhaitait-il pas accroître ses charges. En tout cas, le temps qui passe et la malchance privèrent l'Académie des Sciences de l'honneur de le compter parmi ses membres titulaires. Henri Gaussen fut membre de l'Académie d'Agriculture, membre associé de l'Académie Royale de Belgique et de l'Académie d'Uppsala, docteur *honoris causa* de l'Université de Madrid, titulaire de la Médaille d'or des Sociétés de Géographie de Londres et de Paris. Il anima toute sa vie les sociétés d'études pyrénéennes dont il présidait la fédération, et joua un rôle capital dans les Comités français de Géographie et de Cartographie qu'il présidait. Il fut expert à la FAO et à l'UNESCO et participa à des dizaines de congrès. Grand voyageur, il disait avoir visité l'essentiel du monde, sauf la Sibérie, la Chine et le Sud de l'Afrique.

Contrastant avec sa stature scientifique, le côté humain ouvert d'Henri Gaussen frappait d'emblée. Si nous devions condenser en deux mots tous nos souvenirs sur celui que nous appelions « *le Patron* », nous dirions *grandeur et simplicité*. Henri Gaussen fut un universitaire rigoureux, entraîneur passionné d'équipes dont il restera toujours « *le Patron* », même à distance, sensible à la beauté de la nature, ce qu'il exprima dans une exceptionnelle collection photographique qui est consultable aux Archives départementales de la Haute-Garonne. Homme modeste non dénué d'humour, il fut un pionnier inlassable de chantiers de vérité. Je l'ai vu garder sa bonne humeur communicative et son humour en toute situation et rester maître de lui dans les jours heureux comme au cours des épreuves familiales qui l'ont frappé. Il était disponible, ouvert à tous avec gentillesse et spontanéité. Ses nombreux élèves (une quinzaine furent professeurs d'Université) et ses amis de tous les pays ont conservé le souvenir de son inlassable activité et celui de ses grandes qualités humaines : courage, simplicité, disponibilité et jovialité communicative. Nous sommes nombreux à conserver de lui l'image d'un grand maître et d'un très grand ami.

L'œuvre scientifique de Henri Gaussen[4]

Il s'agit ici de son œuvre non comprise la carte de la végétation. Dans l'éloge académique qu'elle prononça sur son maître, Yvonne de Ferré, devenue à son tour professeur à la Faculté des Sciences de Toulouse, assurait que l'œuvre de Gaussen *resterait longtemps un pilier de la science française*, ce que le professeur Paul Rey, qui succéda à leur maître commun à la tête de la *Carte de la Végétation de la France*, compléta par ces mots : *C'est aux Pyrénées qu'il le doit* ! En effet, formé dès son plus jeune âge à la montagne, Gaussen consacra une grande partie de sa vie à l'étude des Pyrénées auxquelles il consacra sa thèse de doctorat ès Sciences, qu'il soutint en Sorbonne en 1926 (560 pages). Elle portait (avec une carte de la végétation) sur la moitié orientale de la chaîne. L'œuvre de Gaussen fut immense, monumentale même. Un chiffre en donne une idée : il fut l'auteur de six cent cinquante publications. Elle doit sa dimension à la surprenante puissance de travail que cet homme a constamment déployée au cours d'une carrière scientifique presque aussi longue que sa vie, et aux exceptionnelles qualités de son esprit, à la clarté de ses concepts et à la netteté de son expression. Gaussen allait droit au but, de l'idée de base aux résultats essentiels. Dans le jargon d'aujourd'hui, nous dirions qu'il « *créait le modèle* », il en exposait la structure et le fonctionnement, mais il ne s'embarrassait pas de le sophistiquer. La médaille avait parfois son revers : il arriva que d'autres exploitent ses idées. Ce fut ainsi qu'une de ses découvertes majeures, le principe des *diagrammes ombrothermiques mensuels*, publiée en 1957 avec F. Bagnouls aux *Annales de Géographie* (*Les climats biologiques et leur classification*)[5], boudée ou ignorée en France, fut développée par le biogéographe allemand H. Walter qui en comprit d'emblée l'intérêt. Il en compléta le mode d'élaboration

---

[4] Cette partie et la suivante (œuvre pyrénéenne) principalement doivent beaucoup aux notes que le professeur Paul Rey a bien voulu confier à l'auteur.

[5] Le *diagramme ombrothermique* représente les variations mensuelles de températures et de précipitations selon des gradations standardisées. Il a été développé pour mettre en évidence les périodes de sécheresses définies par une courbe des précipitations se situant en dessous de la courbe des températures. Ils permettent de comparer facilement les climats de différentes localités du point de vue de la pluviosité.

et publia un volumineux *Klimadiagramm Weltatlas* en 1960. Walter reste l'un des grands noms de la géobotanique, mais on peut regretter que le mérite de la théorie et de ses applications ne soient pas revenu en totalité à Henri Gaussen. D'une certaine manière, son œuvre se répartit en trois sphères concentriques : les travaux qu'il a réalisés, ceux qu'il a dirigés, ceux qu'il a inspirés et que l'on pourrait appeler son « *orbite extérieure* », autrement dit son influence. La troisième n'est pas toujours portée à son crédit, mais elle ne fut pas la moindre. Les recherches de Gaussen se sont partagées entre la biogéographie, dont la botanique pyrénéenne, la cartographie de la végétation et l'étude des Gymnospermes.

1 - Domaine pyrénéen :

a - Inventaire de la Flore : infatigable explorateur de la chaîne, dont il parcourut l'ensemble des vallées françaises, espagnoles ou andorranes, le plus souvent à pied, Gaussen s'est attaché à compléter l'inventaire de la flore, défendant avec un soin jaloux ses observations et celles de ses prédécesseurs considérées par lui comme acquises et pourfendant les interprétations hasardeuses ou mal fondées. Le professeur Pierre Chouard[6] en fut d'une certaine façon la « *victime* ». Ils se réconcilièrent en se dédiant mutuellement des espèces nouvelles, l'un le *Dioscorea Chouardi* Gn, l'autre le *Phyteuma Gaussenii* Ch. Le nom vernaculaire des *Phyteuma* étant *Raiponce*, Chouard en usa pour répondre à son collègue, le *Ph. Gaussenii* étant la « *Raiponce* (réponse) *de Chouard à Gaussen* ». Celui-ci avait entrepris un plan ambitieux de révision des principaux éléments de la flore pyrénéenne. Il concerna d'abord les essences forestières et des taxons (genres *Thalictrum*, *Aconitum*, *Aquilegia*, *Endressia*) qui furent confiés à ses collaborateurs directs. Les circonstances réduisirent ce projet à la publication par le *Monde des Plantes* d'un *Catalogue de la Flore pyrénéenne*, qui fut menée à son terme avec Claude Leredde, Pierre Lebrun et H. Bousquet. Les forêts des Pyrénées retinrent spécialement son attention : un volume de cinq cent seize pages et vingt-quatre articles en retracent l'ampleur géographique, écologique et économique.

[6] Voir chapitre 9, note 16.

b. L'Arboretum de Joueou : avec l'appui du Laboratoire sylvo-pastoral qu'il avait créé en 1928 au creux de la vallée de la Pique, en amont de Luchon, à l'initiative du professeur Prunet, directeur de l'Institut agricole à Toulouse, et après s'être intéressé dès ses débuts à l'amélioration pastorale, Gaussen mit en route en 1934 une expérimentation remarquable qu'il soutint jusqu'à sa mort : l'*Arboretum de Joueou* qui, en dépit de vicissitudes, représente l'une des plus précieuses collections nationales d'essences forestières montagnardes du monde. Etablie à la lisière de la forêt domaniale de Luchon, cette collection présente une double entrée, classement systématique des espèces en abscisse, classement géographique en ordonnée. Ainsi, le visiteur reste, à son gré, en présence d'une observation spécifique des genres et des espèces ayant supporté le climat local, ou d'une palette des principales essences caractéristiques des forêts du monde tempéré. Des plantations initiales, réalisées avec un contrôle d'origine très rigoureux, à raison de quatre exemplaires dans un carré de cinq mètres de côté, il ne reste qu'un individu, exceptionnellement deux, dans un espace vital suffisant, parfois agrandi par l'insuccès d'espèces n'ayant pas supporté le climat pyrénéen.

c. La Fédération pyrénéenne d'Economie montagnarde : à l'initiative du doyen Paul Sabatier[7], qui s'étonnait que les instances administratives, universitaires, techniques, économiques et culturelles préoccupées de ce que l'on n'appelait pas encore l'*aménagement* des Pyrénées, s'ignorent mutuellement, fut créée en 1932 la *Fédération Pyrénéenne d'Economie Montagnarde*, organisme indépendant ouvert à toute personne soucieuse de la connaissance, de l'exploitation et de la promotion de l'espace pyrénéen. Gaussen en fut le secrétaire général, puis le président. Il organisa chaque année un congrès dans un département de la chaîne et édita des *Annales*, dont les articles soulignent l'évolution des actions entreprises dans des domaines très variés. Cette Fédération fut dissoute en 1990, laissant un imposant témoignage écrit de la geste pyrénéenne du XXème siècle.

---

[7] Paul Sabatier (1854-1941), ancien élève de l'Ecole normale supérieure, professeur de Chimie, doyen de la Faculté des Sciences de Toulouse, prix Nobel de Chimie : 1912, Académie des Sciences : 1901, membre étranger de la Royal Society.

d - Le Parc national des Pyrénées occidentales : avec Clément Bressou et Pierre Chimits (1912-1985), un forestier qui en fut le premier directeur, Henri Gaussen fut un des acteurs de la création en 1967 de ce Parc national français, le troisième après la Vanoise et Port-Cros. Membre du Conseil d'administration du Parc et de sa formation permanente, il présida son Comité scientifique au sein duquel il défendit les intérêts d'une protection et d'une mise en valeur respectueuses de ce patrimoine exceptionnel, affirmant la primauté de la science dans l'aménagement.

2 - Etude des forêts, Gymnospermes, climatologie : l'étude des forêts tint une place privilégiée dans les travaux de Gaussen dont le laboratoire était connu sous la dénomination de *Laboratoire Forestier de Toulouse* ; ses publications forment une imposante série. Gaussen travailla pendant longtemps sur les Gymnospermes et particulièrement sur les Conifères qui en constituent l'essentiel. Après sa retraite, il rédigea sur ce groupe un traité heureusement achevé comprenant dix-neuf volumes. Il a revu et décrit toutes les Gymnospermes du monde entier, quelque quinze cents espèces, mais la portée de cet ouvrage monumental ne se limite pas à la somme des documents qu'il réunit et n'est pas seulement une flore mondiale des Gymnospermes, c'est aussi une révision critique de l'ensemble d'après des concepts nouveaux qui permettent une meilleure définition des affinités des familles et des genres de Conifères. Au total, c'est un travail de biologie fondamentale que seul pouvait réaliser cet excellent observateur qui s'était attaché à voir par lui-même et à l'état vivant, dans les forêts et les arboretums de tous les pays qu'il avait visités, de nombreuses espèces et formes que d'autres ne connaissaient que par la bibliographie ou les collections. Mais il avait aussi, dès le début de ses travaux dans ce domaine, dégagé des lois nouvelles de l'évolution et grâce à une remarquable culture générale, il avait eu l'idée de les confronter à des données tirées d'une connaissance approfondie des autres groupes végétaux et même de la zoologie et de la paléontologie animale. Sa *théorie de la surévolution*, qui montre que les phylums les plus divers pouvaient acquérir une mosaïque de caractères très évolués devenus irréversibles et présenter des caractères primitifs qui reparaissaient (*pseudo-retour ancestral*), s'est montrée féconde dans le règne végétal et dans le règne animal. Enfin, l'œuvre de Gaussen en bioclimatologie est moins connue car l'idée des diagrammes ombrothermiques qu'il avait imaginés, fut souvent exploitée par d'autres, surtout à l'étranger. Néanmoins, on doit à Gaussen une carte des précipitations du sud de la France et une carte bioclimatique du Bassin méditerranéen.

La carte de France au 1/200 000 du CNRS

1 - Les origines : la première tentative de *Carte botanique et forestière* a été faite par Charles Flahault qui, dès 1897, leva et rédigea plusieurs feuilles au 1/200.000ème du sud de la France, dont celle de Perpignan[8]. Henri Gaussen reprit ce projet à la suite de ses travaux sur les Pyrénées orientales (1926 à 1934) et de ses *Cartes des Productions Végétales*, en introduisant une représentation simultanée de l'écologie et du dynamisme grâce à des apports qui sont exposés plus loin. Au cours de ses trois années de captivité en Allemagne pendant la Grande Guerre, et avec le souvenir de quinze ans de fréquentation de la montagne ariégeoise, il élabora un système de représentation cartographique de la végétation et du milieu naturel. Bien que le mot figure à la première ligne de sa thèse, il parlait peu d'écologie mais, comme tout le monde à l'époque, de « *milieu* » naturel ou anthropisé et d'influences extérieures sur le comportement des paysages végétaux, en disciple de Charles Flahault, son inspirateur, qui avait écrit : *La végétation est, pour qui sait la lire, le meilleur indicateur des conditions de milieu et de l'action humaine.* Il mit au point dans les Pyrénées ses méthodes originales d'interprétation de la végétation à partir de la cartographie : mode de représentation du dynamisme de la végétation, principe du choix écologique des couleurs, synthèse chromatique des facteurs de milieu. De là allaient naître dans les années trente, une modeste série de cartes phytogéographiques de secteurs pyrénéens choisis (la feuille Foix NE en premier), qui débouchèrent sur d'importantes synthèses à

[8] Voir Paul Rey (2009) « Histoire de la cartographie de la végétation en France ». *CFC*, n° 199, mars, pp. 106-115.

l'échelle du territoire, comme les quatre feuilles de la carte de la végétation de la France (*Atlas de France*, 1936) à 1/1.000.000.

Mais ce fut à partir de 1945 que cette œuvre prit toute son extension, lorsque Gaussen obtint la création du *Service de la Carte de la Végétation* à 1/200.000, laboratoire propre du CNRS, qui réalisa, quarante ans durant, la couverture de la France en quatre-vingt coupures. Au contraire de la carte classique de la végétation[9], celle-ci, très synthétique, figure à la fois la végétation potentielle et la végétation actuelle en utilisant des conventions et des notions simples. De ce fait, elle est d'une utilisation facile. Le fonds topographique choisi fut celui de la *Carte de France et des frontières* à l/200.000 en quatre-vingt une feuilles, nombre qui fut réduit à soixante-quatre par regroupement de certaines. Comme l'a souligné Paul Rey, c'est le troisième système de cartographie thématique complet de la France, après la carte géologique et la carte routière. Elle a été la première représentation détaillée, à moyenne échelle, de la végétation d'un territoire étendu (550.000 km^2) et elle reste la plus grande carte de végétation existante, formant un assemblage de cinq mètres de diamètre. Conçue sur des bases originales, qui permettaient de représenter simultanément et d'une façon claire l'état actuel et les possibilités d'exploitation et d'aménagement de la couverture végétale, dans les décennies suivantes, elle allait servir de modèle pour ce type de recherche dans le monde entier. L'assemblage des soixante-quatre feuilles de la carte est visible au CNRS de Toulouse et à la Faculté des Sciences de l'Université de Lausanne. Gaussen en dirigea l'exécution durant vingt ans (1961). Il n'en vit pas l'achèvement. Le *Service de la Carte de la Végétation* a été dirigé ensuite par ses

---

[9] La cartographie « *toulousaine* » de la végétation a pour base la dynamique des formations végétales, au contraire de celle « *montpelliéraine* », au 1/20.000ème, des groupements végétaux basée sur la conception phytosociologique des associations végétales (Josias Braun-Blanquet), moyen de recherche sans obligation de couverture nationale. Celle-ci reçut quelques développements à la suite de la création en 1946 du Centre d'études phytosociologiques et écologiques du CNRS à Montpellier, sous la direction du professeur Louis Emberger (1897-1969), gendre de Charles Flahault. Il fut professeur de Botanique à la Faculté des Sciences de Montpellier et correspondant de l'Académie des Sciences dans la section de Botanique (1948). - Josias Braun-Blanquet (1884-1980), botaniste d'origine suisse, créa la Station internationale de Géobotanique méditerranéenne et alpine (SIGMA) de Montpellier.

anciens collaborateurs (P. Rey et G. Dupias, puis H. Décamps). Enfin la création en 1960 de l'Institut de la Carte Internationale du Tapis végétal à l'Université de Toulouse, assura la mondialisation du message. L'extension simultanée des travaux de Gaussen outre-mer avait abouti en 1955 à la création de la Section scientifique de l'Institut Français de Pondichéry et, en 1960, à celle de l'Institut international de la Carte du Tapis végétal qui réalisa la couverture à 1/1.000.000 de la péninsule indienne, de Madagascar et d'une partie de l'Afrique maghrébine et tropicale.

2 - Grandes lignes méthodologiques : la feuille de Perpignan, publiée en 1947, est la plus significative de toutes. Elle résume le système cartographique de Gaussen : organisation des groupements végétaux en étages et séries de végétation, exprimant une dynamique équilibrée entre vocation potentielle et affectation anthropique ; emploi raisonné de la couleur, dont la teinte exprime cette vocation et l'intensité des variations d'affectation, palette chromatique selon une charte logique qui exprime l'action des facteurs du milieu sur le paysage végétal.

a - La notion de série : la carte est fondée sur la représentation de séries potentielles et non plus sur la représentation statistique des groupements existants ; elle apporte ainsi une dimension supplémentaire, le temps. On appelle *série de végétation* l'ensemble des groupements végétaux qui évoluent en fonction des facteurs écologiques vers un état d'équilibre appelé *climax*, de ceux qui en dérivent par dégradation, des cultures et des reboisements qui peuvent lui être substitués. L'utilisation de cette notion ouvre la voie à de nombreuses applications. En effet, les différents groupements d'une même série sont des états possibles et en quelque sorte interchangeables à l'intérieur du territoire qu'elle couvre et où règnent des conditions de milieu homogènes. Aussi, toute expérience de culture, de reboisement ou autres, qui a réussi ou échoué en un point de la série a une forte probabilité de réussite ou d'échec sur tout son territoire : la carte devient de ce fait une *carte de vocation des terres*. L'étude de certains stades pionniers ou intermédiaires est allégée : ils sont moins subdivisés que dans le classement phytosociologique ; inversement, les stades terminaux, notamment les types de forêts, sont analysés avec soin. Un même arbre, si son écologie est assez souple, peut former le climax de plusieurs séries différentes. Cet arbre ne suffit plus alors à désigner une série : il faut ajouter un terme qui précise son écologie. Ainsi, les travaux sur les Alpes ont conduit à distinguer plusieurs séries du Chêne pubescent (méditerranéenne, supraméditerranéenne, delphinojurassienne, intra-alpine), du Pin sylvestre (mésophile, intraalpine, supérieure), de l'Epicéa (intra-alpine, subalpine) et du Hêtre (thermo-calcicole, acidophile, hygrophile).

Il faut noter que les séries ne sont pas des « *êtres* » doués d'existence propre, que l'on pourrait identifier comme on le fait des espèces végétales en systématique. Il s'agit plutôt de directions que l'on reconnaît dans le dynamisme de la végétation, selon que le territoire étudié est plus ou moins complexe ou si l'on a besoin de le connaître avec une plus ou moins grande précision. Le nombre de séries peut varier d'une région à l'autre en fonction de la complexité du pays : ainsi, la végétation de la Bretagne se résume en une dizaine de séries, tandis que celle des Alpes maritimes, qui sont beaucoup moins étendues, en comprend vingt-cinq.

b - Choix écologique des couleurs : Paul Rey a exprimé en termes presque poétiques les apports de la carte de Perpignan qui, écrit-il, *révèle la clé du symbolisme chromatique qui exprime par la teinte, la vocation dynamique des paysages, par la saturation de la teinte, l'affectation actuelle sur le chemin du climax*. Longtemps, l'arbitraire a régné dans le choix des couleurs. On doit à Gaussen d'avoir codifié ce choix selon des principes simples, qui ont permis d'utiliser une palette homogène et expressive. Ainsi, les séries du Hêtre, qui comprennent des groupements se développant dans des conditions de climat tempéré un peu froid, sont déterminées surtout par l'humidité et sont représentées par le bleu ; les Sapinières et groupements qui s'y rattachent, plus humides que la série du Hêtre, sont indigo. La végétation méditerranéenne est rendue par des tons rouges (chaleur) ou jaunes (sécheresse). Les Chênes à feuilles caduques, qui correspondent aux conditions moyennes en France, sont représentés par des verts. On obtient une carte logique, esthétique et parlante. De plus, cette palette de couleurs facilite la comparaison avec les cartes climatiques. Néanmoins, on n'a pas pu éviter une part de conventions : ainsi, les groupements salés ou les étages de haute montagne sont figurés en rose. Des conventions supplémentaires peuvent tenir compte des facteurs édaphiques : surcharges marron pour les fortes teneurs en humus (tourbières), points rouges pour l'acidité.

c - Une expression graphique simple du dynamisme : à l'intérieur du territoire occupé par chaque série, l'état réel de la végétation est exprimé par l'intensité de la couleur : les forêts sont représentées par des teintes plates, les landes par des hachurés, les pelouses par des pointillés ; le blanc est réservé à la représentation des cultures, celles-ci étant mentionnées, lorsqu'elles sont permanentes, par des signes colorés. Une notation chiffrée en surcharge, allant de 0 (sol nu) à 10 (climax forestier), permet de nuancer davantage quand la documentation est suffisante.

3 - Applications :

a - Contribution à la recherche fondamentale : lorsqu'un botaniste décrit la végétation d'une région sans la cartographier, il a tendance à privilégier les groupements végétaux bien individualisés et à délaisser les formations mal caractérisées, intermédiaires ou dégradées. La cartographie oblige à tout considérer, ce qui est *a priori* typique comme ce qui ne l'est pas, et à accorder à chaque unité une attention à la mesure de la surface occupée. L'équation personnelle de l'observateur est en bonne partie corrigée par l'obligation de considérer la totalité du territoire, ce qui conduit souvent à les réexaminer dans une optique nouvelle. Ainsi, dans la région méditerranéenne française, tandis que la phytosociologie classique ne distingue que deux types de climax régionaux, correspondant à deux associations, *Quercetum ilicis* (à Chêne vert) et *Quercetum pubescentis* (à Chêne pubescent), le levé de la carte de la végétation a conduit à diviser les deux étages méditerranéen et subméditerranéen en niveaux thermiques ayant chacun la valeur d'une série autonome bien caractérisée. La comparaison des feuilles Perpignan (Gaussen, 1948 et 1972) et Luz (Dupuis et coll., 1982) montre le progrès réalisé concernant l'analyse fine des formations végétales pyrénéennes en corrélation avec l'évolution des concepts qui accompagna le levé des feuilles alpines. Celle des feuilles de Foix et de Nice a d'ailleurs conduit Paul Ozenda à mettre en évidence, par référence avec les Alpes du Sud, l'existence d'une zone écologique intra-pyrénéenne. Plus largement, la carte contribue à la recherche fondamentale par sa nature pluridisciplinaire. Celle-ci est liée en effet aux travaux annexes obligés : climatologie, pédologie, étude des relations de la végétation avec l'occupation humaine. Le document final permet d'embrasser l'ensemble des faits biogéographiques et écologiques concernant la végétation d'un territoire étendu.

b - Intérêt didactique : la carte de la végétation offre une aide à un enseignement concret axé sur l'étude de milieux naturels (notions de biocénose, relations entre les êtres vivants ; dynamisme ; étude des différents types de forêts et de prairies ; utilisation du milieu par l'homme, systèmes de culture et leurs relations avec le climat et le sol ; possibilité d'études régionales permettant de montrer la liaison entre la structure géographique ou géologique d'un pays et les caractères de sa couverture végétale), par la réalisation de « *coupes botaniques* » sur le modèle des coupes géologiques. Les feuilles de la *Carte de la végétation de la France* rendent alors pour la compréhension de la géographie et de l'écologie régionales, des services analogues à ceux des feuilles de la carte géologique pour l'interprétation du paysage physique. Ainsi, la feuille d'Aurillac est un raccourci de la végétation du Massif Central, celles de Toulouse et de Montauban d'une part, de Rennes et d'Alençon de l'autre, donnent des exemples de régions en majeure partie cultivées par des méthodes de cultures différentes.

c - Intérêt économique : en recherche agricole et forestière, la carte de la végétation permet l'inventaire et la représentation de la végétation existante, naturelle ou transformée par l'homme, c'est-à- dire des ressources du sol telles qu'elles existent dans le cadre de l'économie actuelle ; elle donne des indications sur la végétation possible, c'est-à-dire sur le sens de son évolution d'après son dynamisme. En somme, elle figure *le potentiel biologique du milieu naturel* et, par là, elle permet la détermination de la vocation naturelle et de la valeur agricole des sols. De ce fait, elle peut être à la base de projets de reboisement, d'équipement sylvo-pastoral, de normalisation des cultures, de travaux de génie rural, de remembrement, de délimitation de crus. Dans l'aménagement du territoire non agricole, elle donne une connaissance de la valeur potentielle des terrains, aidant ainsi aux études d'impact pour les prévisions d'urbanisme, d'implantations d'usines, de tracés des routes, de modification des conditions naturelles sous l'influence de grands travaux (drainage ou capture des eaux).

d - Ce que l'on peut tirer indirectement de la carte : le Service de la Carte de la Végétation et ses collaborateurs extérieurs se sont attachés à montrer les documents dérivés que l'on pouvait extraire de la carte. Des publications annexes ont été réalisées sur le Bassin Aquitain et l'avant-pays pyrénéen, dont la connaissance écologique

Henri Gaussen dans le massif des Glières en 1957.
Cliché Richard Moreau.

a fait ainsi des progrès considérables. D'autres ont une portée beaucoup plus générale, par exemple l'ouvrage fondamental de Paul Rey, *Etude de phytocénotique biogéographique* (1962).

e - L'Ecole de Grenoble : c'est le titre que le professeur Paul Rey a donné aux nouveaux développements que la carte a connus au laboratoire de Biologie végétale de la Faculté des Sciences de

Grenoble[10], dont le directeur, le professeur Paul Ozenda, fut, dès l'origine, un collaborateur principal de la carte du CNRS. Il signa la troisième feuille (Antibes) et fut le responsable du levé des feuilles des Alpes occidentales : Annecy, Grenoble, Gap, Digne, Nice et Tignes-Larche. Il est apparu que la faible échelle de la carte du CNRS faisait disparaître beaucoup d'informations présentes dans les minutes de terrain. De plus, la sortie de chaque feuille demandait de longs délais à cause de la grande étendue du territoire de chacune et des procédés d'impression de l'Institut Géographique National. Il en résulta la mise au point de nouveaux concepts et la publication d'une cinquantaine de cartes de la végétation de deuxième génération, de cartes écologiques et des cartes de l'environnement[11].

4 - Conclusion : ainsi peut-on résumer la saga de la carte de la végétation de la France, telle qu'elle a été pensée et conduite par le professeur Henri Gaussen jusqu'aux évolutions extrêmes de sa méthodologie. Partant de l'intuition primitive de Charles Flahault, Gaussen a développé une méthodologie de cartographie de la végétation qui a abouti à la couverture complète de la France. Cette œuvre, d'inspiration pyrénéenne à l'origine, fut novatrice en son temps. C'est aussi un capital qui ne demande qu'à être valorisé. La cartographie de la végétation de seconde génération présente en effet de riches perspectives d'avenir sur des questions aussi essentielles que les conséquences écologiques des changements climatiques, le tout avec un faible investissement du fait de ses techniques peu coûteuses[12]. Elle fait donc partie du trésor patrimonial de notre nation.

---

[10] Avec la collaboration des laboratoires homologues des Universités de Marseille, de Genève et de Turin (1963-1987).

[11] Voir P. Ozenda (1986) *La cartographie écologique et ses applications*. Masson, Paris.

[12] Voir par exemple P. Ozenda et Jean-Luc Borel (1991) *Les conséquences écologiques possibles de changements climatiques dans l'Arc Alpin*. Rapport Futuralp, n° 1, 50 p., avec cartes. ICALPE (Centre international pour l'environnement alpin), Le Bourget-du-Lac.

11

Hommage au professeur Henri Humbert (1887-1967), Botaniste planétaire… et savoyard[1]

Cette notice est pour moi celle de l'affection et de la reconnaissance envers le professeur Henri Humbert, grand botaniste systématicien, mais aussi un biogéographe qui parcourut l'Afrique, l'Amérique du Sud et Madagascar (surtout), sans oublier la France et notamment les Alpes. Henri Humbert est essentiellement connu comme botaniste tropical. Avec Auguste Chevallier[2], Roger Heim[3], Théodore Monod[4], il fut l'un des derniers grands naturalistes-explorateurs français. Il fit aussi une œuvre métropolitaine, notamment savoyarde. Cet hommage est basé pour l'essentiel sur les souvenirs de personnalités aussi différentes que le professeur Roger Heim ou Roger de Vilmorin et, à un moindre degré, de moi-même, dont M. Humbert fut le premier *« maître »*. Outre un résumé de son activité tropicale, la grande œuvre de sa vie, ces souvenirs portent surtout sur une région précise : les Alpes du Nord, et le laboratoire de la Jaÿsinia, à Samoëns, en Haute-Savoie, qui fonctionna sous sa direction comme une petite Thélème de la Botanique alpine. C'est là que je l'ai fréquenté de façon intime, avec son épouse et M. Guinier[5], et c'est là que ses disciples et ses amis ont le mieux connu l'homme et le botaniste.

---

[1] Par Richard Moreau, professeur émérite de Microbiologie à l'Université de Paris XII.
[2] Voir chapitre 9, note 19.
[3] Voir chapitre 1, note 21.
[4] Voir Introduction.
[5] Philibert Guinier (1876-1962), forestier et botaniste, également membre de l'Académie des Sciences. Voir chapitre 8, note 2.

Le botaniste tropical

Tout d'abord, avant d'examiner l'œuvre savoyarde de M. Humbert, résumons l'essentiel de sa carrière, d'après R. Heim[6] et R. Wurmser[7].

Après un premier travail sur la flore normande, l'ensemble de sa carrière se déroula hors de France. Toute sa vie, il étudia et défricha les flores malgache, africaine (Afrique tropicale et orientale, ainsi que l'Atlas marocain) et sud-américaine. Son intrépidité sur le terrain était légendaire, que ce soit dans la forêt vierge ou au milieu de tribus insoumises. Ainsi, dans les années 1920, alors qu'il était maître de conférences à Alger, il fit l'ascension de l'Ayachi, sommet de l'Atlas marocain de 3.876 m, dont la flore était à peu près ignorée, cela sans protection et accompagné seulement d'un guide indigène (comme évoqué plus haut, M. Humbert me raconta : *Je tirais d'une main, et je notais les plantes de l'autre*), ou plus tard encore pendant la grande révolte de Madagascar. Il est vrai qu'il avait fait ses preuves pendant la Grande Guerre au cours de laquelle il reçut la Légion d'honneur sur le champ de bataille. Le professeur Roger Heim a raconté que l'une des campagnes les plus extraordinaires de M. Humbert fut celle où, dans le Nord-Est de Madagascar, alors que ses porteurs l'avaient abandonné, il gravit seul une muraille ultime en se servant de lianes qui pendaient sur le vide. Arrivé au but, il s'abrita sous un toit qu'il édifia avec certaines herbes du sommet, dont l'une était… nouvelle pour la science !

Malgré ses innombrables explorations tant en Afrique qu'en Amérique du Sud, le nom d'Henri Humbert restera surtout attaché à Madagascar et à la monumentale Flore de Madagascar qu'il entreprit à partir de son premier voyage dans la Grande Ile en 1912. Sa thèse sur les composées de Madagascar en découla et lui valut le prix de Coincy de l'Académie des Sciences. Le rapporteur,

---

[6] R. Heim (1968) « Notice nécrologique sur Henri Humbert (1887-1967), membre de la Section de Botanique ». *Vie Académique*, C. R. Acad. Sc. Paris, **266** (15 janvier 1968).

[7] R. Wurmser (1971) *Notice sur la vie et l'œuvre de Henri Humbert (1887-1967), membre de la section de Botanique, déposée en la séance du 26 avril 1971*, par René Wurmser, membre de l'Académie des Sciences.

Marin Molliard, conclut son rapport par ces lignes : *il ne paraît pas faire de doute que M. Humbert devienne un maître en géographie botanique*, ce qui se révéla parfaitement exact. La caractéristique principale d'H. Humbert fut en effet de joindre à un savoir botanique et plus généralement naturaliste extrêmement solide, une tendance vers les larges rapprochements qui, à la faveur des statistiques floristiques, permettent de mieux comprendre l'origine

HENRI HUMBERT DANS LE MASSIF DES GLIÈRES EN 1957.
Cliché Richard Moreau.

des grands secteurs floraux. Avec cela, ses qualités d'homme de terrain et d'explorateur lui permirent de réaliser de vastes synthèses qui faisaient intervenir les comparaisons statistiques, les rapprochements écologiques, les contrastes physionomiques et les reconstitutions de l'histoire des groupements végétaux en fonction des facteurs humains et des déterminants climatiques. Moins attiré par les catalogues floristiques, mais botaniste de terrain au coup d'œil sûr, H. Humbert, surtout désireux d'atteindre des objectifs liés à l'évolution même et aux modifications successives du manteau végétal de la Terre, fut enfin un inflexible protecteur de la nature : j'y reviendrai plus loin. H. Humbert fut élu membre de l'Académie des sciences en 1951. Il me dit souvent, lors de nos soirées septimontaines, qu'il n'avait eu à prendre que trois décisions dans sa vie : accepter un poste de maître de conférences de botanique à Alger dans les années vingt, poser sa candidature à sa chaire du Muséum ensuite, au fauteuil de Joseph Magrou à l'Académie des sciences enfin, un parcours tout simple à l'entendre !

Ce fut cet homme qui, entre deux voyages à Madagascar ou ailleurs, prit en main les destinées de la Jaÿsinia. Le choix du directeur ne pouvait pas être meilleur, car M. Humbert était l'amour personnifié des plantes et de la nature. De plus, il était homme des montagnes. Une grande partie de ses explorations tropicales portèrent en effet sur celles de Madagascar, parmi lesquelles une *« perle »*, le massif du Marojejy dont les murailles s'étagent de 1.000 à 2.000 mètres d'altitude et que traversent des vallées vertigineuses ; celles de l'Atlas marocain ; les hautes montagnes du Kivu ; les volcans Virunga ; le massif du Ruwenzori ; les confins de la Cordillère des Andes ou les *« collines »* du *« monté »* jusqu'à la Puma Andine, qui culmine à plus de 4.000 m. On aurait pu craindre cependant que, du fait de ses occupations dans le reste du monde, il passât peu de temps à s'occuper de la Jaÿsinia. C'était mal le connaître car il était homme de total engagement. Il est vrai que, lors de ses séjours à Samoëns, il travaillait peu à la flore savoisienne dans le bureau-laboratoire qu'il s'était réservé. En effet, son volumineux courrier malgache le suivait (étonnantes, les lettres de ses porteurs qu'il me donnait à lire de temps à autre et dans lesquelles ces hommes s'adressaient à lui comme à un père, qu'il était en réalité, bien qu'il ait été longtemps célibataire et que, marié sur le tard avec la veuve de son frère, il n'ait pas eu d'enfant) de même que ses documents de recherche et parfois des paquets d'herbiers : il rédigea nombre de ses derniers ouvrages (les *Composées de Madagascar* notamment, tout ou partie au moins) dans le calme de Samoëns. Son œuvre savoisienne n'en fut pas moins considérable, peu écrite, mais dans l'action.

Le Jardin botanique de la Jaÿsinia

Le jardin botanique alpin de Samoëns fut fondé par Mme Marie-Louise Jaÿ (1838-1925), originaire du pays, épouse d'Ernest Cognacq (1839-1928), créateur avec elle des grands magasins de la

HENRI HUMBERT AU COL DE LA COLOMBIÈRE EN AOÛT 1956.
Cliché Richard Moreau.

Samaritaine, à Paris. Son but était de favoriser l'essor de sa commune natale, en quoi elle était en avance sur son époque. Aménagé par l'architecte des rocailles du Jardin botanique de l'Ariana, à Genève, celui de la Jaÿsinia fut inauguré en 1906. De nombreuses espèces de plantes de montagnes, provenant de toutes les régions du monde, y furent introduites dès l'origine.

Je donne la description du jardin d'après le professeur Humbert[8]. D'une étendue de trois hectares et demi, il s'étage au-dessus de Samoëns entre 700 et 780 mètres d'altitude, à l'exposition Sud, sur des pentes calcaires dans lesquelles serpentent une allée principale, qui va jusqu'à la terrasse supérieure, de multiples sentiers et des escaliers taillés dans le roc. Des bassins, un ruisseau, une cascade, une petite tourbière artificielle et des rochers granitiques apportés du massif du Mont-Blanc diversifient l'ensemble, ce qui permit l'installation de plantes aux exigences variées, voire opposées. Vers l'Est, le jardin est limité par un ravin ombragé et frais qui contraste avec les autres emplacements, souvent ensoleillés et secs. Divisé en secteurs géographiques : montagnes méditerranéennes, Balkans, Asie mineure, Alpes du Dauphiné et de Savoie, Pyrénées, Himalaya, Chine, Japon, Amérique du Nord, pays arctiques, etc..., il représente une bonne partie de la flore de montagne mondiale ou des pays froids. Trois secteurs ont été aménagés en outre sans tenir compte de l'origine géographique, en raison des biotopes spécialisés de certaines plantes : pour les plantes aquatiques ou semi-aquatiques non calcifuges (bassins et ruisseaux), pour les plantes de tourbière acide dont le professeur Humbert était particulièrement fier (Albert Zimmermann, jardinier-chef du Jardin botanique l'Ariana à Genève, dans les années 1950 à 1970, vint la soigner à l'occasion), et pour les plantes de rochers et sols siliceux. Une adduction d'eau assure l'alimentation des conduites, des bassins, de la cascade... Une plate-forme servant d'abri fut installée aussi au niveau le plus élevé du jardin contre les vestiges d'un ancien castel du XIVème siècle, afin d'alimenter en eau de pluie un réservoir dont l'eau est destinée à la tourbière et aux sols acides. De plus, l'emplacement d'une station météorologique miniature fut réservé en avant de cet abri. Vers le centre du jardin enfin, une petite enclave fut constituée pour sauvegarder une chapelle ancienne qui avait été restaurée à l'époque de la création de la Jaÿsinia. Le jardin, ouvert au public, est situé dans un cadre alpestre imposant. En effet, dès la fin des premiers lacets de l'allée

---

[8] H. Humbert (1957) « Le Jardin botanique alpin et le laboratoire de La Jaÿsinia à Samoëns (Haute-Savoie) ». *Travaux du laboratoire de La Jaÿsinia. Publication du Muséum national d'Histoire naturelle*, n° 17, pp. 7-14.

principale, d'abord étroitement superposés jusqu'au niveau du laboratoire dont il va être question plus loin, la haute vallée du Giffre s'offre aux regards par des échappées ménagées entre les Epicéas indigènes et des essences exotiques. Mais c'est de la terrasse supérieure que se présente un panorama des montagnes qui environnent Samoëns du Nord à l'Ouest : de la pointe du Touët, à 2.007 mètres d'altitude, aux dents Blanches (2.727 m), à l'éperon Ouest du Criou, en passant par les contreforts du Buet, les Saix (2.113 m) et jusqu'à la Tête de Marcelly (2.160 m) au-dessus du bourg de Taninges proche.

A la Grande Guerre de 1914-1918, le jardin fut abandonné aussi bien du point de vue de son entretien qu'en ce qui concernait le renouvellement des collections vivantes. Roger de Vilmorin a même pu écrire[9] que, laissée sans soins pendant de trop nombreuses années, la Jaÿsinia était en passe de revenir à la nature primitive, à l'exception d'arbres ou d'arbustes assez rustiques. Mais la plupart des espèces exotiques de la collection primitive avaient disparu devant la concurrence de la végétation spontanée. En 1936, Gabriel Cognacq, neveu des fondateurs, entreprit de rénover leur œuvre et proposa au Muséum national d'Histoire naturelle de la reprendre en main et d'en accepter le contrôle scientifique. Le professeur Henri Humbert, titulaire de la chaire de Phanérogamie depuis 1931, en devint le premier directeur bénévole et s'adjoignit Camille Guinet, chef des cultures du Muséum, comme sous-directeur, l'un et l'autre devant séjourner chaque année à la Jaÿsinia pendant quelque temps l'été et donner toutes instructions utiles au chef jardinier. Dès lors, le développement des collections de plantes vivantes de montagne suivit une marche ascendante que la Seconde Guerre mondiale affecta peu, le nombre d'espèces en culture atteignant environ 1.500 en 1945.

Le nouveau directeur - il me l'expliqua maintes fois - ne pouvait pas concevoir un Jardin botanique sans laboratoire, car comment le contrôler sans promouvoir en même temps une activité fructueuse de recherche ? Gabriel Cognacq le comprit, accepta la

---

[9] Vilmorin (R. de) (1969) "Quelques souvenirs d'H. Humbert à Samoëns et dans les Alpes." Trav. Lab. de la Jaÿsinia, Public. Mus. nat. hist. nat., p. 5-9. Roger de Vilmorin était le frère de Louise de Vilmorin, auteur de *Julietta* et de *Madame de...*

suggestion, et la construction actuelle fut inaugurée en 1937 à l'occasion de la 71e session extraordinaire de la Société botanique de France. Le laboratoire se présente comme un pavillon de deux étages, situé à une trentaine de mètres au-dessus du niveau de la grille d'entrée du Jardin, laquelle borde une rue proche de la place centrale de Samoëns. Les débris de l'excavation nécessaire à son implantation et à sa construction, taillée en plein calcaire nummulitique, furent agencés en une plate-forme sur laquelle on aligna des châssis de multiplication des plantes. La même plate-forme donne un accès direct à un atelier de jardinage et à une graineterie aménagés dans une partie du sous-sol du bâtiment, dans lequel on créa également une petite cuisine sommairement installée. Au premier étage, H. Humbert fit prévoir une grande salle où peuvent travailler à l'aise au moins trois chercheurs, un bureau pour le directeur, une chambre noire et un laboratoire avec paillasse, eau, gaz et électricité pour les manipulations chimiques et autres. Il y fit installer aussi la bibliothèque. Le second étage fut divisé en cinq chambres.

Le professeur Humbert plaça son ambition pour le jardin sur un plan très élevé, car il estima d'emblée qu'il ne s'agissait pas de lui donner une vie nouvelle en éliminant seulement les espèces banales et en accroissant le nombre des espèces grâce au concours du Muséum national d'histoire naturelle ou à d'autres contributions, ni non plus de restaurer, d'enrichir et d'entretenir ce qui était devenu un lieu de promenade apprécié des septimontains et des touristes. Il fallait surtout en faire un véritable centre de recherches à la portée des naturalistes de toutes provenances et même de toutes nations, professeurs chevronnés ou étudiants débutants : ce fut pour cette raison que l'auteur de ces lignes devint un habitué de la Jaÿsinia à partir de 1956, après un premier contact en 1954.

L'action du professeur Henri Humbert se déploya dans trois directions. En premier lieu, il développa les collections vivantes sous le contrôle de Camille Guinet, grâce notamment à des échanges avec de nombreux instituts scientifiques et jardins de divers pays, à des missions du personnel du jardin également et aux envois de botanistes qui, bénévolement, contribuèrent chaque année à l'introduction de plantes intéressantes recueillies directement dans la nature. En second lieu, pour travailler efficacement et contrôler les plantes en culture, il fallait disposer de moyens techniques suffisants. Outre l'acquisition du matériel d'observation nécessaire, H. Humbert créa une bibliothèque avec des collections de revues et des flores, et surtout fit acquérir l'herbier de Ch. d'Alleizette, qui comprend la plupart des espèces de la flore de France et des pays voisins, avec de nombreux exsiccata de sociétés d'échange, cités dans les ouvrages classiques. Il installa aussi un herbier de la "flore locale", en fait celle des Savoies et régions limitrophes et de très nombreux doubles de l'Herbier Payot, riche en Muscinées d'altitude et en exsiccata de toutes provenances. En outre, des relations privilégiées existaient entre M. Humbert et le Conservatoire et jardin botanique de la ville de Genève, tout proches. Une solide tradition liait en effet les botanistes genevois à la Haute-Savoie, bien avant la reprise scientifique de la Jaÿsinia par le Muséum en 1936 : Briquet, Beauverd et bien d'autres l'illustrèrent et les herbiers de Genève en conservent de multiples traces.

Il fallait herboriser enfin. Le Jardin excepté, consacré globalement aux flores des montagnes du monde, le botaniste des montagnes tropicales qu'était H. Humbert développa donc délibérément et légitimement l'étude de la flore autochtone. C'est là que se trouve son troisième axe d'action, celui qui nous intéresse ici le plus directement. Lui-même herborisa aussi souvent qu'il le pouvait. Et non seulement il herborisait mais, suivant une bonne habitude de naturaliste et aidé par ses connaissances encyclopédiques, il récoltait tout ce qui lui tombait sous la main : plantes, cailloux, animaux, en Savoie comme au milieu de la forêt tropicale (je me souviens de la Mygale qu'il me raconta avoir capturée un jour dans son chapeau en Amazonie, parce qu'il ne disposait plus d'autre récipient !). A la Jaÿsinia, le soir, il ouvrait tout grand la fenêtre d'une chambre du second étage, en laissant les lumières allumées : c'était son "piège à papillons", destiné à faire des récoltes à l'intention d'un entomologiste du Muséum.

Le plus important n'était pas là, en ce qui concernait la Jaÿsinia du moins. Connaissant toute la communauté botanique au moins européenne, M. Humbert attira de nombreux botanistes auprès de lui : des mycologues et leurs élèves, avec en premier lieu Roger Heim, Robert Kühner et Marius Chadefaud, des bryologues, notamment Mme Jovet, des forestiers, dont Ph. Guinier fut le principal, mais aussi le conservateur Gobert, de Grenoble, forestier-botaniste régional connu, des phanérogamistes professionnels ou amateurs tel Roger de Vilmorin, que M. Humbert consulta souvent sur l'orientation du jardin, P. Jovet, J. Trochain..., des botanistes-géographes de renom (Henri Gaussen, Louis Emberger et d'autres), et même des botanistes-microbiologistes comme Ch. Kilian, se succédèrent à la Jaÿsinia où les chambres monacales pouvaient accueillir certains, les autres se répartissant dans des locations au bourg ou dans des villages voisins.

La Jaÿsinia devint ainsi un centre renommé sur lequel le directeur exerçait en permanence un contrôle et une autorité qui étaient beaucoup plus strictes que son tempérament enjoué ne pouvait le laisser croire. En conséquence, elle servit souvent de base à des excursions de terrain. Parmi les plus prestigieuses, citons celles qui firent suite aux Congrès internationaux de Botanique de Stockholm en 1950 et de Paris en 1954. En 1960, la Société botanique de France, dont le président était alors le professeur Georges Viennot Bourgin, organisa sa session extraordinaire annuelle en Savoie à l'occasion du centenaire du rattachement de cette province à la France, et sous la responsabilité de Ph. Guinier. L'année précédente, l'ensemble des itinéraires en avaient été organisés et reconnus depuis la Jaÿsinia, principalement par Ph. Guinier, H. de Leiris[10] et R. Moreau. Bien entendu, la Jaÿsinia fut ensuite la base de départ de certaines des excursions lors du déroulement de la Session, en fonction du programme choisi par les participants. Mentionnons aussi le Cinquantenaire de la Jaÿsinia, fêté en 1957, au cours duquel M. Humbert, profitant de la présence de nombreuses personnalités locales et nationales, lança avec le maire d'alors et pharmacien du pays, M. Corbet, l'idée d'un jardin botanique d'altitude qui serait situé sur la face Nord des Saix, à 1.900 mètres d'altitude.

De cette activité résulta une floraison de recherches, de thèses (de mycologie notamment, à Lyon) et de publications de tous ordres qu'il serait trop long de citer ici. Dans cet ensemble, nous privilégions l'inventaire floristique des plantes vasculaires de la

[10] Je présenterai un peu plus loin dans ce chapitre Henri de Leiris (1903-1991), ingénieur général du Génie maritime.

Savoie. Tous les botanistes de passage à la Jaÿsinia furent conviés à déposer leurs trouvailles à l'herbier local, entretenu grâce à la bonne volonté des mêmes. Mais ses artisans principaux, outre H. Humbert lui-même et C. Guinet, furent Ph. Guinier pour les ligneux principalement et H. de Leiris dont les minutieuses investigations, en altitude notamment, permirent non seulement des avancées d'un grand intérêt sur les plantes rares et leurs stations-refuges, mais aboutirent aussi à la trouvaille de nombreuses espèces nouvelles ou méconnues[11]. H. Humbert aurait aimé voir imprimer un nouveau catalogue des plantes vasculaires de la Haute-Savoie, succédant à celui de Perrier de la Bâthie, paru entre 1907 et 1928. Cela ne lui fut pas donné en raison notamment du caractère irrégulier et parfois épisodique des "visites" des botanistes qui passaient à Samoëns. Ce catalogue voit actuellement le jour grâce à la Société botanique de Genève, et l'importance de l'activité floristique de la Jaÿsinia et de sa contribution à la connaissance de la flore des Savoies ressort clairement de sa lecture. Par contre, H. Humbert eut la satisfaction de publier deux volumes de Travaux (1957 et 1961) que son successeur à la direction du Jardin, J.L. Hamel, fit suivre de deux autres en 1969, puis en 1972.

Le Professeur H. Humbert, protecteur de la nature malgache, n'oublia pas non plus celle de Haute-Savoie et fut l'initiateur de la mise en réserve et en parc régional de la région Anterne-Platé, ainsi que de la tourbière de Sommand, située au-dessus de la commune de Mieussy. Le rapport fut présenté en 1962 devant le Conseil national de la protection de la nature par R. Moreau qu'il en avait plus spécialement chargé. Ce rapport n'eut pas de suite immédiate, mais le mouvement était lancé. Repris d'abord par Richard Moreau, puis par l'abbé Jean Eyheralde, curé d'Argentières, soutenus par Maurice Herzog, le vainqueur de l'Annapurna, alors maire de Chamonix, par les naturalistes de la vallée de l'Arve ensuite et les services forestiers d'Annecy (notamment l'ingénieur

[11] En 1959, Henri de Leiris décrivit ainsi avec l'auteur de ces lignes une nouvelle variété de gentiane de Bavière, découverte vers 1958 au-dessus du lac d'Anterne (Haute-Savoie) : *Gentiana bavarica var. nov. toepfferi Leiris & Moreau,* ainsi nommée en hommage à ses découvreurs, ainsi qu'à l'écrivain suisse Rodolphe Töpffer qui publia en 1836 une nouvelle intitulée *Le col d'Anterne.* Cf. *Candollea* (revue du Conservatoire et jardin botanique de Genève) 97-98 (1959).

général Gilbert Amigues), le projet aboutit, fortement élargi, aux zones protégées et aux réserves actuelles de Haute-Savoie. Depuis, celles-ci ont connu un grand succès alors que leur initiateur, déjà trop éloigné dans le temps sans doute, est généralement oublié ou omis : il était donc essentiel ici aussi de rappeler son rôle dans le domaine de la protection de la nature savoisienne.

Le professeur Henri Humbert mourut en 1967 à l'âge de 80 ans. Son œuvre savoyarde n'était pas entièrement accomplie, mais il avait planté de solides jalons.

Rencontres

Voici les circonstances de ma rencontre avec ce maître de la Science. En 1955, j'avais été nommé stagiaire de recherches du CNRS au laboratoire de Botanique de la Faculté des Sciences de Besançon, par la grâce du professeur Roger Heim. A la suite de quoi, sur les conseils d'un professeur bisontin, j'allais de temps à autre aux séances de la Société botanique de France, dont on a vu les circonstances de la création au milieu du XIXème siècle. J'en profitais pour passer des heures dans les jardins du Muséum car j'ai toujours été attiré par les jardins botaniques. Ce fut ainsi qu'au printemps 1956 (j'étais au CNRS depuis quelques mois), je fus repéré par Camille Guinet, *« chef des cultures du Muséum national d'Histoire naturelle »*, disait-on alors. Un jour, lui ayant fait part de mon goût pour les plantes alpines, que je connaissais d'ailleurs à peine sauf *in libro*, il me conseilla de poser ma candidature à un stage de deux semaines au laboratoire d'Ecologie alpine de la Jaÿsinia, à Samoëns (Haute-Savoie), dont le professeur Humbert, titulaire de la chaire de Phanérogamie du Muséum, avait aussi la charge. Je fus accepté.

Ce fut ainsi qu'un beau jour de juillet, je pris la route de Samoëns et du laboratoire où une chambre spartiate m'était réservée. La première chose à faire était de me présenter au maître des lieux, qui y passait une partie de l'été à travailler à la *Flore de Madagascar*, son œuvre majeure. Levant le nez, il me dit : *Ce n'est pas vous*. – Interloqué, je répondis : *Si, Monsieur, je sais que je suis moi*... Il m'avait pris pour mon homonyme Claude Moreau, plus âgé et bien engagé dans la recherche, dont le père était

Fernand Moreau, professeur de Botanique et doyen de la Faculté des Sciences de Clermont-Ferrand. Claude Moreau était *« fils d'archevêque »*, ce qui expliquait l'accord immédiat de M. Humbert. Sur ma lettre, mon adresse était claire pourtant, mais M. Humbert était ainsi, tant mieux pour moi. *Cela ne fait rien*, me répondit-il et, profitant de ma voiture, il me proposa de les accompagner, lui et son épouse, chez M. Robert Perret, géographe très connu[12], mais dont j'appris ce jour-là l'existence : il les attendait pour le thé dans son chalet des Vallons, hameau situé sur la route de Sixt, à trois kilomètres de là. J'y gagnai un exemplaire de la carte publiée par M. Perret sur la région du Haut Giffre. En prenant le thé, on parla d'un amiral botaniste que je verrais bientôt. Il s'agissait de M. Henri de Leiris, ingénieur général du Génie maritime, floriste de haut niveau par tradition familiale et futur président de la Société botanique de France. Je pensai qu'il s'agissait d'un vieux monsieur aussi... Le lendemain matin, *« l'amiral »* arriva de bon matin au laboratoire pour y travailler : petit homme sec, en short et en chaussures de montagne, il avait la cinquantaine. Quelques jours plus tard, arriva M. Philibert Guinier, que j'avais rencontré une fois à l'été 1954 lors d'une excursion botanique dans le Haut-Jura, à l'occasion du Congrès international de Botanique de Paris.

M. Humbert me mit dans le bain sans attendre. Suivirent en effet deux semaines d'excursions botaniques comme j'en avais rêvé, M. Humbert profitant au maximum de ma traction et de son chauffeur qui ne demandait que cela. Mais surtout, à notre première sortie, il testa mes connaissances. Dès le lendemain et pour la première fois aussi pendant ce séjour, je visitai les hauts de Vallorcine entre le col des Montets et le village, le long des Eaux noires, en direction de la Pierre-à-Bérard. A peine arrivés vers le

---

[12] Voir Jean Despois (1966) « Robert Perret (1881-1965) », *Annales de Géographie*, **75**, pp. 302-304. L'auteur de cet article précise que M. Perret fut l'un des rares géographes qui n'ait pas appartenu à l'Université, mais il n'indique pas ses fonctions. Originaire du Faucigny, en Haute-Savoie, il consacra sa thèse à une *Géographie de Terre-Neuve*, où il fit une mission en 1907, et sa thèse secondaire à la morphologie du Fer à Cheval, dans la haute vallée du Giffre, à la géographie de laquelle il resta toujours attaché. Entre les deux guerres, il accomplit plusieurs missions au Sahara. Il présida la Société de Géographie de 1953 à 1959. Son œuvre mixte ne pouvait qu'intéresser M. Humbert.

bois de mélèzes, M. Humbert cueillit une petite plante fleurie, me la tendit et me demanda son nom. Je me vois encore, ennuyé car je n'en avais jamais vu de semblable. Cependant, mon honneur étant en jeu et peut-être ma carrière avec, je devais déterminer cette fleur *subito*, sans me reporter à une *Flore* que, d'ailleurs, je n'avais pas. J'avais la chance d'être bon morphologiste. Un instant, je restai tendu, faisant à toute allure des comparaisons avec ce que je connaissais. Cette fleur un peu jaune doré n'était comparable à aucune, sinon à des *Polygala* à fleurs petites et bleues, vues dans le Haut-Jura. Celle-ci avait un port différent, des feuilles et des fleurs plus grandes, mais une disposition des pétales qui me sembla identique. Je me lançai : *Monsieur, c'est un Polygala, mais je ne saurais en dire l'espèce car je n'ai jamais vu celui-ci. Peut-être P. alpina, mais je ne saurais l'affirmer. - C'est bien*, répondit M. Humbert. *C'est une plante difficile et je voulais vous éprouver.* J'avais gagné mon entrée au club : je fus immédiatement accepté et mis dans les intimes du maître dont j'eus le privilège d'être le disciple pendant dix ans. Par rapport à la Faculté des Sciences de Besançon, j'étais dans un autre monde.

On ne peut terminer cet exposé sans rappeler quelques aspects de la personnalité d'H. Humbert, que seuls des intimes de la Jaÿsinia ont vraiment pu connaître. La simplicité de sa vie et de ses propos comme la témérité de ses aventures étaient ses caractéristiques les plus évidentes, auxquelles il fallait ajouter une grande étourderie à l'égard des problèmes pratiques, mais aussi une bonté, une indulgence, une sensibilité extrêmes.

Au contraire de M. Philibert Guinier, son confrère de l'Institut qui, hors sujets scientifiques, ne s'exprimait que peu et à bon escient, M. Humbert parlait avec abondance, tout le temps et sur tout, principalement en géologie qu'il affectionnait particulièrement, botanique évidemment et zoologie. Il était difficile de l'interrompre et il fallait être paré s'il était lancé sur un sujet scientifique : on devait avoir de bons arguments, sinon on était vite ramené sur ses bases.

M. Humbert n'avait guère d'horaire et, avec lui, les expéditions de terrain constituaient des sortes d'aventures au cours desquelles l'imprévu était roi. Vers 1925, étant maître de conférences de Botanique à la Faculté des Sciences d'Alger, il était parti pour une longue expédition en Afrique noire. Un jour, me raconta-t-il, il arriva dans une mission. Il y avait une grande fête. Les missionnaires l'invitèrent. Quand rentrez-vous à Alger, lui demandèrent-ils ? – A Pâques. – Mais c'est aujourd'hui. - Ah ? Il me faut six mois pour rentrer à Alger (à pied, bien sûr). A combien de jours est le prochain télégraphe ? – Huit jours de marche à pied. – C'est plus court, et il alla télégraphier à son Doyen : Suis retardé, rentrerai en octobre... Heureux temps et autre Université ! En France du moins, certains de ses compagnons habituels essayaient,

M. ET MME HUMBERT, PH. GUINIER ET R. MOREAU AU COL DE LA COLOMBIÈRE EN 1958.
Coll. part.

sans beaucoup de succès, d'y mettre un peu d'ordre et s'en énervaient parfois... en silence : j'en fus. Dans ce cas et lorsqu'il était là, M. Guinier agissait toujours comme élément modérateur. Néanmoins, les excursions un peu lointaines ou quelque peu difficiles et à but précis exigeaient assez souvent des... "cordées" séparées ! Sur le terrain, la vivacité des propos, les pointes d'humour marquaient une conversation volubile, dont l'intérêt était relancé par les moindres fleurs rencontrées ou par les souvenirs évoqués, ce qui entraînait de longues et intéressantes digressions...

qui ralentissaient d'autant la caravane ! C'étaient aussi des colles qui étaient posées aux néophytes et dont il valait mieux se sortir avec honneur. Fantaisie et ignorance de l'horaire étaient de mise en montagne comme à Samoëns et les pique-nique s'éternisaient souvent. Tant pis pour le mauvais temps toujours possible en montagne. C'est pourquoi il fallait éviter les temps orageux pour sortir avec M. Humbert, sinon on était assuré de recevoir sur la tête l'orage et ses ondées. Notons toutefois que la volubilité d'expression orale de l'intéressé contrastait fortement avec ses textes irréprochablement clairs.

En quelques anecdotes, R. de Vilmorin a rappelé la gaîté d'H. Humbert qui, comme son amour pour la nature, s'exprimait au moindre propos et constituait un trait particulièrement marquant de son caractère. Mais où la pétulance de M. Humbert s'exprimait le mieux, face au calme Ph. Guinier, c'était lors des déjeuners au petit hôtel de Samoëns, *les Glaciers*, à deux pas du Jardin. Il fallait alors l'entendre raconter à ses convives les péripéties les plus spectaculaires de ses expéditions tropicales. Ignorant superbement l'horaire et le rythme qui président aux repas, encore plus facilement qu'en montagne, le sien s'éternisait dans son assiette devant les tasses à café de ses auditeurs. Cependant, rappelait Roger Heim qui y participa plus d'une fois, ravivant ses souvenirs, le couteau braqué en l'air pour la plus grande inquiétude des autres convives, M. Humbert poursuivait gaiement ses anecdotes ! A ce propos, R. de Vilmorin a raconté l'histoire, qui n'est pas une légende, des truites meunières qui passèrent intégralement dans l'assiette du professeur tant celui-ci était distrait. Un jour, le professeur décida en effet d'offrir des truites à tout le monde. Grand jour ! Bien entendu, on lui passa le plat en premier et, tout en discourant, il empila les cinq truites meunières dans son assiette. Nous voyant rire, il s'arrêta de parler et, d'un air hargneux, il nous demanda ce que nous avions : *Après vous, Monsieur, s'il en reste !* Une autre fois, pendant une détente dans un bistrot lors d'une excursion botanique dans le Queyras, M. Humbert saisit le cylindre métallique creux, support d'un parasol absent, pour s'en servir comme d'une longue-vue ! Mais de l'eau de pluie s'y était accumulée et voici notre homme abondamment douché ! Une manifestation de joie suivit, bien entendu.

Je me mis assez vite au diapason et je choisis de « faire l'œuf », comme disait M. de Leiris (*M. Moreau fait l'œuf*), c'est-à-dire à m'acharner à faire cuire coûte que coûte un œuf sur le plat à n'importe quelle altitude sur un réchaud à méta que ma mère avait mis dans mon fourniment. Cela ne marcha jamais évidemment. Cependant, à l'image du maître qui adorait les plaisanteries à condition qu'elles ne le concernent pas, je m'amusais à le faire pour taquiner M. de Leiris qui, en montagne, expédiait son repas en quinze minutes, car notre polytechnicien étoilé (le plus ancien dans

M. de Leiris, M. et Mme Humbert, à Megève en 1958.
Cliché Richard Moreau.

le grade le plus élevé) était là pour faire de la botanique, pas pour batifoler. Tout était sérieux avec lui. Au contraire, le professeur Humbert appréciait la plaisanterie et faisait durer les pique-niques, ce qui agaçait M. de Leiris. Je crois même (je suis sûr) que, quand nous sortions avec lui, M. Humbert faisait exprès de traîner pour énerver l'amiral. J'ai au moins une diapositive où l'on voit M. et Mme Humbert assis par terre en train de manger et M. Humbert brandir de la nourriture. Ce jour-là, bien sûr, « j'avais fait l'œuf », sans succès comme toujours, puis j'étais passé à des nourritures plus aisément comestibles. J'avais donc déjà suffisamment agacé

M. de Leiris qui avait dû me faire des remontrances. Il prit alors l'idée au professeur Humbert, entouré d'une série de gamelles, d'annoncer les services de son repas, dans le genre : *premier service, saucisson ; deuxième service, sandwich au jambon*, etc. C'était évidemment pour taquiner aussi M. de Leiris, que je vois encore debout derrière nous, en train de tourner en rond rageusement sans rien dire, en attendant la fin, car comment aurait-il pu faire des reproches au professeur Humbert ? Par bonheur, M. Guinier était absent ce jour-là, sinon il eût mis une bouteille de Crépy pétillant à rafraîchir dans le torrent le plus proche et il eût chanté *les Montagnards*, deux initiatives qui auraient pu « mettre le feu au lac » même si notre amiral se retenait aussi face à M. Guinier, notre autre « instituteur[13] », comme disait M. Humbert.

Enfin, M. Humbert, pour ce qui me concerne, veilla à mon éducation gastronomique : outre les truites, les fondues qui n'étaient pas rares et les autres cochonnailles qu'il m'offrait de temps à autre, ce qui l'étonna beaucoup un jour, ce fut que je ne connaisse pas la bouillabaisse. Quel scandale ! Cela se comprend. Dès lors, il n'eut de cesse, à Paris, de trouver un restaurant qui lui convienne où en déguster une avec lui ! Je m'y vois encore.

J'ai parlé plus haut de l'absence d'horaire de M. Humbert, au point qu'il ne semblait pas y avoir de temps pour lui. En voici un exemple. A la suite des festivités du cinquantenaire de la Jaÿsinia, fin juin 1957, une matinée, je conduisis les Humbert à Annemasse au train de Paris. Malgré mes efforts, j'eus bien du mal à démarrer de la Jaÿsinia... trois quarts d'heure avant l'heure du train, M. Humbert, ayant toujours à faire une dernière chose, forcément essentielle et qui ne pouvait pas attendre. On était à peu près à 45 kilomètres d'Annemasse et il fallait traverser des villages et la ville elle-même. Inutile de dire que je roulai comme un fou. Heureusement, à l'époque, les limitations de vitesse et les contrôles radar n'existaient pas. Par chance, il n'y avait pas grand monde non plus sur la route, ni dans les rues. Je dus stopper devant la gare une bonne minute avant le coup de sifflet du chef de gare et sauter avec la valise des Humbert, qui traversèrent la salle des pas perdus au pas de charge, moi derrière. On arrive sur le quai, le chef de gare avait sifflé, le convoi commençait à bouger lentement quand

[13] Membre de l'Institut !

les Humbert montèrent en catastrophe. Par la porte qui n'était pas encore à fermeture automatique, je lançai la valise dans le wagon. Je vois et j'entends encore M. Humbert, coiffé comme toujours de son chapeau de « bandit calabrais », comme il appelait sa coiffure, penché par la porte ouverte, me dire : *Vous voyez bien qu'on avait le temps !* En route, en effet, je ne m'étais pas gêné pour râler... J'en restai pantois.

M. Guinier chantant Les Montagnards (massif des Glières, 1957).
Cliché Richard Moreau.

Sur ce même point, Roger de Vilmorin a rapporté la dernière excursion qu'il fit avec M. Humbert dans les Alpes et qui est très typique de son caractère. Un jour, le professeur Humbert voulut aller voir la *Tozzia alpina* qu'il ne connaissait pas encore, au désert de Platé. Sa curiosité satisfaite et ayant, à son habitude, mis un morceau de la plante dans sa poche, l'excursion continua longtemps et, tard le soir seulement, la caravane atteignit les chalets de Gers, à une heure et demie de marche de Samoëns encore. Le gros de la troupe poursuivit son chemin tandis que R. de Vilmorin et le professeur Humbert décidèrent d'attendre le jour suivant, c'est-à-dire de passer une nuit inconfortable dans un chalet, afin de ne rien perdre de la beauté des pelouses, des mégaphorbiaies, des multiples suintements ou autres microbiotopes qui jalonnent le parcours, et de leur richesse botanique. Toute la curiosité et l'esprit scientifique d'H. Humbert sont là, car le vrai naturaliste ne se satisfait pas d'à peu près imposés par les horloges, d'horaires réduits pour l'observation scientifique et extraordinairement allongés pour des réunions stériles, de journées rognées par les sacro-saints rendez-vous ou que sais-je encore ! La nature est notre livre et nous n'avons pas trop de temps pour en étudier quelques bribes : il ne faut donc pas se perdre en inutilités. Revenons aux chalets de Gers. Le lendemain matin, la descente, d'une heure et demie théoriquement, prit une matinée et ce fut pour R. de Vilmorin "une matinée de rêve" car "chaque plante, chaque paysage inspirait à (s)on compagnon de nouveaux souvenirs, de nouvelles réflexions, des hypothèses scientifiques dont (il) bénissai(t) le sort de (le) faire profiter." Ces dernières heures privilégiées, qu'il passa ainsi en tête à tête avec H. Humbert, ne firent "qu'accroître l'admiration et l'affection qu'(il) lui portai(t) et qu'(il) ne cesserai(t) de porter à sa mémoire."

Il en fut ainsi des très nombreux moments que j'ai pu passer moi aussi avec M. Humbert, à Paris comme en Haute-Savoie, et je n'ai pas encore épuisé les conseils de recherche qu'il me donna et que je compte bien réaliser un jour. Surtout, son exemple me demeure constamment présent car, même si j'eus une spécialité différente, j'étais d'abord naturaliste et je ne pouvais qu'admirer son œuvre scientifique considérable : M. Humbert, toujours amical, savait tout sur tout. Il est vrai que, sous ses dehors parfois un peu fantaisistes, il ne vivait que pour la Science.

Telle était la personnalité drôle, mais toujours sérieuse dans le travail, du professeur Humbert. Son amour de la nature attrista paradoxalement ses derniers mois, lorsque la maladie lui interdit toute sortie. Les dernières lettres que je reçus de lui témoignent de son désespoir à cet égard. Ainsi peut-on rappeler le souvenir d'un botaniste et d'un naturaliste d'exception qui, entouré de quelques amis de caractères très divers mais aussi enthousiastes que lui, sut placer la botanique haut-savoyarde au meilleur niveau, en assurer la pérennité et avoir, par la Jaÿsinia, un rôle initiateur essentiel dans la connaissance et la protection de la flore alpine des Savoies.

Postface[1]

Prenez intérêt à ces demeures sacrées que l'on désigne
du nom expressif de laboratoires (...)
Ce sont les temples de l'avenir, de la richesse et du bien-être.
C'est là que l'humanité grandit, se fortifie et devient meilleure.
Elle y apprend à lire dans les œuvres de la nature,
œuvres de progrès et d'harmonie universelles.
Louis Pasteur

Ces quelques notices sur des savants naturalistes, éparpillés depuis le XIXème siècle jusqu'à la génération de nos maîtres, celle des Facultés des Sciences enfin installées, nous ont permis d'entrevoir des aspects assez divers de l'évolution des Sciences naturelles et d'admirer de beaux exemples de savants qui eurent la besogne exaltante et d'abord la volonté, de créer les Facultés des Sciences françaises, préparant ainsi celles que nous avons connues, appréciées, aimées. Cette évolution ne fut pas pour autant comparable à un long fleuve tranquille et il fallut la pugnacité d'un Pasteur notamment[2], dont l'effet d'entraînement fut déterminant, et

[1] Par Richard Moreau, professeur émérite de Microbiologie à l'Université de Paris XII. - J'ai analysé les interventions de Pasteur sur cet aspect méconnu de ses idées, dans : « Louis Pasteur et la renaissance de l'Université française », *Colloque Savant et Société aux XIXe et XXe siècles* (Dole, 18-19 mai 1995), pp. 31-59. - Pasteur fut mêlé de façon presque conflictuelle à l'évolution de l'Université française et de la recherche en son temps : il en a décrit les tares avec une acuité remarquable. Cette partie de son œuvre, dont on ne parle guère, donne une idée précise sur les problèmes que les universitaires français durent surmonter au XIXème siècle pour enseigner et faire de la recherche dans des conditions convenables.

[2] Voir L. Pasteur (1868) « Quelques réflexions sur la science en France. I – Les laboratoires ». Texte paru sous le titre : « Le budget de la science », dans la *Revue des cours scientifiques*, 1er février 1868, **V**, pp. 137-139. *Œuvres*, **VII**, Masson, Paris, p. 200 ; *idem* citation suivante. - Ce véritable « *coup de gueule* », envoyé

le courage et la ténacité de nos maîtres, succédant à des pionniers comme un Pierre Duchartre, pour arriver au résultat qu'ils souhaitaient : chercher et éventuellement trouver en toute liberté. On verra le professeur Van Tieghem s'en réjouir de belle manière. En 1966, le professeur René Baillaud, professeur d'Astronomie à la Faculté des Sciences et directeur de l'Observatoire de Besançon, s'inspira des textes de Pasteur sur la politique de la recherche scientifique pour comparer la situation de l'Université qu'il avait connue depuis le début du siècle (il était né en 1885), avec celle de l'année de son exposé[3]. Notant, un peu vite, dirons-nous, qu'un vaste mouvement de renaissance avait marqué le dernier quart du XIXème siècle et que les Universités, professeurs et étudiants, avaient profité de cette période d'euphorie jusqu'à la guerre de 1914-1918, il avançait qu'à la suite d'un mouvement selon lui cyclique, la recherche scientifique ne trouva plus qu'un encouragement dérisoire en France. D'après cet auteur, il se serait ensuivi une nouvelle misère des Universités à laquelle on voulut pallier en 1948 en réduisant leur nombre de dix-sept à quatre. Ce projet de déflation massive mais qui ne fut pas appliqué, fut suivi après 1968, par une inflation galopante aussi contestable. Vers 1990, le tableau de classement annonçait dix fois plus de professeurs de Botanique *lato sensu* que vers 1960. Je ne pense pas que la recherche avait progressé autant ; en revanche, le nombre d'étudiants, oui. Mais restons-en à la période définie par l'auteur de l'article.

Si, comme l'indiquait le professeur Baillaud, un vaste mouvement de renaissance de l'Université française caractérisa le dernier quart du XIXème siècle, de quelle renaissance s'agissait-il et par rapport à quoi ? La vérité, c'est qu'entre la création des Facultés des Lettres et des Sciences en 1808 et la fin du siècle, il ne

---

par Pasteur au *Moniteur universel, journal officiel de l'Empire français*, fut censuré. Conseillé par Paul Dalloz, directeur du *Moniteur*, l'auteur l'envoya au secrétaire de l'Empereur Napoléon III. Celui-ci, *surpris et ému de* (ces) *tristes révélations*, le fit publier *in extenso*... (*in* René Vallery-Radot, *Vie de Pasteur*, pp. 214-218).

[3] R. Baillaud (1968) « L'insuffisance de la recherche scientifique en France sous le Second Empire, dénoncée par des hommes de science de souche comtoise, et ses suites lointaines ». *Acad. Sci., Belles-Lettres et Arts de Besançon, PV et Mém.*, **177**, pp. 77-96.

se passa rien, hormis des cours en vue de licences élémentaires et la collation du baccalauréat, réservée aux Facultés, le baccalauréat étant de création napoléonienne aussi récente[4]. L'auteur aurait dû parler plutôt de « *naissance* ». En effet, selon un processus bien français, on avait créé la structure sans lui donner les moyens de fonctionner. Après les guerres révolutionnaires, dont Jean-Baptiste Biot a montré[5] que les succès avaient été dus à des savants, les politiques « *oublièrent* » le rôle de la Science dans la Nation. L'Etat ne joua pas son rôle, sinon *a minima*, avec une belle exception tout de même, celle de Victor Duruy[6], ministre de l'Instruction publique de 1863 à 1869, qui voulut *assurer des moyens de travail et des élèves à tous les maîtres capables de travailler* (sic), *qu'ils habitassent Paris ou la Province, la Sorbonne ou le Collège de France, ou l'Observatoire, ou le Muséum, qu'ils fussent mathématiciens ou hellénistes, physiciens ou sinologues, chimistes ou romanistes, naturalistes ou juristes,* écrivait Ernest Lavisse[7], qui continuait : *Il donna aux uns des laboratoires de recherches, aux autres des salles de conférences et des livres, et il ne prescrivit d'autre programme que celui-ci : Travaillez comme il vous plaira.* C'était le souffle de Joseph Lakanal (1762-1845) proclamant : *Aux Pyrénées et aux Alpes, l'art d'enseigner sera le même qu'à Paris et cet art sera celui de la nature et du génie.* On pense à des abbayes de Thélème de la Science. Duruy fut en quelque sorte « *l'homme* » des savants. On a vu l'exemple de ses relations avec J. H. Fabre. Elles furent du

---

[4] Le baccalauréat ès Lettres était préalable à celui ès Sciences, dont l'obtention causa bien des soucis à Pasteur. Voir R. Moreau (2010) *Pasteur et Besançon. Naissance d'un génie*. L'Harmattan, Paris, « Le baccalauréat récalcitrant », pp. 282-284.

[5] Voir le début de J.B. Biot (1803) *Essai sur l'histoire générale des Sciences pendant la Révolution française*. Chez Duprat, Quai des Augustins ; Fuchs rue des Mathurins, Paris : *On les avait vues* (les Sciences), *jusqu'alors, fleurir sous les Gouvernements éclairés* (le XVIIIème siècle des Lumières) *et s'éteindre dans les dissensions civiles* (la Révolution de 1789). *Le despotisme révolutionnaire leur donna* ***une existence politique****, il s'en servit pour inspirer de la confiance au peuple, pour préparer des victoires et gagner des batailles*. Sur Biot, voir chapitre 1, note 29.

[6] Voir chapitre 2, note 44.

[7] E. Lavisse (1895) « Notice sur Victor Duruy ». *Ann. Anc. Elèves Ec. Norm. Sup.*, pp. 11-46.

même ordre avec Pasteur ou Sainte-Claire-Deville. Malheureusement, en 1869, il n'était plus ministre.

Pasteur voyait dans le désintérêt des politiques pour la Science, Victor Duruy excepté, l'origine de la défaite de 1870[8]. En effet, écrivait-il, *les pouvoirs publics, en France, ayant méconnu depuis longtemps cette loi de corrélation entre la science théorique et la vie des nations ; ils n'ont rien fait pour entretenir, propager, développer le progrès des sciences dans notre pays ; elle s'est contentée d'obéir à une impulsion reçue ; elle a vécu sur son passé*[9]. Pasteur citait Claude Bernard (*l.c.*) : *Dans l'évolution des sciences l'invention est sans contredit la partie essentielle. Toutefois, les idées nouvelles sont comme des graines : il ne suffit pas de leur donner naissance et de les semer ; il faut encore les nourrir et les développer par la culture scientifique. Sans cela, elles meurent ou bien elles émigrent, et alors on les voit prospérer et fructifier dans le sol fertile qu'elles ont trouvé loin du pays qui les a vu naître*. Pendant trois quarts de siècle, l'Etat ne sema rien et se contenta de contempler ce qui voulait bien pousser tout seul. La nécessité de la recherche et de son financement public, très présente dans l'esprit des savants, était, au contraire, étrangère à l'idée que la plupart des pouvoirs publics français se faisaient du rôle essentiel des Sciences dans la vie de la Nation. René Vallery-Radot, gendre du savant, a eu cette belle formule pour caractériser les cours de Claude Bernard[10] : (Son) *enseignement n'était pas l'enseignement habituel du professeur qui voit la science au passé, mais un enseignement où la recherche tenait la première place*, ce qui devait être la règle de tout professeur de Faculté, du moins avant l'enseignement universitaire de masse. Cela implique de posséder la bibliographie et de disposer d'un laboratoire car, *hors de leurs laboratoires*, écrivait Pasteur[11], *le physicien et le chimiste sont des soldats sans armes sur le champ de bataille*. Or, à

[8] L. Pasteur (1871) « Pourquoi la France n'a pas trouvé d'hommes supérieurs au moment du péril ». *Le Salut public*, Lyon, mars 1871. *Revue scientifique*, 22 juillet 1871, 2ème sér., **I**, pp. 73-76. *Œuvres*, **VII**. Masson, Paris, pp. 213.

[9] L. Pasteur, « Pourquoi la France n'a pas trouvé d'hommes supérieurs au moment du péril », pp. 215-216, puis p. 213 pour le point de vue de Claude Bernard.

[10] R. Vallery-Radot (1900) *Vie de Pasteur*. Préface de R. Moreau, réédition 2009, l'Harmattan, Paris, p. 175.

[11] L. Pasteur, « Les laboratoires », pp. 137-139.

l'époque, la France n'avait pas de laboratoires dignes de ce nom, au contraire de l'Allemagne que R. Vallery-Radot comparait à une *ruche d'abeilles laborieuses*[12]. Nous en étions loin : *La France n'est pas encore à l'œuvre. La vigilance lui a fait défaut. Elle a dormi à l'ombre de ses vieux trophées*, écrivait Pasteur en 1868. *D'où l'urgence de faire connaître publiquement nos souffrances et nos misères* (des savants). L'analyse de la situation en France par Jules Marcou créa chez lui *un sentiment de découragement profond* quand il compara la stagnation de notre recherche face à celle des pays anglo-saxons ou de l'Allemagne, alors que la science française, disait-il, avait été au zénith au début du dix-neuvième siècle[13].

A Paris, les premiers cours furent ouverts le 22 avril 1811 dans une des salles du collège du Plessis, rue Saint-Jacques[14], sur l'emplacement du lycée Louis-le-Grand actuel. En 1821, parut la première affiche annonçant leur ouverture à la Sorbonne dans des locaux souvent sordides. Que l'on se souvienne de la sorte de cave décrite par Fortoul (chapitre 2, note 40), où Thénard donnait ses cours : *une salle basse obscure, longue, dont les bancs montent jusqu'au plafond*. Le professeur Paul Lafitte a laissé une image de ceux de la Sorbonne de l'époque : *Il est difficile de se faire une idée de ce que pouvaient être alors les laboratoires relégués dans des baraquements*[15]*, ou dans des maisons plus ou moins en ruines et transformées par des moyens de fortune en salles d'expériences. Pendant des dizaines d'années, cette situation ne s'améliora guère ; on réparait et on consolidait de vieilles maisons dont*

---

[12] R. Vallery-Radot, *Vie de Pasteur*, p. 82.

[13] J. Marcou (1869) *La Science en France. 1 - Le Corps impérial des Mines, la carte géologique de France. 2 - L'Académie des Sciences de l'Institut impérial de France. 3 - Le Muséum d'Histoire naturelle ou Jardin des Plantes*. C. Reinwald éd., Paris. Cf. l'analyse de R. Moreau et M. Durand-Delga (2002) *Jules Marcou (1824-1898), précurseur français de la géologie nord-américaine*. L'Harmattan, Paris, pp. 137-172.

[14] « Leçon inaugurale de M. Paul Lafitte, professeur de Chimie générale à la Faculté des Sciences, faite le 1er mars 1951 », *Ann. Université de Paris*, n° 1, p. 3, puis pp. 5-6.

[15] A Besançon, le « *laboratoire* » (que j'ai connu) de Sainte-Claire-Deville était représenté rue Mégevand, selon une tradition encore bien vivante, par un baraquement de ce type encore utilisé vers 1955 par un technicien du laboratoire de Physique.

certaines pièces servaient de laboratoires. Des projets de construction n'aboutirent pas jusqu'à 1883. La Troisième République décida alors la reconstruction de la Sorbonne. Les travaux débutèrent en 1886 et furent achevés en 1901 seulement !

En attendant, c'était l'inexistence ou le délabrement. A propos des expériences de Pasteur sur les générations dites spontanées, au Montenvers, au-dessus de Chamonix, René Vallery-Radot a cette phrase sur l'auberge où s'abritait son beau-père : *L'auberge était ouverte à tous les vents,* ***un vrai refuge de savant***, pour signifier la précarité des laboratoires dans les établissements scientifiques français quand ceux-ci en possédaient[16]. L'Ecole normale supérieure n'en avait qu'un seul, précise Pasteur, celui de Chimie, où Henri Sainte-Claire-Deville avait remplacé Balard parti au Collège de France : des pièces sombres et à peine quelques instruments. *Quant à la chimie organique, elle attend encore des laboratoires dignes de ses immenses progrès*[17]. Quand Pasteur prit ses fonctions de directeur des études scientifiques à l'Ecole normale supérieure, comme réponse à sa demande d'un laboratoire pour continuer ses recherches lilloises sur les fermentations, on lui accorda deux pièces dans le grenier... parce qu'elles étaient inhabitables[18] et, plus tard, un pavillon sur le même alignement que celui du concierge et réservé à l'architecte de l'Ecole et à son commis, en tout cinq pièces restreintes s'élevant sur deux étages : *Si le réduit qu'occupait Pasteur à droite, en entrant dans le jardin de l'Ecole, était célèbre par son importance scientifique, il méritait de l'être aussi par son exiguïté. Lorsque Pasteur* (qui était de petite taille) *voulait pénétrer dans l'étuve qu'il avait installée à force de combinaisons ingénieuses, il était obligé de s'agenouiller*[19]. Le laboratoire du professeur Louis-Félix Henneguy était hébergé dans une vieille maison : *Ce n'est pas sans quelque émotion que j'évoque ici, avec mes années de jeunesse, et en même temps que le Collège de France où m'avait accueilli mon Maître Henneguy, ce*

---

[16] R. Vallery-Radot, *Vie de Pasteur*, p. 115. Sur ces travaux, voir R. Moreau (1992) Les expériences de Pasteur sur les générations spontanées. Le point de vue d'un microbiologiste. 2ème partie : les conséquences. *C. R. Acad. Sci. Paris, Série générale, La Vie des Sciences*, **9**, n° 4, pp. 287-321.

[17] L. Pasteur, « Les laboratoires », p. 202.

[18] R. Vallery-Radot, *Ibid.*, p. 99.

[19] R. Vallery-Radot, *Ibid.*, pp. 202-203.

vieux laboratoire où je venais souvent, non sans timidité. La petite porte dans le mur de la rue d'Ulm, les marches étroites conduisant au jardin surélevé, avec son figuier, un bassin d'eau stagnante et l'étroit espace où Poules et Cochons d'Inde vivaient en bonne intelligence ; le petit bâtiment campagnard et désuet (...) ; l'amphithéâtre sombre ; le triste hangar affecté à la déjà riche bibliothèque ; l'escalier raide et grinçant conduisant aux laboratoires installés sous le toit, entre des murs lézardés[20]. En 1868, Pasteur se gaussait (jaune) du dernier laboratoire construit à la Sorbonne[21] : *une pièce humide et sombre, de plus d'un mètre en contrebas de la rue Saint-Jacques. Cela s'appelle, ô dérision : le laboratoire des perfectionnements et des recherches. Le jeune savant plein de mérites qui y travaille habituellement, et qui est des professeurs les plus distingués de Paris, souffre d'un asthme. Où en a-t-il pris le germe ?* Il fallait compter en effet avec l'insalubrité des locaux. En 1868, à Claude Bernard disant d'un confrère malade[22] : *Que voulez-vous ? les laboratoires sont les tombeaux des savants*, Pasteur répondait : *Quel est l'établissement où les laboratoires sont malsains, humides, obscurs, mal aérés ? C'est le premier établissement d'instruction supérieure de la France, celui qui porte le nom de la patrie (...) : c'est le Collège de France*. Il rappelait avec Claude Bernard que l'on ignorait souvent si les animaux d'expérience succombaient à l'expérimentation ou aux conditions des locaux où ils vivaient. *Ai-je besoin d'ajouter*, écrivait-il, *que les Facultés de province sont tout aussi déshéritées que celles de Paris. Lyon vient de faire quelques dépenses ; mais ce n'est un secret pour personne, dans le monde savant, que la vie de M. Bineau, chimiste d'un grand talent*[23]*, a été abrégée dans le laboratoire de la Faculté de cette ville, lequel est une véritable*

[20] *In* E. Fauré-Frémiet, *Notice sur la vie et les travaux de Maurice Caullery* (*1868-1958*), déposée en la séance du 8 juin 1960 de l'Académie des Sciences (www.academie-sciences.fr/activite/archive/.../caullery_notice.pdf). - L. F. Henneguy (1850-1928), professeur d'Embryologie comparée au Collège de France. Académie des Sciences : 1908. Académies de Médecine et d'Agriculture.

[21] L. Pasteur, « Les laboratoires », p. 202.

[22] L. Pasteur, *ibid.*, p. 201.

[23] L. Pasteur, « Les laboratoires », p. 201. Pasteur ne donne pas de précision sur ce chimiste, sans doute Armand Bineau (1812-1861), ancien élève de l'Ecole Centrale des Arts et Manufactures, professeur et doyen de la Faculté des Sciences de Lyon.

cave. Pasteur évoquait aussi (*l.c.* p. 202) *l'état misérable des locaux affectés à la Faculté des Sciences de Bordeaux, qui ne possède même pas de laboratoire*. Cela explique qu'Augustin Laurent (1807-1853)[24], pionnier de la théorie atomique, professeur de Chimie à Bordeaux et premier maître de Pasteur à l'Ecole normale supérieure, se soit fait suppléer pour venir travailler à Paris. On lui concéda une cave où il compromit sa santé ; il en mourut. Les insuffisances des laboratoires ou des élevages d'animaux n'étaient pas seules en cause : en 1836, peu avant l'entrée de Pasteur comme élève à l'Ecole normale supérieure (1843), Victor Cousin, directeur, protesta au sujet de la nourriture des élèves et de l'insalubrité des locaux, responsables de l'interruption des études d'élèves et de la mort de l'un d'eux[25].

Dans ces conditions, disposer d'un laboratoire de recherches était hautement problématique, encore plus que de nos jours. En 1878, Emile Duclaux[26], successeur de Pasteur à la tête de son Institut en 1895, fut nommé maître de Conférences de Chimie biologique à la Sorbonne (il était aussi professeur de... Météorologie à l'Institut national agronomique). Il y enseignait la Microbiologie débutante, dont les développements allaient changer le monde. L'attribution de locaux de recherche étant encore moins assurée qu'aujourd'hui, Duclaux ne disposait d'aucun laboratoire et travaillait chez Pasteur, à l'Ecole normale supérieure : *Si Pasteur ne lui eût pas donné asile dans le sein de l'Ecole normale, Duclaux aurait été obligé de parler de microbes à ses auditeurs, tout en ne leur en montrant aucun. Avant chaque leçon, on transportait dans un panier cultures et microscopes de la rue d'Ulm jusqu'à la Sorbonne*[27]. Rappelons enfin que, dans le dernier quart du siècle,

---

[24] R. Vallery-Radot, *Vie de Pasteur*, p. 99). Sur Augustin Laurent, voir R. Moreau, *Pasteur et Besançon*, « L'entrée de Pasteur dans la Science », p. 375 et la suite. - Augustin Laurent (qui était d'origine haut-saônoise d'ailleurs) fut néanmoins élu, piètre consolation, correspondant de l'Académie des Sciences en 1845.

[25] Pierre Jeannin (1994) *Deux siècles à Normale Sup'. Petite histoire d'une Grande Ecole*. Larousse, Paris, p. 5.

[26] Voir Introduction, note 6.

[27] Anonyme (1904) *Notice sur Emile Duclaux* (*1840-1904*). Imprimerie Charaire, Sceaux, pp. 8-9. - Un siècle après, les pratiques n'avaient guère changé. L'Université de Paris XII, à Créteil, m'ayant sollicité pour organiser la Microbiologie à la Faculté des Sciences, je fus obligé d'apporter de la Faculté de

Pierre Duchartre fut le premier à établir, ***officieusement*** (!) *à la Faculté des Sciences, des exercices pratiques de Botanique pour la préparation à la licence*[28], dans des locaux minables.

Pas d'argent, pas de Suisse, disait le Petitjean, des *Plaideurs* de Racine. Dans la recherche scientifique, c'est encore plus vrai. Je rappelle (voir notice Duchartre) ce qu'écrivait Pasteur en 1868 : *Qui voudrait me croire quand j'affirmerai qu'il n'y a pas au budget de l'Instruction publique, un denier affecté aux progrès des sciences physiques par les laboratoires ; que c'est grâce à une fiction et à une tolérance administrative que les savants, envisagés comme professeurs, peuvent prélever sur le trésor public quelques-unes des dépenses de leurs travaux personnels, au détriment des allocations destinées aux frais de leur enseignement*[29]. Vers 1850 en effet, Pasteur étant jeune professeur de Chimie à la Faculté des Sciences de Strasbourg, la somme de douze cents francs par an lui était affectée sous la rubrique *frais de cours*, à charge pour lui de payer le salaire d'un garçon de laboratoire ; rien ne pouvait être distrait pour la recherche. Aussi, précisait René Vallery-Radot, *quand* (il) *reçut un prix de 1.500 francs décerné par la Société de Pharmacie, consacra-t-il la moitié de ce prix à l'achat d'instruments que le laboratoire de Strasbourg était trop pauvre pour acquérir*[30]. Biot aida Pasteur en lui procurant un crédit important pris sur les réserves de l'Académie des Sciences et en lui offrant de son propre argent. Il lui proposa même d'expérimenter à

---

province où j'étais alors en poste, quelques manipulations toutes prêtes afin de ne pas être *obligé de parler de microbes à ses auditeurs, tout en ne leur en montrant aucun*. Pour finir, une fois installé, j'eus droit à un autoclave, dont je ne pouvais rien faire sans l'environnement complet d'un laboratoire *ad hoc*. Puis rien d'autre, les priorités ayant changé. Les travaux pratiques furent évidemment en rapport pendant un certain temps du moins. J'eus la bonne fortune de me pouvoir joindre à un institut de recherches vétérinaires d'Alfort où, avec une excellente collaboratrice, je pus reprendre mes recherches et les développer.

[28] Ph. Van Tieghem (1908) *Notice sur la vie et les travaux de Pierre Duchartre*. Séance publique de l'Académie des Sciences du 7 décembre 1908. Gauthier-Villars, Paris, p. XVI. - En 1843, le jeune Pasteur a dit son enthousiasme pour les travaux pratiques de Chimie dispensés à l'Ecole normale supérieure, mais apparemment, il n'y en avait pas en biologie, sinon, au moins, des herborisations en Botanique (voir R. Moreau, *Pasteur et Besançon. Naissance d'un génie...*, p. 368).

[29] L. Pasteur, « Les laboratoires », p. 203.

[30] R. Vallery-Radot, *Vie de Pasteur*, p. 82.

sa place et de lui donner les résultats, avec ce mot étonnant[31] : *Si vous approuvez ce plan, envoyez-moi les acides isolés, et je vous enverrai les résultats dont vous ferez ce que vous voudrez. Notez cela, **je n'entends et ne veux être que votre préparateur secret**.*

Le temps des riches bourgeois, tels Lavoisier ou Lapeyrouse, qui finançaient leurs travaux, était passé. Néanmoins, *combien n'en nommerais-je pas*, écrivait Pasteur[32], *parmi ceux qui contribuent de leur patrimoine aux dépenses des recherches par lesquelles ils honorent leur pays*, et, pour ceux qui n'avaient pas de richesse personnelle, en cumulant les chaires (voir notice Duchartre). Pasteur citait *le laboratoire construit et entretenu à ses frais par Dumas, où celui-ci et ses disciples avaient accompli leurs immortels travaux. Les laboratoires célèbres de MM. Foucault et Fizeau, ajoutait-il, celui de notre grand chimiste-agriculteur M. Boussingault[33], leur appartiennent en propre, avec tous les instruments qu'ils renferment.* Il concluait : *N'est-ce pas en ceci qu'il faudrait proclamer que la France doit être assez riche pour payer sa gloire ? Il y a des libéralités individuelles qui humilient la nation : celles-ci sont du nombre.* Il arriva que des étudiants s'installent un laboratoire quand leur famille en avait les moyens. Le professeur Lafitte cite celui d'Henri Sainte-Claire-Deville, où le chimiste fit ses premières recherches[34]. Les affaires de son père ayant périclité, il l'abandonna et demanda *une dispense d'inscription pour prendre son titre de docteur et lui faciliter les*

---

[31] R. Moreau, *Pasteur et Besançon...*, p. 399. On y trouvera les références.

[32] L. Pasteur, « Les laboratoires », p. 203.

[33] Jean-Baptiste Boussingault (1802-1887), professeur de Chimie agricole à la Faculté des Sciences de Paris et au Conservatoire des Arts et Métiers. Ses découvertes furent essentielles en nutrition et en chimie des engrais, azote, équivalents fourragers, nutrition des animaux, etc. Académie des Sciences : 1839. Membre de la Société d'Agriculture. - Léon Foucault (1819-1868), physicien, membre du Bureau des Longitudes et de l'Académie des Sciences (1865). Avec une autre méthode qu'Hippolyte Fizeau, il détermina la vitesse de la lumière. Il établit l'existence de courants induits dans les masses métalliques (courants de Foucault) et il observa la rotation du plan d'oscillation d'un pendule afin de démontrer le mouvement de la Terre. Enfin, il inventa le gyroscope et le télescope à miroir parabolique. - Hippolyte Fizeau (1819-1896), physicien et astronome. Académie des Sciences : 1860. Membre du Bureau des Longitudes, il était le gendre du botaniste Adrien de Jussieu. Il effectua en 1849 la première mesure de la vitesse de la lumière, dont il étudia aussi la polarisation.

[34] P. Lafitte, « Leçon inaugurale... », pp. 14-15.

moyens de se placer et continuer ses recherches. Son travail sur l'essence de térébenthine et d'autres essences végétales n'étant pas passé inaperçu, a noté le professeur Lafitte, il obtint sa dispense.

Le cri de Pasteur est de 1868 : les Facultés des Sciences avaient soixante ans et c'était la pauvreté. L'absence de vues d'avenir au début de la Troisième République était encore patent quand, vers 1875, le ministre de l'Instruction publique tança le doyen de la Faculté des Sciences de Lille qui avait distrait des crédits de sa Faculté pour la station de recherches de Wimereux, qu'Alfred Giard avait commencé à financer de ses deniers. La Science avait progressé, mais les pouvoirs publics ne s'en étaient pas aperçus. L'absence de responsabilité de l'Etat fut à l'origine de la création par Gaston Bonnier de la station de Fontainebleau. Elle explique la naissance de l'Institut Pasteur ou la construction d'un Institut, avec jardin botanique, par la municipalité de Besançon. Sans oublier le fait que, bien avant déjà, la Faculté des Sciences de Lille, où Pasteur arriva comme professeur de Chimie et doyen (nommé) en septembre 1854, avait été construite aux frais de la ville et non de l'Etat[35].

Le professeur Marin Molliard a rappelé qu'un Gaston Bonnier fut avec bien d'autres l'un des nouveaux enseignants à peu près tous issus de l'Ecole normale supérieure qui, à la suite de leurs « *maîtres-pionniers* », furent en même temps et définitivement des enseignants et des chercheurs qui établirent des Facultés modernes (quoi qu'on en ait dit en 1968), donnant raison à Victor Duruy, après avoir profité après 1884, du choix fait par la Troisième République de donner la priorité à l'instruction publique. Ce fut à cette époque qu'intervint la « *réforme Liard* »[36] avec pour objectif de développer les Universités selon des principes d'organisation qui devaient tout à Claude Bernard et à Pasteur, lesquels, par l'impulsion des idées nouvelles et la puissance des moyens

---

[35] R. Vallery-Radot, *Vie de Pasteur*, p. 86.

[36] Du nom de Louis Liard (1846-1917), longtemps directeur de l'Enseignement supérieur. Académie des Sciences morales : 1903. Il avait été frappé comme Pasteur par l'impéritie française en matière de recherche, y voyant aussi la cause principale de la victoire allemande de 1870. Voir Louis Liard (1894) *L'Enseignement supérieur en France, 1789-1893*. Armand Colin, Paris. Voir aussi le résumé du site Internet Wikipédia : article fr.wikipedia.org/wiki/Histoire_des_universités_françaises.

modernes, entendaient privilégier les meilleurs au profit de tous. Les Facultés des Sciences seraient élitistes, sélectives et des temples du savoir, ce qui était leur unique vocation, et libres de toute compromission avec l'industrie, ce qui n'empêcherait pas des coopérations « *verticales* », mais elles en seraient les maîtres d'œuvre et non l'inverse. On ne peut qu'être d'accord. Au XXème siècle, les Facultés que nous avons aimées, s'édifièrent donc sur une éthique solide, devant permettre à la France de rivaliser avec les autres pays, dont l'Allemagne en premier. Quant à Marcelin Berthelot, du fait de son engagement philosophique et politique (sénateur, ministre), il exerça son influence sur les pouvoirs publics en faveur des laboratoires de recherche[37].

Il en résulta la période d'euphorie vue par le professeur Baillaud et célébrée en termes dithyrambiques par Van Tieghem en 1908 : *Combien sont différentes aujourd'hui les conditions où peut se former un jeune naturaliste ! Les Facultés des Sciences sont partout, comme on sait, admirablement outillées, les laboratoires installés d'une manière presque luxueuse, les bibliothèques riches en ouvrages de toute sorte, le personnel nombreux, dévoué aux élèves et aux jeunes travailleurs. Ceux-ci n'ont, pour ainsi dire, qu'un signe à faire, pour avoir à leur disposition tous les matériaux d'étude qui leur sont nécessaires : les animaux provenant des laboratoires maritimes, les plantes vivantes récoltées pour eux dans les divers coins de la France, de riches et précieuses collections de roches et de fossiles mises à leur portée, enfin tout un ensemble d'instruments les plus perfectionnés.* Mais l'auteur y voyait avec raison un écueil de taille (beaucoup d'entre nous pourraient s'inspirer de cette remarque) : *que le jeune chercheur, auquel on prodigue ainsi les conseils, les matériaux et les instruments, ne perde par là même, ou plutôt n'acquière pas cet esprit d'initiative et d'invention si nécessaire à toute recherche scientifique.* Ce tableau était sans doute trop beau pour être totalement vrai, mais Van Tieghem qui avait subi la période antérieure et qui était émerveillé par le changement, faisait part avec enthousiasme de sa divine surprise quatre-vingt-dix ans tout

[37] Alain Horeau (1981) « Marcelin Berthelot, savant, philosophe et homme politique ». *L'actualité chimique*, février 1981, n° 2, pp. 38.

de même après la création des Facultés[38]. En 1894, le professeur Auguste Reverdin, de la Faculté de Médecine de Genève, célébrait le progrès décisif apporté par l'asepsie et l'antisepsie dans la lutte contre l'infection chirurgicale par cette exclamation[39] : *On ne revient pas de si loin sans avoir la joie au cœur et le verbe à la bouche*, belle formule que l'on aurait pu trouver aussi sous la plume de Van Tieghem.

Cette période faste fut brève : des dernières années du XIXème siècle à 1914, puis ce furent la Grande Guerre de 1914-1918 et ses suites économiques et humaines. La Seconde Guerre Mondiale de 1939-1945 et l'occupation allemande aggravèrent la situation. On ne vit nulle part un cycle de renouveau. La création de nouveaux locaux attendit : ainsi, à Besançon, les laboratoires de Géologie et de Zoologie et Physiologie animales de la Faculté des Sciences, installés depuis des lustres dans des locaux (parties d'une ancienne abbaye bénédictine devenue bien national pour le premier, de l'ancien archevêché pour le second), incompatibles avec les exigences modernes, emménagèrent dans un bâtiment neuf en 1956 seulement, avec la Botanique. Celle-ci avait quitté le petit Institut que Magnin avait voulu à la fin du XIXème siècle. A Grenoble, la Faculté des Sciences attendit 1965 pour obtenir un campus digne de ce nom, avec un bâtiment moderne pour la Botanique notamment… La France étant à peine remise de la Seconde Guerre mondiale et alors qu'un mouvement de modernisation s'ébauchait avec le professeur Marc Zamansky (1916-1996), doyen de la Sorbonne-Sciences, et d'autres esprits libres (j'y fus associé à mes débuts), mai 1968 passa avec la volonté d'effacer les survivances culturelles des décennies précédentes et d'instaurer un libéralisme extrême. Loi après loi, la dernière étant celle dite LRU en 2007, on préféra démagogiquement la quantité à la qualité et on a donné une pseudo-autonomie financière, ce qui était un piège, à des Universités dédiées à la professionnalisation de masses d'étudiants acceptés sans « *pré-requis* ». Cette pseudo-autonomie masque le désengagement de l'Etat et la *mise de la Science* ***au service*** *de la société et de l'économie*, pour reprendre les termes de la ministre

[38] Ph. Van Tieghem, *Notice sur la vie et les travaux de Pierre Duchartre*, p. VI.
[39] A. Reverdin (1894) *Antisepsie et asepsie chirurgicales*. Bibliothèque médicale Charcot-Debove, Rueff et Cie, Paris, p. 1.

de la Recherche en 2008 ; il est temps de l'abolir[40]. D'avance, Pasteur récusait[41], à juste titre, est-il besoin de le préciser, ce point de vue « *commercial* » et démagogique. La Science est une. En effet, déclarait Pasteur à Douai en 1854[42], *il n'existe pas une catégorie de sciences auxquelles on puisse donner le nom de sciences appliquées Il y a la science et les applications de la science, liées entre elles comme le fruit à l'arbre qui l'a porté*, la Science fondamentale conduisant toujours aux applications, mais chacun son métier. La ministre de 2008, qui voulait *« fixer un cap »* pour les Facultés et mettre *la Science* ***au service*** *de la société et de l'économie*, oubliait ou ne savait pas que la Science ne se commande pas et que, p***ar définition***, son seul objectif, donc celui des Facultés des Sciences, est de *faire avancer* ***librement*** *la connaissance* avec des moyens suffisants, sans l'ingérence de quiconque, sauf de nos pairs, et de former les futurs savants. C'était l'esprit de Pasteur, de ses collègues du moment et de nos maîtres aussi. Pasteur a exprimé le mieux ses idées dans une réponse au maire d'Arbois, lettre d'autant plus importante qu'Arbois était **son pays**. Il refusa en effet que la Municipalité de *cette ville de vin, capitale de vignerons*, disait d'elle l'historien Lucien Febvre (1878-1956), subventionne ses travaux sur le vin, bien sûr[43] : ce qui partait sans doute d'un bon mouvement, n'était pas acceptable pour Pasteur. En effet, *où me conduira* (ma recherche), écrivait-il ? *Je l'ignore entièrement. Il se peut que je ne découvre rien de pratiquement applicable et tout m'invite par conséquent à proportionner mes efforts et les facilités de travail dont je disposerai, avec le peu d'utilité possible de mes résultats. En acceptant l'offre du Conseil Municipal, je croirais prendre vis-à-vis de moi-même l'engagement de faire quelque découverte utile à mes compatriotes, et c'est là un genre de service et un but auxquels un homme de science peut aspirer longtemps sans jamais y parvenir*. Nous devrions tous avoir la même honnêteté en un

---

[40] Voir Olivier Beaud, Alain Caillé, Pierre Encrebaz, Marcel Gauchet, François Vatin (2012), « Il est temps de sortir de l'autonomie de façade des universités françaises », *Le Monde*, 25 octobre 2012, p. 25. L'essentiel y est dit.

[41] Voir R. Moreau, *Pro natura*, *in* Y. Delange, *Plaidoyer...*, pp. 17-18.

[42] L. Pasteur, « Pourquoi la France n'a pas trouvé d'hommes supérieurs au moment du péril », p. 215.

[43] L. Pasteur au maire d'Arbois, *Correspondance*, **II**, Flammarion, Paris, p. 175.

temps où les « *expertises* » se multiplient avec les excès que l'on sait[44]. Concluons avec Pasteur[45] : *La théorie est mère de la pratique. Sans elle, la pratique n'est que de la routine donnée par l'habitude ; la théorie seule fait surgir et développe l'esprit d'invention.* Le reste vient par surcroît.

---

[44] Voir, par exemple, sur le tabagisme passif : Sophie Malka et Marco Gregori (2005) *Infiltration. Une taupe au service de Ph. Morris*. Georg SA, Genève. Edifiant.

[45] L. Pasteur (1854) « Discours, prononcé à Douai, le 7 décembre 1854, à l'occasion de l'installation solennelle de la Faculté des Lettres de Douai et de la Faculté des Sciences de Lille ». *Œuvres*, Masson, Paris, **VII**, p. 131. A la question : *A quoi sert une découverte nouvelle* ?, Pasteur répondait (*id.*) comme Benjamin Franklin (1706-1790) : *Mais à quoi sert l'enfant qui vient de naître ? La découverte nouvelle, c'est l'enfant qui vient de naître, mais l'enfant marqué du doigt de Dieu, l'enfant né artiste, poète, inventeur, l'enfant qui a en lui la fécondité du génie.*

Table des matières

L'HARMATTAN, ITALIA
Via Degli Artisti 15; 10124 Torino

L'HARMATTAN HONGRIE
Könyvesbolt ; Kossuth L. u. 14-16
1053 Budapest

ESPACE L'HARMATTAN KINSHASA
Faculté des Sciences sociales,
politiques et administratives
BP243, KIN XI
Université de Kinshasa

L'HARMATTAN CONGO
67, av. E. P. Lumumba
Bât. – Congo Pharmacie (Bib. Nat.)
BP2874 Brazzaville
harmattan.congo@yahoo.fr

L'HARMATTAN GUINÉE
Almamya Rue KA 028, en face du restaurant Le Cèdre
OKB agency BP 3470 Conakry
(00224) 60 20 85 08
harmattanguinee@yahoo.fr

L'HARMATTAN CAMEROUN
BP 11486
Face à la SNI, immeuble Don Bosco
Yaoundé
(00237) 99 76 61 66
harmattancam@yahoo.fr

L'HARMATTAN CÔTE D'IVOIRE
Résidence Karl / cité des arts
Abidjan-Cocody 03 BP 1588 Abidjan 03
(00225) 05 77 87 31
etien_nda@yahoo.fr

L'HARMATTAN MAURITANIE
Espace El Kettab du livre francophone
N° 472 avenue du Palais des Congrès
BP 316 Nouakchott
(00222) 63 25 980

L'HARMATTAN SÉNÉGAL
« Villa Rose », rue de Diourbel X G, Point E
BP 45034 Dakar FANN
(00221) 33 825 98 58 / 77 242 25 08
senharmattan@gmail.com

L'HARMATTAN TOGO
1771, Bd du 13 janvier
BP 414 Lomé
Tél : 00 228 2201792
gerry@taama.net

Achevé d'imprimer par Corlet Numérique - 14110 Condé-sur-Noireau
N° d'Imprimeur : 107849 - Dépôt légal : avril 2014 - *Imprimé en France*

Printed in Dunstable, United Kingdom

91343479R00179